機械制御工学

第2版

金子 敏夫・著

日刊工業新聞社

はしがき──第2版発行に際して──

18世紀の後半に出現した蒸気機関の圧力，回転速度などを一定にする技術が，工業的に適用された制御技術の元祖といわれている。この制御技術はその後，大形船舶のオートパイロットや，電気通信に関する技術などの中に，それぞれ独自に多数使われるようになった。今日では，日常生活に欠かすことのできない炊飯器や電気洗濯機から，機械工場で稼働しているNC工作機や産業用ロボットをはじめ，工場全体の自動化技術の中に適用され，今日の自動化発展の原動力となっている。

このように社会の発展に貢献している制御技術について，多くの技術者が関心をもち，理解しようとしていることは当然のことである。現在，この制御に関する専門書は多数刊行されている。しかし，いずれも制御理論の説明に電気現象を事例として扱い，加えて，なじみの薄い関数論やラプラス変換などの数学を説明の道具として用いているので，機械系の学生や技術者には，とりつきにくいといわれている。また，これら専門書の多くが，かなりのページを数学の解説にあてて，本論に入る前に根切れてしまうからであろう。

そこで著者は，高等学校で習う微積分を知っていれば，ラプラス変換の意味がわかり，それを用いて定義している伝達関数をブラックボックスとして扱い，できるだけ図を用いてやさしく説明することを目標に，「機械技術者のための図解サーボ技術入門」を世に出した（1975年）。この本は，NC工作機械，放電加工機の電極制御，産業用ロボットの制御などの開発，設計に携わってきた経験をもとに，実務に携わっている技術者のためにまとめたものであった。したがって，大学の機械や，制御工学系学生を対象とした教材には，基礎理論に記述不足のうらみがあった。

縁あって，大学機械制御系学生の講義を担当することになり，市販の専門書に適切なものが見当たらなかったので手書きのプリント版をテキストにして講義をした。後日，これをもとに整理して出版されたのが初版「機械制御工学」（1988年）である。この本も，世に出してから15年を経過した。その間，制御技術の進歩は著しく，初版の内容には欠けるところが目立ってきた。とりわけ，本書の特色である制御に適した機械の設計論については，その理論面に記述不足のうらみがあった。その後，実験とシミュレーションによる研究結果を体系化して，この第2版に組み入れることにした。

わが国の制御技術は，第2次大戦後外国の技術を導入して普及され，発展してきたものである。したがって，1950～60年代に出版された邦書の中には，原書の誤りの箇所も，そのまま記述されているものが見られる。本書はこの点にはとくに留意し，歴史的事実の解説は原点にさかのぼって確かめ，誤まった風説は改めて記述するよう心がけた。

次に，数学を道具として体系化した制御工学を学ぶには，少くとも数学の原点に立って，矛盾のない記述か否かを確めてみる必要がある。たとえば，ステップ関数やインパルス関数の概念は衆知ながら，その定義に対する数式や，図を正しく表示していないものが散見しているのは残念である。これらの事項にはとくに留意して，正しく表示した。

一般に，制御の工学書は，数式の弄び（モテアソ）の観があるとの批判の声を聞く。本書はこれを謙虚に受けと

はしがき

め，できるだけ具体的に，実例を用いて説明することにつとめた。機械，電気通信工学的概念を縦糸とすれば，制御工学は数学や物理などと同じ範ちゅうの横糸の概念に属する。そして，制御の説明にはできるだけ機械工学的事例を取りあげている。本書を「機械制御工学」と名づけたのも，このような内容のためで，理論は「制御工学」そのものである。

本書は11章で構成されている。第1章は，機械制御とはどんなものかを述べている。そして，この中心となっている技術がフィードバック制御で，そのしくみを簡単に説明している。

第2章では，フィードバック制御という新しい基本原理はどのようにして生まれ，発展してきたかといった経過について述べている。とくに急速に発展してきた自動化機械の発明の跡をたどり，アイデア発想の着眼を織り込んだ真実の記述につとめた。

第3章は，制御解析の手法として，伝達関数という新しい概念をとり入れ，難解な微積分式の計算から解放し，加減乗除算ですむ手法を用いて，制御の理論をやさしく説明してる。これに用いている数学がラプラス変換である。ここでは必要最小限の解説にとどめているが，その基本的内容は，厳密に，正しく説明するよう心がけた。たとえば，t—空間の関数$f(t)$をラプラス変換したP—空間の関数$F(P)$と，S—空間の関数$F(S)$とを明確に区別して記述している。ここが，類書にさきがけて改訂した点で，本書の特色としているところでもある。

第4〜6章は制御系の基本的な要素について，その入力と出力との関係を，私達が理解しやすいt関数表示と，それらをS関数に変換した伝達関数表示とを併記してその理解を容易にした。

第7〜8章は，要素の特性を評価する方法として，過渡応答法，周波数応答法を用い，両者の相互関係の理解につとめた。これらは実務に必須な基本事項なのでマスターしておく必要がある。

第9〜10章はフィードバック制御の特性，安定性とその評価の説明に，機械的な事例をとりあげ，その理解を容易にしている。

第11章は，制御系と被制御系（機械）が，お互いに系全体の特性にどのようにかかわっているかについて述べている。とくに，制御からみた機械の基本特性について，理論と実験で解明している。この章は，著者が開発研究に携わった半世紀にわたる資料を整理してまとめたもので，類書にない本書の特色といえる。

本書を改訂しようと心がけて数年が経った。その間，初版のあいまいな記述の影をなくそうと心がけたら大幅な改訂となってしまった。このために，不備な点，不測の誤りを冒していないかを案じている。読者のご指摘，ご指導を得て，さらに充実したものにして，期待に応えることができれば幸いである。終りに，出版に際し，日刊工業新聞社出版局の関係者に大変お世話になり厚く御礼申しあげる。

2003年5月

金 子 敏 夫

●目　次

はしがき ──第2版発行に際して── ……………………………………………… *i*

目　　次 ……………………………………………………………………………… *iii*

第1章　機械制御とは

1.1　メカトロニクスと機械制御 ……………………………………………………… *1*

1.2　フィードバック制御のしくみ …………………………………………………… *3*

第1章問題 …………………………………………………………………………… *4*

第2章　フィードバック制御発展の経緯

2.1　蒸気機関の制御 …………………………………………………………………… *5*

　　自動制御の元祖遠心ガバナの発明者は Thomas Mead　　*8*

2.2　サーボ制御技術の発達 ………………………………………………………… *10*

　　[1]　用語サーボモータの起源　　*10*

　　[2]　サーボメカニズムを説明している最初の本　　*11*

2.3　フィードバック制御理論の生いたち ………………………………………… *12*

　　[1]　正のフィードバック（増幅器倍率の増大）　　*12*

　　[2]　負のフィードバック（増幅器質の向上）　　*13*

　　[3]　ナイキストの安定判別理論　　*13*

2.4　フィードバック制御の応用 …………………………………………………… *15*

　　Norbert Wiener のサイバネテックス（Cybernetics）　　*18*

2.5　制御に関する用語とその種類 ………………………………………………… *19*

　　[1]　自動制御系の基本要素の用語　　*19*

　　[2]　制御の呼び名とその分類　　*20*

　　[3]　電気・電子制御と油圧・空気圧制御の特性比較　　*21*

　　[4]　サーボ制御，プロセス制御とシーケンス制御　　*22*

第2章問題 ………………………………………………………………………… *24*

第3章　制御系解析の手法

3.1　まえがき ………………………………………………………………………… *25*

3.2　ラプラス変換 …………………………………………………………………… *26*

　　[1]　ラプラス変換とは　　*26*

　　[2]　微分のラプラス変換　　*28*

目　　次

　　[3]　積分のラプラス変換　*29*

　　[4]　微分・積分の S 変換　*30*

　　[5]　ラプラス逆変換　*31*

　　[6]　ラプラス変換の取り扱える条件　*31*

　3.3　ラプラス変換の概念 ……………………………………………………32

　　演算子法（Operational Calculus）　*33*

　3.4　伝達関数の定義 ……………………………………………………………35

　第 3 章問題 …………………………………………………………………………36

　　ラプラス（Pierre Simon,Marquis de Laplace）　*36*

第 4 章　基本要素の伝達関数

　4.1　比例要素 ……………………………………………………………………37

　4.2　積分要素 ……………………………………………………………………38

　4.3　微分要素 ……………………………………………………………………39

　4.4　1 次遅れ要素 ………………………………………………………………40

　4.5　2 次遅れ要素 ………………………………………………………………41

　4.6　むだ時間要素 ………………………………………………………………42

　第 4 章問題 …………………………………………………………………………44

　　振動数，周波数と角振動数，角周波数　*45*

第 5 章　ブロック線図の等価変換

　5.1　まえがき ……………………………………………………………………47

　5.2　基本結合則 …………………………………………………………………47

　　[1]　直列結合（カスケード結合）　*47*

　　[2]　並列結合　*48*

　　[3]　フィードバック結合　*48*

　　[4]　直結フィードバック結合　*49*

　5.3　等価変換に関する例題 ……………………………………………………52

　5.4　ブロック線図に関する応用例 ……………………………………………53

　第 5 章問題 …………………………………………………………………………54

第 6 章　要素の特性評価の方法

　6.1　要素の応答 …………………………………………………………………55

　6.2　入力の種類とその定義 ……………………………………………………57

〔1〕 単位インパルス関数（デルタ関数） *57*

〔2〕 単位ステップ関数 *58*

〔3〕 ランプ関数（定速度関数、傾斜関数） *60*

〔4〕 定加速度関数 *60*

6.3 応答特性の評価 ………………………………………………………………… *61*

第6章問題 …………………………………………………………………………… *62*

第7章　基本要素の過渡応答

7.1 主な要素の単位ステップ応答（インディシャル応答） ……………………… *63*

〔1〕 比例要素 *63*

〔2〕 積分要素 *63*

〔3〕 微分要素 *64*

〔4〕 むだ時間要素 *64*

〔5〕 1次遅れ要素 *64*

〔6〕 2次遅れ要素 *66*

7.2 主な要素のインパルス応答 …………………………………………………… *68*

〔1〕 比例要素のインパルス応答 *68*

〔2〕 積分要素のインパルス応答 *68*

〔3〕 微分要素のインパルス応答 *68*

〔4〕 むだ時間要素のインパルス応答 *69*

〔5〕 1次遅れ要素のインパルス応答 *69*

〔6〕 2次遅れ要素のインパルス応答 *70*

7.3 主な要素のランプ応答 ………………………………………………………… *73*

〔1〕 比例要素のランプ応答 *73*

〔2〕 積分要素のランプ応答 *73*

〔3〕 微分要素のランプ応答 *73*

〔4〕 むだ時間要素のランプ応答 *74*

〔5〕 1次遅れ要素のランプ応答 *74*

〔6〕 2次遅れ要素のランプ応答 *75*

第7章問題 …………………………………………………………………………… *77*

第8章　周波数応答

8.1 周波数応答とは ………………………………………………………………… *79*

ボード線図の考案者 Hendrik Wade Bode *80*

目　次

8.2　周波数伝達関数 ……………………………………………………………… 81

8.3　周波数応答の表し方 ………………………………………………………… 82

　［1］　ベクトル軌跡（ナイキスト線図）　*82*

　［2］　周波数応答線図（ボード線図）　*83*

8.4　主な要素のボード線図（周波数応答線図）……………………………… 84

　［1］　比例要素　*84*

　［2］　積分要素　*84*

　［3］　微分要素　*85*

　［4］　むだ時間要素　*85*

　［5］　1次遅れ要素　*86*

　［6］　2次遅れ要素　*88*

8.5　過渡応答と周波数応答との関係 …………………………………………… 89

8.6　まとめ ………………………………………………………………………… 91

第8章問題 ………………………………………………………………………… 92

第9章　フィードバック制御系の特性

9.1　フィードバック制御の特徴………………………………………………… 93

　［1］　高精度　*93*

　［2］　外乱の影響除去　*94*

　［3］　非線形要素の影響除去　*94*

　［4］　事例：NC旋盤の位置決め装置　*95*

　［5］　フィードバック制御系の問題点　*95*

　本書の記述のねらい　*96*

9.2　定常特性とその評価………………………………………………………… 97

　［1］　定常偏差　*97*

　［2］　定常偏差に及ぼす目標値と一巡伝達関係［制御系（要素）の形］との関係　*98*

　［3］　制御系（要素）の形と定常偏差との関係　*99*

9.3　閉ループ制御系の過渡応答 ……………………………………………… 102

9.4　閉ループ制御系の周波数応答 …………………………………………… 103

9.5　開ループ系とその閉ループ系の周波数応答 …………………………… 104

9.6　開ループ系とその閉ループ装置の周波数応答 ………………………… 106

　［1］　装置—1（開ループ系）　*106*

　［2］　装置—2（閉ループ系：直結フィードバック）　*107*

　［3］　装置—3（閉ループ系：フィードバック要素，1/4）　*108*

vi

〔4〕 装置—4〔装置—3の（前向き要素のゲイン）×4〕　108

9.7　まとめ ……………………………………………………………………… 110

機械制御設計の目標　110

第9章問題 ………………………………………………………………………… 111

第10章　フィードバック制御系の特性評価とその改善方法

10.1　まえがき …………………………………………………………………… 113

10.2　安定限界 …………………………………………………………………… 114

10.3　安定評価 …………………………………………………………………… 116

〔1〕 ベクトル軌跡による安定評価（ナイキストの安定判別）　116

〔2〕 ボード線図による安定評価　117

ロバスト制御のさきがけ―ゲイン余裕と位相余裕―　118

10.4　特性改善方法 ……………………………………………………………… 119

〔1〕 フィードフォワード補償方式　119

〔2〕 フィードバック補償方式　120

〔3〕 状態変数フィードバック補償方式　124

第10章問題 ……………………………………………………………………… 125

第11章　制御からみた機械の設計

11.1　まえがき …………………………………………………………………… 127

11.2　制御系の剛性 ……………………………………………………………… 129

11.3　剛性からみた駆動部と機械部との関係 ………………………………… 130

11.4　慣性モーメントからみた駆動部と機械部との関係 …………………… 132

〔1〕 慣性モーメントからみた伝達効率のよい条件　132

〔2〕 制御からみた伝動機構の考察　133

〔3〕 慣性モーメント比と安定性との関係　134

11.5　固有振動数からみた駆動部と機械部との関係 ………………………… 135

〔1〕 ばね—質量系の固有角振動数　135

〔2〕 ばね—質量—粘性抵抗系の固有角振動数　135

〔3〕 固有周波数からみた位置制御系の駆動部と機械部との関係　136

11.6　駆動モータ出力と機械部始動力との関係 …………………………… 138

〔1〕 駆動モータと機械部の速度—トルク特性　138

〔2〕 閉ループ系の位置決め誤差の式　139

〔3〕 油圧サーボモータと直流サーボモータの特性比較　140

目　次

11.7　位置決め制御におけるロストモーションの影響 ……………………………… 141

　［1］　ロストモーションとは　*141*

　［2］　ロストモーションの消去法—その1　*142*

　［3］　ロストモーションの消去法—その2　*142*

11.8　速度制御の方式 ……………………………………………………………… 143

11.9　総まとめ ……………………………………………………………………… 143

第11章問題 ………………………………………………………………………… 144

むすびの言葉 …………………………………………………………………………… 145

付　録

付録Ⅰ　ラプラス変換の公式 ……………………………………………………… 146

付録Ⅱ　ラプラス変換基本公式表 ………………………………………………… 152

付録Ⅲ　ラプラス変換表 …………………………………………………………… 153

付録Ⅳ　ギリシャ文字と10進数記号 ……………………………………………… 157

問題解答 ………………………………………………………………………………… 158

索　引 …………………………………………………………………………………… 171

第**1**章

機械制御とは

> ここでは，メカトロニクスと機械制御および制御の意味を明確にして，フィードバック制御理論の生いたちと，その応用，並びに制御に関する用語と種類について述べる。

1.1　メカトロニクスと機械制御

メカトロニクス[1]とは，機械を意味する**メカニクス**[2]のメカと，電子を意味する**エレクトロニクス**[3]のトロニクスとを結合した和製英語で，1972年頃から使われている。現在では，mechatronics という英語として，国際的に通用している。この意味は，**図1.1** に示すように，**機械と電子とを単に結合して，2倍の機能を得る**というのではなく，**機械と電子とを融合して，2倍以上の機能に向上させる**概念の技術をいっている。この**メカトロニクス技術の中にフィードバック**[4]機能を付加しているものを**機械制御**[5]と呼ぶことにする。

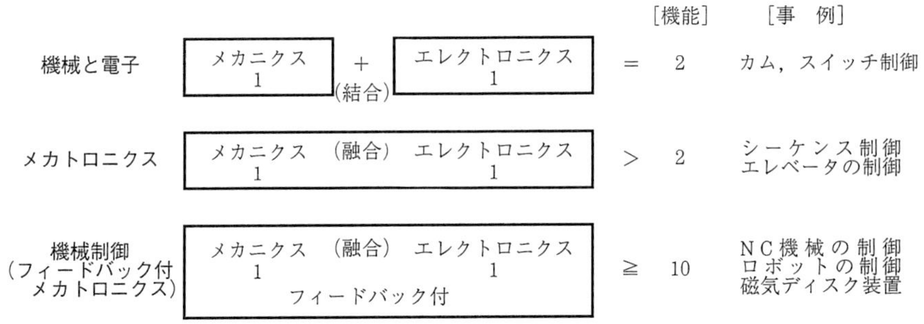

図1.1　メカトロニクスと機械制御の概念

従来の機械，たとえば手操作の旋盤では，加工精度を $10\,\mu$m 以下にすることは至難の技であった。今日では，旋盤に電子とフィードバック技術を適用したいわゆるNC旋盤[6]（数値制御旋盤）を用いれば，$0.1\,\mu$m という高精度の加工も容易に達成できる（**図1.2**）。

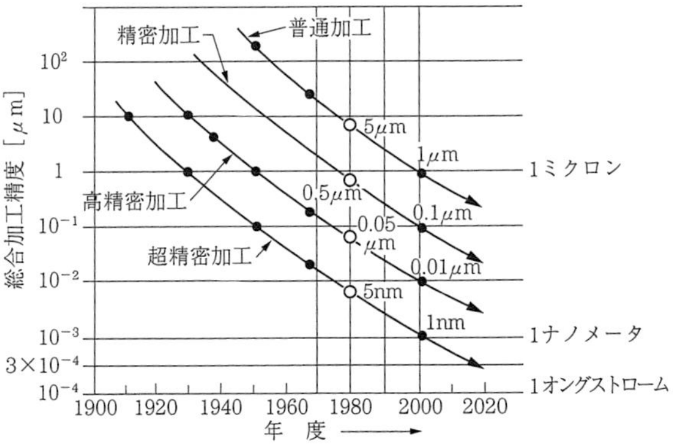

図1.2　工作機械の加工精度向上の推移

---

1) mechatronics　2) mechanics　3) electronics
4) feedback　5) mechanical control
6) numerically controlled lathe

第1章　機械制御とは

　一般に，部品の加工精度は工作機械の精度によって決まってしまう。したがって，機械制御技術を適用した高精度工作機械の実現が，良い製品を生みだす源泉となっている。

　図1.3，**図1.4**に示す磁気ディスク装置などの高速，高精度位置決めや，人間の微妙な手作業の代わりができるロボットなども，機械制御技術が生みだした代表的な製品である。

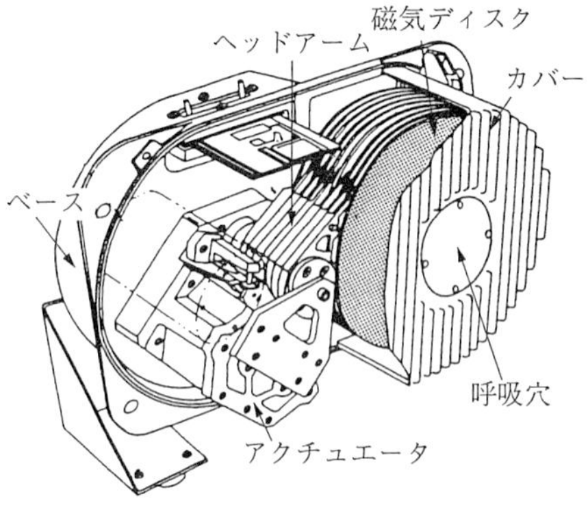

図1.3　小型磁気ディスク装置

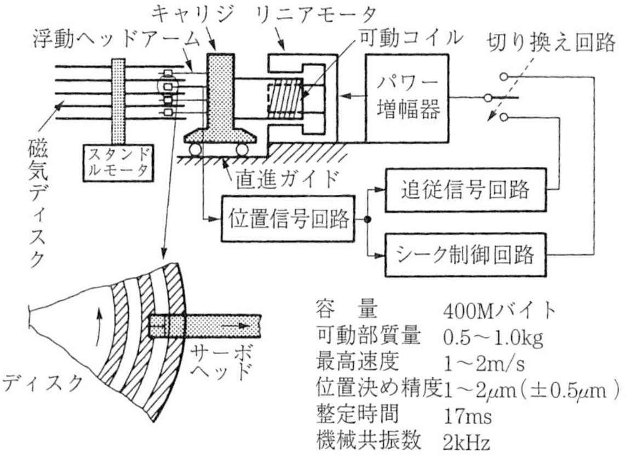

容　量　　　400Mバイト
可動部質量　0.5〜1.0kg
最高速度　　1〜2m/s
位置決め精度1〜2μm（±0.5μm）
整定時間　　17ms
機械共振数　2kHz

図1.4　磁気ヘッド位置決め系の構成

　これらの製品の利用によって，工場で作られる製品の品質や生産性を高め，究極の目標である工場全体の**FA**[1]を実現させている（**図1.5**）。

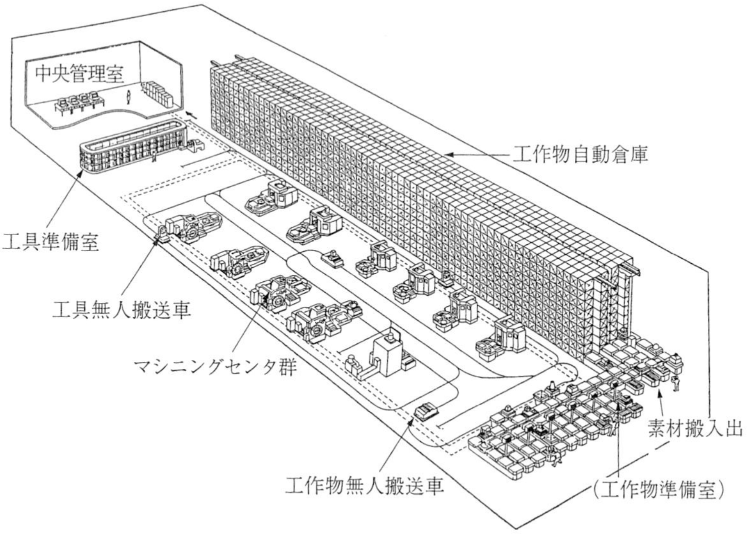

図1.5　自動化製造工場（FA工場）

　本書は，このフィードバック機能をもったメカトロニクス，すなわち，**機械制御技術**について，実務に必要な基本事項の説明を，できるだけ図を用いて，わかりやすく記述するようにつとめている。

1）factory automation の略語

1.2 フィードバック制御のしくみ

機械制御の基本となっているものが，フィードバック制御である。**フィードバック制御**[1]とは，**「フィードバック**[2]**によって，制御量を目標値と比較して，それらを一致させるように訂正動作を行う制御」**をいう（JIS-Z-9212）[3]。

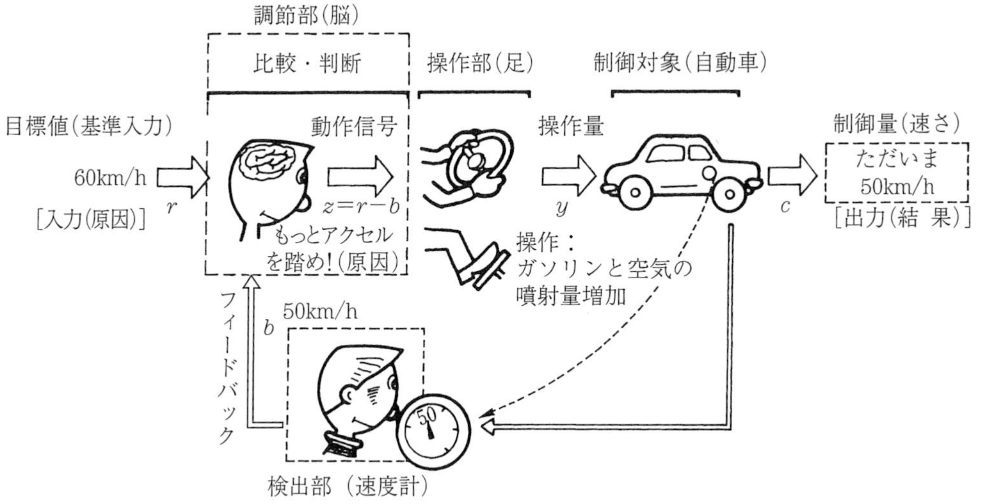

図1.6 フィードバック制御のしくみ

図1.6は運転手が車の速さを制御している信号の流れを示している。いま，「時速60 km」（**目標値**[4]**r**）で走ろうと決めて，「速度計」（**検出部**[5]）を見ると，「50 km/h」（**b**）を指していた。そこで「脳」（**調節部**[6]）で「もっとアクセルを踏んで10 km/h（**r**−**b**）速める必要があると判断」し，その「指令」（**動作信号**[7]**z**＝**r**−**b**）を「足」（**操作部**[8]）に伝え「アクセルを踏み増す」（**操作量**[9]**y**）ことによって，「車」（**制御対象**[10]）の「速さ」（**制御量**[11]**c**）を上げ，「時速60 km」（**目標値**）になるように，「速さ」（**制御量**）の訂正動作を行っている。

このように，**「制御量の信号を目標値の入力側にもどすことをフィードバック」**といい，これを用いた制御方式を**フィードバック制御**という。上述のように，フィードバック制御は，自動車の速さを目標値通りに，確実に制御することができる優れた特性をもっている。

---

1) feedback control   2) feedback   3) Japanese Industrial Standard の略語（日本工業規格）   4) desired value
5) detecting element   6) controlling element   7) actuating signal   8) final controlling element
9) manipulated variable   10) controlled system   11) controlled variable

第1章 機械制御とは

第1章 問 題

1. 図は自動車の速さを制御してるシステムを示している。この図の[1]～[4]に対する用語を①～⑧の中から選べ。

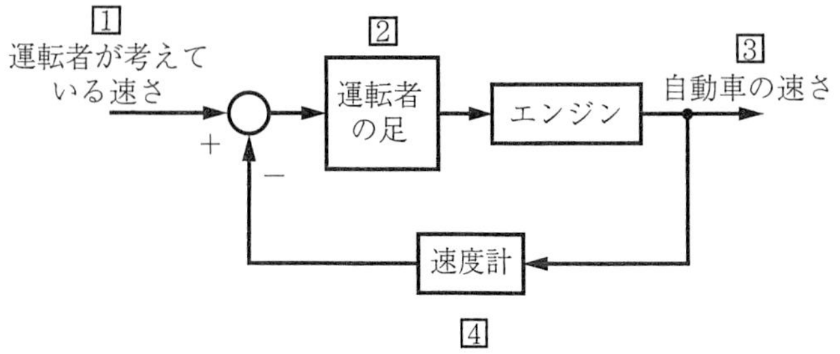

```
  [1]                    [2]                      [3]
運転者が考えて         ┌────────┐   ┌──────┐   自動車の速さ
いる速さ          ○→│運転者の足│→│エンジン│────→
            + ─↑─    └────────┘   └──────┘  │
              │                                │
              │            ┌──────┐            │
              └────────────│ 速度計 │←──────────┘
                           └──────┘
                             [4]
```

①操作量　　②制御量　　③制御偏差　　④目標値　　⑤操作部
⑥検出部　　⑦調節部　　⑧制御対象

2. 図は自動車がコースに沿って走行する運転の制御システムを示している。図の[1]～[4]に対応する制御用語を書き入れよ。

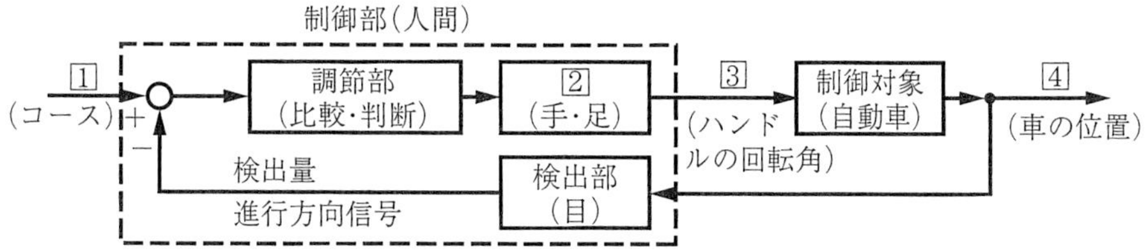

```
                        制御部(人間)
         ┌─────────────────────────────────────┐
  [1]    │ ┌──────────┐  [2]  │  [3]      ┌────────┐  [4]
(コース)+→○→│  調節部   │→│手·足│→│(ハンド│制御対象│→│ (車の位置)
       -↑  │ │(比較·判断)│  └────┘ │ルの回転角)│(自動車)│  │
        │  │ └──────────┘          │          └────────┘  │
        │  │  検出量      ┌──────┐  │                       │
        └──│  進行方向信号 │検出部 │←─────────────────────────┘
           │             │ (目) │  │
           └─────────────└──────┘──┘
```

3. 次の用語の意味を説明せよ。

（1）　メカトロニクス

（2）　フィードバック

（3）　フィードバック制御

（4）　機械制御

（5）　FA

4

━━━ 第**2**章 ━━━

フィードバック制御発展の経緯

工学の発展の経過には，理論が生れてから実用化を追求する場合と，実際にものが作られ，使われてから理論づけされる場合とがある。電気工学の生いたちは前者の場合だが，フィードバック制御工学は後者の場合に属する。18 世紀の中頃，風車や蒸気機関などの回転速度を一定にする必要から考え出された遠心ガバナ[1]が，フィードバック制御の最初の実用例といわれている。

ここでは，制御工学が確立されるまでに要した約 150 年間の進歩の跡をたどり，フィードバック制御という新しい概念が，どのようにして生れたかについて述べ，制御工学という分野が発展してきた概要について述べる。

2.1 蒸気機関の制御

18 世紀頃，英国の製粉業者は風車を用いて石臼を回わし，その回転速度を一定に保つことによって，粉の粗さを揃えていた。そのために，運転中は人が常時ついていて，"テンダリング[2]" という調節作業をしていた。機械技術者 Thomas Mead（英）は，図 2.6 に示す「製粉用ガバナ付リフトテンダ」を考案し，風車によって回わされる石臼の速さを一定に自動調節することによって，粉の粗さを揃える製粉機の実用化に成功した（**コラム**参照）。

同じ頃，スコットランドの機械技術者 James Watt は，Newcomen（1663—1729）の蒸気機関を改良して，実用的な蒸気機関を作りあげていた。彼は友人 Matthew Boulton（1728—1809）の協力を得て，1775 年 Bouton & Watt Co. を設立した。1785 年，B. & W. Co. は蒸気機関の宣伝を兼ねて，Albion に製粉工場を建設し，石臼回転の動力を自社製蒸気機関で駆動することにした。製粉機関係の設計責任者 John Rennie は，当時，もっとも優れた製粉機として好評であった「**ガバナ付リフトテンダ**」を用いた機械を採用し，1788 年 5 月に完成させた。

図 2.1　James Watt(1736—1819) 蒸気機関の実用化，普及に貢献。

Watt はこれをみて，蒸気機関の回転速度をガバナの遠心力に変え，その力を利用して蒸気流量を制御する絞り弁を操作させれば，回転速度を一定に維持できるだろうと考えた。そして，直ちに設計にとりかかり，1788 年 12 月に，「**遠心ガバナ[2]**」と題する英国特許（913 号）を取得した（**コラム**参照）。

1）centrifugal govenor　　2）tendering

第2章　フィードバック制御発展の経緯

　図2.2において，蒸気機関の回転速度⑥（制御量）が目標値より速いと，遠心力による振り子の開き角度①（検出量）は，設定した開き角度より大きくなる。この量は比較部で検出し，動作信号②として下方に動く。この動きはてこを介して，絞り弁④を閉じる方向に操作し，ボイラからの蒸気流量を絞って，蒸気機関の回転速度 $C(t)$（制御量）を遅らせている。

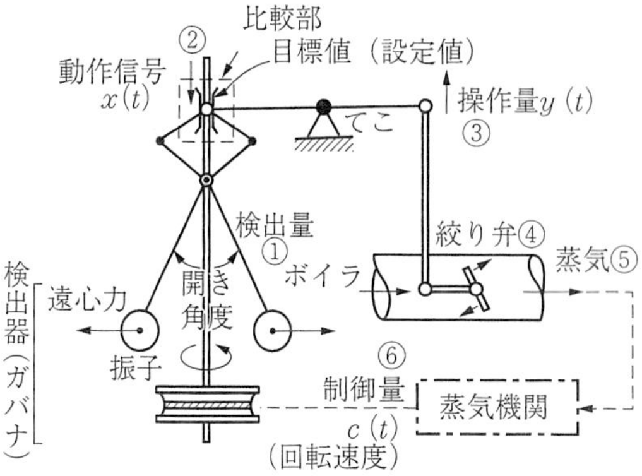

　このように，遠心ガバナは制御量 $C(t)$ を目標値（振り子の設定開き角度）にフィードバックして比較し，絶えず目標の回転速度になるように制御するという新しい概念をもった実用機であった。

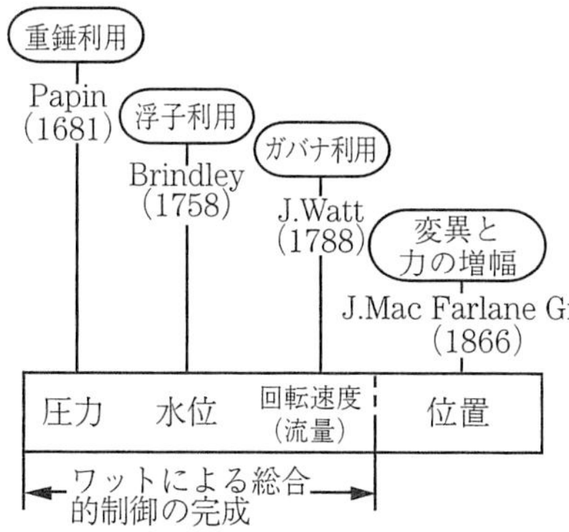

　Watt によって完成された蒸気機関の制御は，単に遠心ガバナによる**回転速度の制御**のみでなく，さらに，これらの操作によって変化するボイラの**圧力と水位の制御**を含めた**総合的な制御システム**を完成させた（**図2.3**）。これら個々の制御機器は彼の発明ではなかったが，これらを含めた**総合制御システム**を実現させた彼の功績は高く評価されている。

　初期の蒸気機関の出力は小さかったので，振子の遠心力のみで，制御弁の開閉ができたが，出力の増大とともに，制御弁が大きくなり，原因不明のハンチングを生ずる等，種々な問題が発生した。当時の技術者は，この不安定な現象を遠心ガバナのみの改良で除こうと試みたが，解決できなかった。

　「蒸気機関と遠心ガバナとを含めたシステム全体として調べる必要がある」ということに着目したのは，100年後，ケンブリッジ大学教授 J. C. Maxwell であった（**図2.4**）。彼は**「蒸気機関の調速システムに関する研究[1]」**を1868年に発表し，速度制御の安定のための必要条件を証明し，十分条件の証明の必要なことを提起した。

図2.2　J. Watt の遠心力ガバナ
（1788年英特許913号）

図2.3　蒸気機関の総合制御
システム開発の経過

図2.4　James Clerk Maxwell（1831—1879）
ケンブリッジ大学教授，
電気磁気学の体系を確立

---

1) J. C. Maxwell. "On Governors" Proceedings of the Royal Society in London. 1867/68, 16. p. 270〜28.

学友 Edward John Routh（1831—1907）は，この十分条件を補足して，1876 年に制御系の不安定
問題を解決した[1]。

この 2 人による安定性に関する理論的研究は，英国のガバナの設計者や，機械技術者には利用され
なかった。Routh の理論を最初に利用したのは，航空機や電気技術者であったが，第 2 次大戦までは
広く利用されることはなかった。

これとは独立に，1893 年，スイスチューリッヒ工科大学教授 A. B. Stodola（図 2.5）は，水車ター
ビンの調速装置の実験中に発生した不安定問題について，同大学数学教授 Adolf Hurwitz にその解明
を依頼した。彼はその問題を理論的に解明し，1895 年に発表した。

この Hurwitz の理論と Routh の理論は，形は違って
いるが，内容は同じであることが，1911 年，Bompiani
によって明らかにされた[2]。これが，**Routh–Hurwitz
の安定判別法**と呼ばれている理論である。

蒸気機関や水車タービンなどの速度制御の安定問題
から始まった制御システムの理論的取扱いは，その後
ドイツ の Th.Stein（1926—1934），G. Wiinsch（1930
—1944），G. Neuman（1932）らによって整備された。
これらの理論的発展とともに，ボイラ制御関連の装置
が，下記のメーカー等によって製品化された。

図 2.5　Aurel Boleslaw Stodola（1859—1942）
チューリッヒ国立工科大学機械科教授
(The Federal Polytechnic of Zurich)
水車タービンの研究に貢献。

機械式：A. E. G. Askania 社（独），Smoot 社（米），
Hagan 社（米），North Western 社（米）。

電気式：Siemens 社（独），Beiley 社（米），Leed Northrup 社（米）。

日本は，1930 年頃から，A. E. G. Askania 社，Siemens 社，Bailey 社，Hagan 社，Smoot 社などの
自動燃焼装置を導入し，各地の発電所に設置され，稼動していた。

これらの制御を理論的に記述したのが，日本アスカニア（株）の寒川武技師による「自動制御の理
論と実際」（日本機械学会発行，1943）で，わが国最初の制御に関する著書である。

---

1) フィードバック制御の歴史にでてくる "Governor" の説明に，J. Watt の研究が代表のように述べられているものも
　 あるが，Watt は理論的考察はしていない。理論的考察は，J. C. Maxwell によって初めてなされた。この補足の「十
　 分条件」は，学友 Routh が「運動状態の安定性の判定について」という論文で解決した。いわゆる「Routh の安定
　 判別条件」というもので，これにより Adams 賞を受賞した（1876 年）。
2) E. Bompiani, Giornale di Matematica, 1911 年，49, pp. 33–39, R. A. Frazer and W. J. Duncan.Proc. Roy. Soc., 1929,
　 124, pp. 642–654.

自動制御の元祖遠心ガバナの発明者は Thomas Mead

18 世紀頃の動力源は水車や風車であった。英国の製粉業者は風車を用いて石臼を回転させ，上下の石臼のすき間を一定に保つことによって，粉の粗さを揃えていた。たとえば，強風で風車の回転が速くなると，上側の回転石臼が浮いてすき間が大きくなり，粉が粗くなるからであった。このため，運転中は人が常時監視していて，“テンダリング” というすき間の調節作業をしていた。

機械技術者 Thomas Mead（英）は，この風車によって回転する石臼のすき間を一定に保持させるのに，**図 2.6** に示す **“ガバナ付リフトテンダ”** を発明した。そして，風車によって回転する石臼の速さを一定に自動調整する製粉機の実用化に成功した。

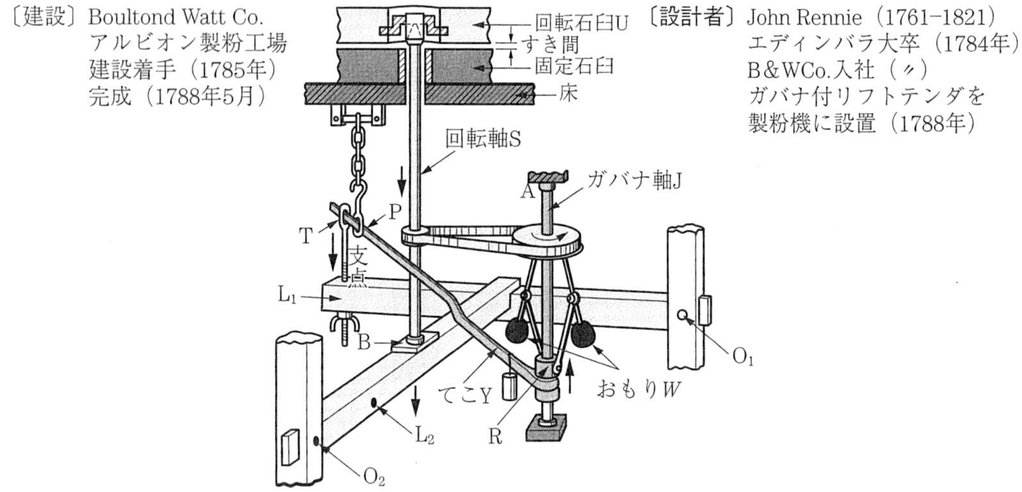
〔建設〕Boultond Watt Co.
アルビオン製粉工場
建設着手（1785年）
完成（1788年5月）
回転石臼U
すき間
固定石臼
床
〔設計者〕John Rennie（1761–1821）
エディンバラ大卒（1784年）
B&WCo.入社（〃）
ガバナ付リフトテンダを
製粉機に設置（1788年）
回転軸S
ガバナ軸J
A
P
T
支点
L1
B
てこY
R
L2
O2
O1
おもりW

図 2.6　Thomas Mead が考案した「製粉用ガバナ付リフトテンダ」（1787 年英特許）

図 2.6 において，1 対の円錐振子の端につけたおもり W は，回転が速くなると開いて，R 部が上方に動き，てこ Y によって回転軸 S を下げ，それに連結している回転石臼 U を下げ，すき間を狭くしている。

Thomas Mead はこの特許申請の中で，「人が常時ついている必要のない石臼の**すき間を一定に制御する製粉用ガバナ付リフトテンダ**」と説明している。このリフトテンダは好評で，当時の製粉機に広く採用されていた。

同じ頃，スコットランドの機械技術者 James Watt は，Newcomen の蒸気機関を改良して，効率の良い蒸気機関の実用化に成功した。そして，バーミンガムの友人 Matthew Boulton（1728—1809）の資金援助を得て，1775 年，Boulton & Watt Co. を設立し，バーミンガム近くのソーボー工場で，Watt 機関の製造販売をはじめた。

1782 年，Watt は蒸気機関の駆動シリンダを複動形にして，回転運動を実現した①。この発明により，蒸気機関の応用範囲が広まり，紡績工場や織物工場等大形機械への採用が急速

2.1 蒸気機関の制御

に普及した。1785年，Boulton & Watt Co. は，テームズ川沿いのアルビオンに，蒸気機関の宣伝を兼ねて，製粉工場の建設に着手し，20台の石臼を2基の自社製蒸気機関で駆動することにした。

この工場の機械の設計責任者は，エディンバラ大学を卒業して間もない技師 John Rennie（1761—1821）であった。彼は石臼の回転速度の調節に，その頃優れた製粉機として評判の高かった「**ガバナ付リフトテンダ**」のついた製粉機を採用し，1788年5月完成させた。

Watt はこの製粉機のガバナ付リフトテンダを見て，蒸気機関の回転速度を一定に制御するために，蒸気流量を制御している絞り弁の操作に，このガバナ機構を用いればうまくゆくだろうというアイデアがひらめいた。その頃，Watt は蒸気機関の回転速度を調節する方法として，軽い力で操作できる絞り弁を完成させていた。直ちに遠心ガバナ機構の設計に着手し，図面は1788年11月8日に描きあげた。そして，同年12月，「**遠心ガバナ**」と題する英国特許（913号1788年）を取得した。

この実用的な遠心ガバナは，納入先では好評で，広く普及したが，Boulton と Watt は，非公開の方針をとっていた。「**Watt の遠心ガバナ**」として雑誌に掲載された最初のものは，1798年，Nicholson が「水車の調速に応用されたガバナ」という題名で発表された[2]。

Alderson 博士は，「**遠心ガバナの原理**は私の亡き友 Thomas Mead が発明し，1787年英特許を取得したものである。そして，Watt が蒸気機関に応用するずっと前に，この原理によって，製粉機の回転石臼の調速を行い，今日まで使用されている」と，"Mechanic Magazine" に述べている[3]。

Watt のガバナシステムはオフセットがあり，操作力が小さく，原因不明のハンチングを発生する等の問題もあったが，多くの用途には十分で，かつ，その機構が簡単であったため，他のガバナよりも多方面に，多数使われた。1868年から約10年間に，英国では，Watt タイプのガバナが75,000台も使われた[4]。これらは，蒸気機関，水車，蒸気タービン，蝋管式蓄音器，電動機の速度調節等にまで用いられた。この大きな市場に対し，多くの発明家が富を夢見，米国では数千を超す特許が，1836年から1900年の間に申請された。しかし実用化に成功したものはわずかであったという。

このように，膨大な市場の中に登場した**Watt のガバナ**に対し，衰退した風車動力の**ガバナ付リフトテンダの発明者の名**は，世論の中から消え去ってしまった。

---

① Watt はこの機構を自分名の特許（1782年）にしているが，遊星歯車により，往復動を回転運動に変える機構は，William Murdock（1754—1839）の発明によるものと，一般に認められている。Murdock は1777年 Boulton & Watt Co. に入社し，Watt の有力な助手となった。1800年よりソーホー工場の監督となり，1830年引退した。地味であったので，彼の名声は Watt の陰に隠れてしまった。

② W. Nicholson. "A journal of natural philosophy, chemistry and the arts", 1798, Vol. 1, p. 419

③ Alderson. "Mechanic Magazine", 1825, 4. p. 238

④ A. T. Fuller. "The early development of control theory–I" J. Dynamic Systems, Measurment & Control, Trans. ASME, Series G. 1976. p. 112.

9

第2章　フィードバック制御発展の経緯

2.2　サーボ制御技術の発達

前節では，蒸気機関にかかわる主としてプロセス制御の発達の経緯を述べてきた。ここでは，これとは別個に，大形船舶，魚雷兵器や航空機の出現に伴い，舵取りの自動化の要求から，サーボ制御が生れてきた経過について述べる。

［1］　用語サーボモータの起源

蒸気機関の発明が，蒸気船の出現となった。そして，次第に大型化，高速化へと発展していった。1835年，Great Western 鉄道会社は，ブリストル〜ニューヨーク間の航路に，大形船を走らせる計画を立て，2年後には排水量1340トン，出力750馬力の蒸気機関を備えた巨船 Great Western 号が進水した。次いで1845年には，Great Britain 号，1859年には排水量21,000トン，出力8,300馬力の蒸気機関を備えた，当時世界最大の巨船 Great Eastern 号（英）が進水した。この舵の操作は，初めは人手で動かしていたが，その操作は困難を究め，増力装置のついた舵取り装置の必要にせまられた。

1867年，**J. Mac Farlane Gray**（英）は，**フィードバックを組み込んだ蒸気舵取り装置**を開発し，この最新鋭の巨船 Great Eastern 号の操舵の問題を解決した（英特許3321号，1866年，J. Mac Farlane Gray）。

フランスの機械技師 Marie Joseph Denis Farcot と息子の Jean Joseph Leon Farcot は，Farcot and Sun 商会を設立し，親子共同で蒸気機関のガバナに関する研究を行った。父 Marie Joseph は，Watt のガバナを改良して，1854年，オフセットを除去する方法を考案し，特許を取った。息子の Jean Joseph

は，続々と建造される大形蒸気船の舵取り装置の要求に応えて，力と変位を増幅する操舵用蒸気動力装置を考案した。1868年，英国で特許を申請するとき，その駆動装置を **"サーボモータまたはスレーブモータ[1]"** と名付けたのが，用語**サーボモータの起源**である。

このサーボモータは，息子 Leon Farcot が500馬力から1000馬力

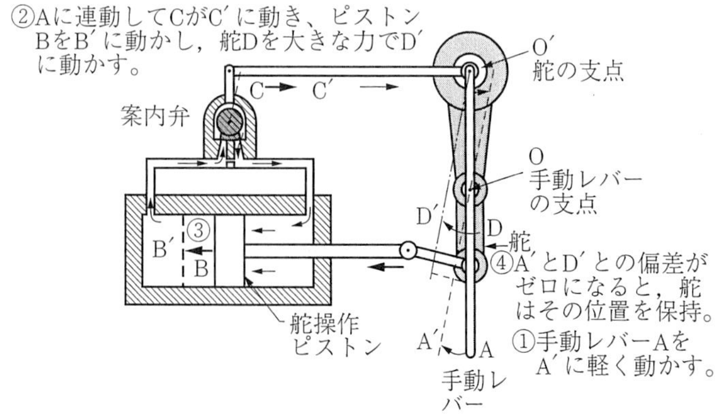

②Aに連動してCがC'に動き、ピストンBをB'に動かし、舵Dを大きな力でD'に動かす。

案内弁

O' 舵の支点

C → C'

③ B' B

O 手動レバーの支点

D'　D'　D 舵

④A'とD'との偏差がゼロになると、舵はその位置を保持。

舵操作ピストン

A'　A 手動レバー

①手動レバーAをA'に軽く動かす。

図2.7　Jean Joseph Leon Farcot のサーボ機構
（1868年英特許2476）

---

1) Servo–motor or slave motor：英特許申請に初めて用いた "servo–motor" の意味づけの原文は次の通り。
"To put any motor or engine under the absolute control of an operator by the movement of his hand directly or indirectly on the control member of the motor, so that the two go, stop, go back and forward together, the motor following step by step the finger of an operator, imitating as a slave every moment. We believe it necessary to give a new name and characteristic for this new engine and we have called it **servo–motor or slave motor**".
"slave motor" は奴隷のように指示通りに動くモータの意味。

の舶用蒸気機関の絞り弁でも操作できる遠心ガバナシステムを作ろうとして，試行錯誤する中から生れたものであった（**図 2.7**）。

このように，サーボモータは船の舵取りの要求から発展してきたもので，着眼の動機は，蒸気機関の大形絞り弁の開閉を容易にするため，息子 Farcot の試行錯誤の産物であった。

その後，いろいろな分野の位置や角度の増幅・増力制御に用いられるようになった。

［2］サーボメカニズムを説明している最初の本

Farcot and Sun 商会の Leon Farcot は，ガバナの業績では知られていないが，1873 年に出版した「サーボモータ（スレーブモータ）」に関する最初の本の著者として有名である。この本には，Farcot and Sun 商会が開発したサーボモータを用いたいろいろな製品の設計図が載っている。これらの中に，「**サーボメカニズム**」[1]の原理の説明が載っている。

一般に，船舶の自動操舵の研究は Nikolas Minorsky（1885 年ロシヤ生れ，1918 年米国移住）らによって行われ，1922 年から 1948 年の間に多くの研究成果を発表している[2]。これらは，今日からみても，優れた研究であるが，フィードバック制御というはっきりした工学分野が生れたのは，米国の**Harry Nyquist** が，1932 年「**フィードバック増幅器の安定に関する研究**」を発表してからのことである ［2.3（3）参照］。

次に，この理論が生れてきた経緯をたどってみよう。

---

1) Bennett, "A history of control engineering. 1800–1930" 訳書，古田勝久，山北昌毅　監訳 pp. 28–29.
2) N. Minorsky "Directional stability of automatically steered bodies". J. Am. Soc. Naval Eng., 1922, 34, p. 284（他多数）

第2章　フィードバック制御発展の経緯

2.3　フィードバック制御理論の生いたち

［1］　正のフィードバック（増幅器倍率の増大）

19世紀は電気通信の幕明けで，英・米の両国は，幾度かの失敗と挑戦の末，1866年，大西洋横断海底ケーブルの敷設に成功した（図2.8）。

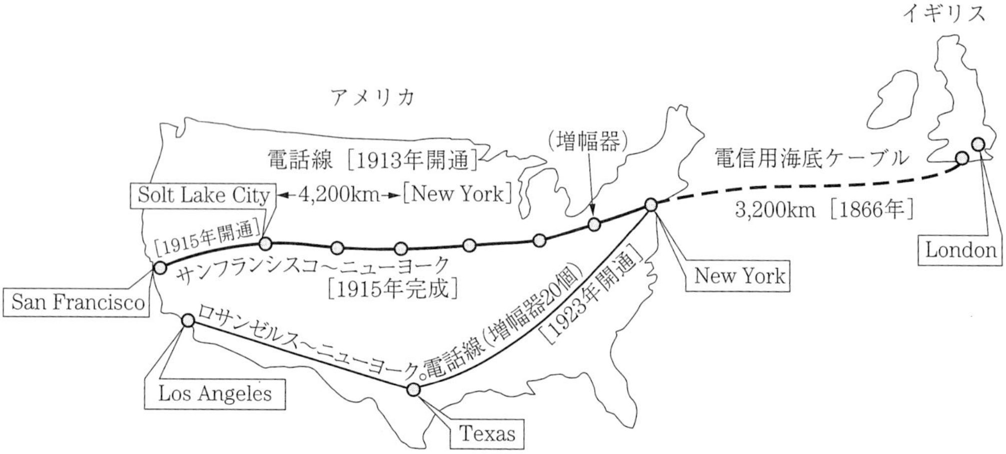

図2.8　大西洋海底ケーブルと北米大陸横断電信・電話線

しかし，3200 km のケーブルを伝わるトン・ツーの電気信号は減衰が大きくて，信号の識別ができなかった。この解決のために，**フィードバク原理を用いた電子管増幅器**が考案された。

図2.9において，電子管増幅器 A と B とを図のように接続し，A の出力 y の一部を B に入れ，その出力 By を入力側にフィードバックして，入力 x に加えると，増幅率 $\dfrac{y}{x}$ は $\dfrac{A}{1-AB}$ となる。

ここで，分母の値（$1-AB$）を1より小さくなるように B を調整すれば，増幅器 A よりも，

$\dfrac{1}{1-AB}$ 倍大きい出力信号が得られる。

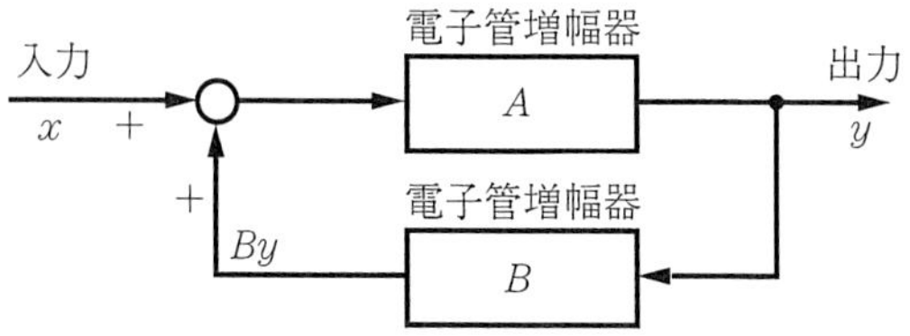

このようにして，電気信号の減衰の問題を解決

$$\frac{y}{x} = \frac{A}{1-AB}$$

$$(1-AB) < 1$$

図2.9　正のフィードバック回路
（増幅器の倍率の増大）

すことができた。この入力 x に，フィードバック量 By を加えることを**正のフィードバック**という。

12

[2] 負のフィードバック（増幅器質の向上）

電信につづいて電話が発明された。1913 年，ニューヨークとソルトレイクシティ間の 4200 km に電話線を引いたが，信号の減衰とノイズによって，言葉を聞きとることができなかった。そこで，質の良い増幅器を開発して，それを中間に設置して，この問題を解決する必要にせまられた。

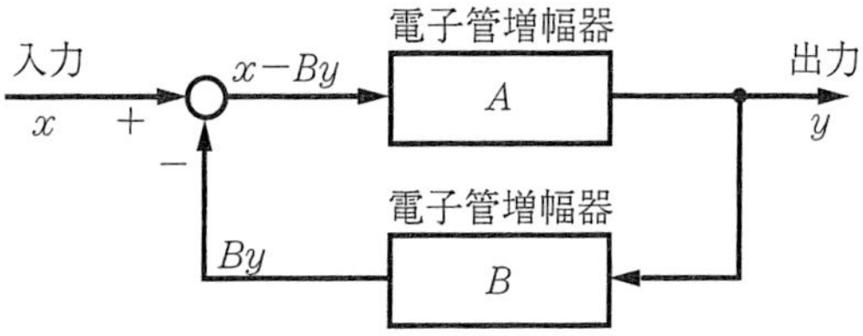

ベル研究所の研究員 **Harold S. Black** は，**図 2.10** に示すように，電子管増幅器 A の出力 y の一部を B に入れ，その出力 By を入力にフィードバックして，入力 x との差 $(x-By)$ を 0 になるように調

$$\frac{y}{x} = \frac{A}{1+AB}$$

図 2.10 負のフィードバック回路
Harold Stephen Black（1898 年生れ）の発明：1927 年特許

節し，絶えず入力 x に正しく比例する質の良い出力 y をとり出すことに成功した。

この回路の増幅率 $\frac{y}{x}$ は，$\frac{A}{1+AB}$ となるので，B を適当に調整することによって，増幅率を任意に変えることができる性能の良い増幅器を開発することに成功した[1]。この入力 x に，フィードバック量 By を減ずることを**負のフィードバック**という。

1915 年，負のフィードバック回路をつけた質のよい増幅器をニューヨークとサンフランシスコとの間に 6 個設置して，問題を解決した。続いて，ニューヨークとロサンゼルス間を 20 個の増幅器で中継し，北米大陸横断の電信・電話の実用化を達成した。

[3] ナイキストの安定判別理論

H. S. Black が発明した質のよい**負のフィードバック付増幅器**は，ときどき原因不明の発振を起して困っていた。1927 年，A. T. T. 傘下の Bell 研究所の研究員 **Harry Nyquist** は，乞われてフィードバック増幅器が，安定であるための条件を研究する手伝いをした（**図 2.11**）。

彼は増幅器の周波数特性に着目することによって，安定判別が容易にできるということを解明し，有名な「**再生増幅器の理論**[3]」と題した論文を，1932 年，Bell 研の研究報告書に発表した。

これは，電気通信の問題解決のために考え出されたものであ

図 2.11 Harry Nyquist（1889—1976）スウェーデン生れ，1917年イエール大学で物理学の博士号取得。米ATT社入社。フィードバック理論の創始者。

---

1) H. S. Black, U. S. 2102671, 1927, 論文 "Stabilized feedback amplifiers'. Bell Syst. Teck. J., 1934, 13, pp. 1～18.
2) The American Telephone and Telegraph Company の略。（A. T. T の傘下に Bell 研究所）。
3) H. Nyquist. "Regeneration theory" Bell Syst. Tech. J., 1932, 11, pp. 126–147

第2章　フィードバック制御発展の経緯

ったが，この**フィードバック理論**は，他の制御の分野にも適用できる画期的なもので，**フィードバック制御工学の出発点**となった。

1940年，Bell研の**H. W. Bode**はフィードバック付増幅器の研究で，周波数特性を調べるのに，便利な**周波数応答線図（Bode線図）**[1]を考案した。これは実験値からも容易に描けて，使いやすいので，米国の技術者達に広く普及した。

フィードバック理論が発表された1932年頃，世界は軍拡の時代であった。この理論は，レーダと連動した高射砲や，艦載砲のFCS[2]，航空機や魚雷の自動操縦装置[3]などの兵器開発の基礎技術であったので，アメリカ国防省は，これらに関する文献は，「機密扱い」として，他国への流出を禁止した（図2.12）。

第2次大戦が終ると，米国はサーボ技術に関する戦時研究の成果を華々しく公表した。これらを基礎にして体系化された制御理論は，伝達関数を用いた線形制御理論として，1950年代に確立された。

これが古典制御理論と呼ばれているもので，本書も，この制御理論を基本としている。

米国の制御技術者は，軍事関係のサーボ技術者と，化学や石油，ボイラなどのプロセス制御技術者に分れ，両者は混ざることはなかった[4]。ここが，日本や欧州と異っている点である。

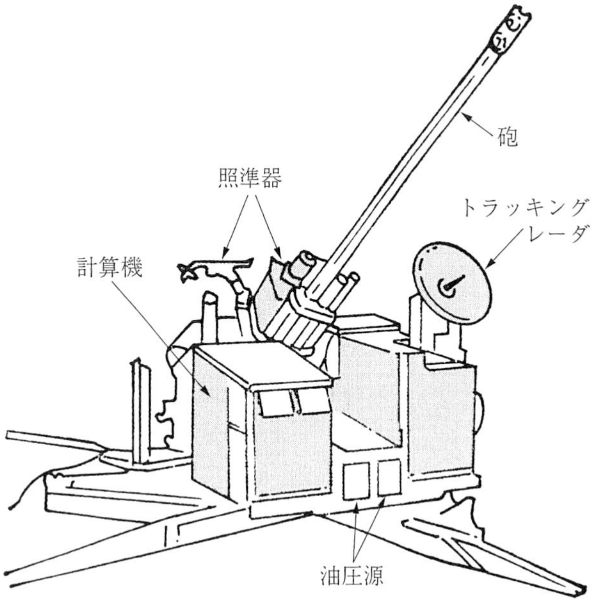

図2.12　高射砲の射撃指揮装置（米Sperry社製）第2次大戦時，英国がドーバ海岸に配備して，独のV—1ロケットの大半を射ち落したFCSは，この前身の分散配置型。戦後，この装置は日本に貸与され，このサーボ特性調査に筆者も参加した。

---

1) frequency resoonse diagram（Bode diagram）
2) fire control system の略称（射撃指揮装置）
3) auto・pilot system
4) 高橋安人編著「神々のたそがれ—日米戦後の50年」オーム社，1995年。

2.4 フィードバック制御の応用

これまで述べてきた蒸気機関・タービンの速度調整，航空機・船舶などのオートパイロットや，電気通信に関する技術的問題は，お互いに関係なく解決されてきたが，これらは，いずれも**フィードバック制御理論**にもとづいて解決されていることに気づく。また，単に工学・技術の分野ばかりでなく，理学，医学，生物学，経済学，社会学などにも適用できる基本的な原理である。

1948 年，MIT の数学教授 **Nobert Wiener** は，従来の自然科学，生物や社会現象にも，その信号を抽象化して考えれば，フィードバックのような共通した作用があることに着目し，「**サイバネティクス**[1]」と称する新分野を提唱した。ギリシャ語の**舵とり**がその語源である（**コラム**参照）。

サイバネティクスは総合科学であり，コンピュータ技術の発展とともに飛躍的に進歩して，個々に独立して発展している諸科学の融合の役をしている。そして，NC 工作機械やロボットをはじめ，**生産工場全体の自動化**（**FA**）[2]に広く応用され，今日の自動化技術発展の原動力となった。**表 2.1** に，フィードバック制御の主な応用例，**表 2.2** に制御発達の経緯を表記しておく。

表 2.1　フィードバック制御の主な応用例

応用対象	具　　体　　例
計算機の端末装置	プリンタ（ヘッドの位置決め，紙送り機構），ディスクの制御（読み取りヘッドの位置決め），自動製図機
自 動 平 衡 計 器	指示記録装置，X—Y レコーダ
半導体製造装置	ボンディングの位置決め，IC 用超精密マスク合わせの位置決め（0.1μm）。
産業用ロボット	軸などの位置決め
Ｎ Ｃ 工 作 機 械	NC 旋盤，NC フライス盤，マシニングセンタなどの位置決め，連続切削制御
運　　動　　体	船舶・航空機のオートパイロット，ミサイルや人工衛星の方向・姿勢制御
そ　　の　　他	追尾用レーダ，射撃指揮装置（FCS）

---

1) Cybernetics：人工頭脳学，ギリシャ語（英文字書き）Kubernetes（舵取り）。
2) Factory Automation の略語。

第2章　フィードバック制御発展の経緯

表 2.2　制御技術発達の経緯（その 1）

年	発明者・著者・法人名	産　業　機　械	航空機・船舶・兵器	電機・電信	著書・論文・その他
1681	Denis Rapin（仏）	蒸気圧力の制御：安全弁の考案			
1727	Euler（独）				微分方程式を解くのに，いわゆる"ラプラス積分"を使用
1750	A. Meikle	風車の自動方向制御			
1758	Brindley	浮子を用いたタンク液面制御			
1776	Adam Smith（英）				「国富論」の中で，フィードバックの考えを記述
1782	Laplace（仏）				ラプラス積分を用いて，微分方程式を解いた
1787	Thomas Mead（英）	製粉用ガバナ付リフトテンダ発明（英特許 1787 年）			
1788	James Watt（英）	蒸気機関の遠心調速機発明（英特許 913 号。1788 年 12 月）			
1815	Samuel Clegg（英）	ガスパイプラインの圧力制御装置発明			
1827	John Farey（英）	遠心調速機の発振は，信号の伝達遅れによるものと提唱			蒸気機関に関する本出版
1843	Wiliam Siemens（独）	ガバナの回転振子が上下に乱調するのは，ダンパがないからと提唱し，実験で証明			
1840〜1850	George Biddel Airy（英）	地球自転の影響を補正した天体望遠鏡の速度制御にガバナ使用			単一フィードバック制御の適用
1851				ドーバー〜カレー間海底電線，ロンドン〜パリ間電信開通	(1837) Weatstone（英）と Morse（米）が電信の公開実験
1863	Whitehead		魚雷の舵取り装置に変位と力を増幅する機構を考案。		(1856) Lord Kelvin 電信線による電送の理論的研究発表
1866	J. Mac Farlane Gray（英）		舵取り装置（変位と力の増幅）を開発（英特許 3321）。Great Eastern 号の操舵に適用	Great Eastern 号により，大西洋横断，電信用海底ケーブル敷設。（英・米）	電信用電子管増幅器の倍率の増大に正のフィードバック回路（各社より発表）
1868	Jean Joseph Leon Farcot（仏）		船の舵取り用サーボ機構を考案（英特許 2476, 1868 年）		用語「サーボモータ」の起源（J. J. Leon Farcot）
1868	J. C. Maxwell（英）	蒸気機関の遠心ガバナの"安定のための必要条件"の理論的証明			「On Governors」Proc, Royal Soc. in London. (1868)
1870	A. B. Brown（英）		操舵用油圧サーボ機構（英特許）		
1873	J. J. Leon Farcot（仏）				「サーボメカニズム」の最初の本の著者
1876	A.Graham Bell（米）			電話の初公開実験	
1876	E. J. Routh（英）	遠心ガバナの安定性を理論的に解明			
1879	Lincke（独）				フィードバック機構は，人間の神経や筋肉に類似し，機械の自動化を予言
1891	Ward Leonard（米）			モータ発電機システムの U・S 特許（1891 年 463802, 1892 年 478344, 1896 年 572903）	
1893〜1894	A. B. Stodola（スイス）	ガバナを用いた水車タービンの速度制御の設計法確立			慣性制御器が比例＋微分コントローラであることを理解した最初の人
1895	A. Hurwitz（スイス）	タービン速度制御系の安定判別を確立		General Electric Reserch Lab. 発足	
1900					
1903	Williams & Janney（米）（Waterbury Tool Co.）	油圧伝導動装置の開発に成功。工作機械，一般産業機械の駆動制御に適用	米戦艦 Virginia の 12 インチ砲駆動制御に成功。		

2.4 フィードバック制御の応用

表2.2 制御技術発達の経緯（その2）

年	発明者・著者・法人名	産 業 機 械	航空機・船舶・兵器	電機・電信	著書・論文・その他
1907 〜 1922	Elmer Sperry（米）		ジャイロを用いた安定化装置(特許)カーチス機にオートパイロット装置取付け電気,モータON–OFF, 0, の3位置操舵制御		
1922 〜 1930	N. Minorsky（米）				船,魚雷の自動操縦に関する最初の論文（1922年）
1925	Stein（独）	動力機関の制御			著書：Regelung und Ausgleich in Dampfaulagen.
	Bell Telephon Co.			Bell Reserch Lab 設立	
1926	Carson（米）				著書：「電子回路論と演算子法」でヘビサイド演算子の正しいことを証明
1927	H. S. Black（米）			フィードバック増幅器の発明（特許）	論文：Stabilized feedback amplifiers.（1934）。
1930	G. Wünsch（独）	蒸気機関の調速機の研究（1930〜1941）			
1932	H. Nyquist（米）				「フィードバック増幅器の安定理論」Bell System Tech. J. 11, 126~147.
1930 〜 1945	MIT Prof. Brown グループ Radiation Lab.（米）		レーダ追縦装置の研究等		制御理論の体系化確立
1940	H. W. Bode（米）				Bode 線図を考案
1946	高橋安人（日）カリフォルニア大学バークレー校				東大・第二工学部講義開始「自動制御」
1947	自動制御懇話会（学内・外同好有志）				事務局東大第二工学部（第1回。1947.9.12）
1948	Nobert Wiener（米）				「サイバネテックス」提唱
	寒川 武（日）				「自動制御の理論と実際」日本機械学会発行
1952	M．I．Tサーボ機構研究所（米）	NC フライス盤試作機発表			
1953	自動制御研究会（日）（会長兼重寛九郎）				「自動制御懇話会」の改称
1957	ソ連（ロ）		人工衛星スプートニック1号成功		
	東工大精密工学研究所（日）	NC 旋盤の試作機発表			海老原他：数値制御工作機械の試作研究・機械学会誌 60, No 467（1957）
1960	ボーイング社（米）		ジェット旅客機 B 707 就航		
1962	計測自動制御学会発足（日）				計測学会と自動制御研究会が合併して発足
1963	NHK, 国際電々（日・米）			宇宙通信（日米間）開通（ケネディ暗殺テレビ放映）	
1964	国鉄（日）	東海道新幹線開通			
1969	NASA（米）		アポロ 11 号月探検船成功		
1975	日本 NC メーカ（日）	LSI NC＋DC モータ駆動			
1980	日本 NC メーカ（日）	CNC（マイコン）＋AC モータ駆動（カスタム NC）		パソコン時代始まる	
1990 （平成2）	日本 NC メーカ（日）	CNC（マイコン・パソコン）＋SM・IM 型モータ駆動			（湾岸戦争，ソ連崩壊）
1995	日本（日）			インタネット普及推進	

17

第2章 フィードバック制御発展の経緯

Norbert Wiener のサイバネテックス（Cybernetics）

　N.Wiener は 1894 年，米国ミズリー州で，レオ・ウィーナの長男として生れた。父レオ・ウィーナはポーランド生れのユダヤ系で，アメリカに渡り言語学者として活躍した。父は賢いノーバートに望みを託し，幼児より教育に力を入れて育てた。9 才でハイスクール，11 才でカレッジに入学し，数学，生理学，哲学に興味をもって学んだ。14 才でハーバード大学大学院の動物学科に入学した。1 年後哲学科に転科して，数理哲学を修め，18 才で博士号を取得した。

　イギリス・ケンブリッジ大学のバートランドラッセルのもとで数理哲学の研究をし，物理学の重要さを教えられ，ゲッチンゲン大学の G・H・ハーディのもとで数学を学んだ。

　第1次大戦のため帰国したが，翌年ラッセルに師事するため再び渡英した。戦争がはげしくなったので帰国し，コロンビア大学で半年過した後，母校ハーバード大学で，1 年間哲学の助手をした。その後，田舎のカレッジで数学の教師をしたり電気技師として働いたが，父の薦めで，百科全書の編集に携わった。

図 2.13　Norbert Wiener（1894—1964）第 2 次大戦中，対空火砲の FCS を研究。MIT 数学教授。「サイバネティクス」の著者(1948 年)

　第1次大戦末期に陸軍弾道研究所員として，大砲の射程表の作製に従事した。戦後，1919 年 MIT の数学講師に任命された。その頃，同大学電気工学科教授ブッシュは弾道計算用計算機を製作していたが，ウィーナは　彼のよき相談相手となっていた。1934 年，ウィーナは　MIT の数学教授となり，光学的計算機を設計するなど，計算機に関心を持つようになった。

　ウィーナは，計算機は通信装置の一種と認識し，情報を指令として実行させるものと考え，自動制御理論は通信の領域に入れることができるということを示した。この頃から，神経生理学者ローゼンブリュート派と共同研究をし，神経系と計算機，および制御系との類似性を追求するうちに，通信工学は統計的手法で処理することに意義のあることを明らかにした。そして，1948 年"サイバネティクス"（Cybernetics, or Control and Comunication the Animal and Machine）の著書を世に出した。

　第2次大戦中は，自動照準機，レーダ，誘導ミサイルの研究を行い，統計的通信理論を発表した。この統計的な考えは，気象学，動態社会学，生物統計学，大脳生理学ともいう脳波の研究にも通用するものである。これに用いる数学は，偶然性を考えに入れた物理現象を統計的に表現するもので，これを"準精密科学"と名づけた。

　以上のように，サイバネティクスは総合科学であり，個々に独立して発展しがちな諸科学の融合剤の役をしているものである。ギリシヤ語 $\chi\upsilon\beta\varepsilon\rho\nu\eta\tau\eta\sigma$（キューベルネテース：舵取り）がその語源である。

2.5　制御に関する用語とその種類

　ここでは，自動制御の用語の意味を明確にし，制御に関するいろいろな呼び名を整理して分類している。これらの中，動力源からみた制御方式の特性を比較考察し，よく用いられているサーボ制御，プロセス制御，およびシーケンス制御について，事例を挙げて説明している。

［1］　自動制御系の基本要素の用語

　これまで，何とはなしに用いてきた**制御**[1]と**自動制御**[2]の意味を明確にしておこう。JIS[3]では，「**ある目的に適合するように，制御対象に所要の操作を加えること**」を**制御**といい，「**制御系を構成して，自動的に行われる制御**」を「**自動制御**」と定義している（JIS-Z-8116）。

　自動制御系は，**図2.14**に示すように，**設定部，比較部，調節部，操作部，制御対象，検出部**で構成され，**制御量**を**目標値**と比較し，それらを一致させるように訂正動作を行う制御系をいっている。これらの基本要素の定義は次の通り。

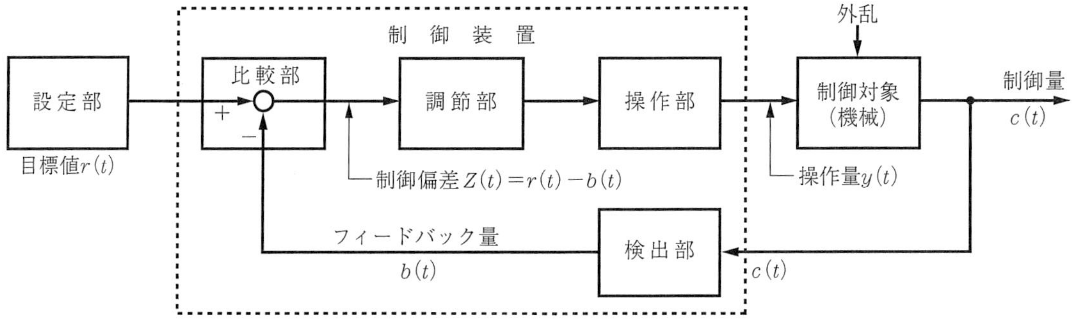

図2.14　自動制御系の構成

制　御　系[4]　：制御対象，制御装置などの系統的な組み合わせ。

制　御　対　象[5]　：制御の対象となるもので，機械，プロセス，システムなどの全体，あるいは一部がこれにあたる。

制　御　装　置[6]　：制御対象に組み合わされて，制御を行う装置。

目　標　値[7]　：制御系において，制御量がその値をとるように，目標として与えられる値。

直接制御対象[8]　：操作部によって直接制御される制御系内のプロセスまたは装置。

間接制御対象[9]　：間接制御変量が直接制御変量の変化に応じて変わるような制御対象の一部。

制　御　量[10]　：制御対象に属する量のうちで，それを制御することが目的となっている量。

---

1) control　　2) automatic control　　3) Japanese Industrial Standard（日本工業規格）　　4) control system
5) controlled system　　6) control device　　7) desired value　　8) directly controlled system
9) indirectly controlled system　　10) controlled variable

第2章　フィードバック制御発展の経緯

操　作　量[11]　：制御系において，制御量を支配するために制御対象に加える量。

外　　　乱[12]　：制御系の状態を乱そうとする外的作用。

基準入力信号[13]：目標値に対して定まった関係を有し，比較部においてフィードバック信号と比較される信号。

動作信号[14]**（偏差）**：目標値（または基準入力信号）と制御量との差信号で，その値を偏差という。

設　定　部[15]　：基準入力信号を作り出す部分。

調　節　部[16]　：制御装置において，目標値にもとづく信号と，検出部からの信号をもとに，制御系が所要の働きをするのに必要な信号を作り出して操作部へ送り出す部分。

操　作　部[17]　：制御装置において，調節部からの信号を操作量に変え，制御対象に働きかける部分。

検　出　部[18]　：制御装置において，制御対象，環境などから，制御に必要な信号を取り出す部分。

［2］　制御の呼び名とその分類

　制御には，フィードバック制御のほかに，電気洗濯機のように，自動的に順次に操作を行わせているシーケンス制御などがある。このように，制御は，**系の制御量，目標値の性質，信号形態，制御動作などから，いろいろな名称**で呼ばれている。これらを整理したものを**表 2.3** に示す。

表 2.3　制御の呼び名とその分類

項　　目	制　御　の　種　類
基　本　方　式	フィードバック制御，フィードフォワード制御，閉回路制御（クローズドループ制御），準閉回路制御（セミ閉ループ制御），開回路制御（オープンループ制御）
制　　御　　量	サーボ制御（位置，方位，姿勢） プロセス制御（温度，流量，圧力，液位，組成，品質，効率） 機械制御（位置，角度，姿勢，速度，加速度，力などの機械量）
目標値の性質	定値制御，追従制御，プログラム制御，シーケンス制御，比率制御
入力信号形態	アナログ制御，ディジタル制御，連続制御，不連続制御，数値制御，サンプル値制御
制　御　動　作	オンオフ制御，比率制御，積分制御，PID（比例，積分，微分）制御
制御装置の構成	リレー制御，計算機制御
制御系の構成	最適制御，適応制御，カスケード制御，結合制御，複合制御
系の数学的特性	線形制御，非線形制御
自動・非自動	自動制御，手動制御
動　力　源	電気制御，油圧制御，空気圧制御，電気・油圧制御，電気・空気圧制御

---

11) manipulated variable　　12) disturbance　　13) reference input　　14) actuating signal（error）
15) reference input element　　16) controlling element　　17) final controlling element　　18) detecting element

［3］ 電気・電子制御と油圧・空気圧制御の特性比較

電気・電子制御と油圧・空気圧制御は，制御技術の中核で，各種自動制御装置の要求に拍車がかけられて，急速に発展してきた。これらの技術は，制御の応用分野で，互いに排斥し合うということでなく，それらのもっている長所を有効に利用していくことが大切である。

表2.4はこれらの制御方式の特徴を表記したものである。この表からわかるように，電気・電子方式は，演算・増幅部，検出部，信号伝達に優れている。しかし，操作部は大出力に弱い。最近約10kW以下の場合，比較的優れた特性をもつACサーボモータが出現した。

一方，油圧方式は，検出部，信号伝達には劣るが，大出力の操作部として優れた特性をもっている。空気圧方式は，電気・電子式と油圧式の中間に位置づけることができ，安価にできる利点をもっている。

表2.4 電気・電子制御と油圧・空気圧制御の特性比較

	電気・電子制御の特性	油圧制御の特性	空気圧制御の特性
演算増幅部	◎計算・増幅が容易で早い ○大出力の増幅は高価 ×高温・高湿の環境に弱い	×計算は複雑で高価 ◎大出力の増幅は容易 ○比較的高温・高湿の環境でも使用可能	△ディジタル計算は容易だが遅い ×大出力の増幅は不適，小出力に適す ◎高温・高湿・対防爆に強い
操作部	◎小出力（約10kW以下の速度・位置制御に有利） ◎地上設備では動力源が容易に得られる ○回転動は容易だが直動は高価	◎大出力（約10kW以上）ほど有利 ○油圧源は頑丈であるが保守が厄介 ◎直動・回転駆動いずれも容易	◎中小出力に有利 ○停電対策や保守が容易 ○直動・回転駆動は容易だが，低速での安定は難
検出部	◎検出できる要素（変位・速度・トルク・光度・温度など）が多い ◎高温度の検出が容易	×検出できる要素は少ない ×広範囲にわたる高精度検出は困難	○検出できる要素は中位 ○低精度の検出が容易
信号伝達	◎伝送距離が長く，遅れがない ◎機器間の信号の結合がきわめて容易 ○機器配置に融通性があるかわりに故障の原因にもなる	○伝送距離は約20mが限度，遅れは比較的小さい ×機器間の信号の結合は厄介 △機器配置の変更は厄介だが，作動確実で，故障が少ない	×伝送距離は短く，遅れが大 ○機器間の信号の結合は容易 ○機器配置に融通性があり，作動確実

第2章　フィードバック制御発展の経緯

［4］　サーボ制御，プロセス制御とシーケンス制御

サーボという言葉はラテン語の servus（召使い，どれい）から出たもので，指示通りに動くモータを**サーボモータ**（servomotor or slave motor）といっている。1868 年，J. J. Leon Farcot（仏）が，英国に特許を申請するとき，大形船の舵取り駆動装置を「**サーボモータまたはスレーブモータ**」と命令したのが起源である（2.2 節参照）。

サーボ制御[1]とは「機械的な位置，方位，姿勢などを制御量とし，変化する目標値に追従するように構成された制御」という意味である。すなわち，制御量が位置，方位や姿勢の自動制御をいっている。

NC 工作機械の位置決め制御や，産業用ロボットの軸の制御などは，サーボ制御の代表的な応用例である（**図 2.15**）。

図 2.16 に示すように，タンクの「液面とか，または流量，温度，圧力，組織，品質，効率など，工業プロセスの状態量の制御」を**プロセス制御**[2]という。

ワットによって完成された蒸気機関の蒸気流量やボイラの圧力と水位の制御は，プロセス制御の代表例である。

機械の制御には，ターレット自動盤のように，カム機構とモータとを組み合わせて，自動的に順次に操作を行わせているシーケンス制御が多く用いられている。

シーケンス[3]という言葉は，続いて起こること，順序，反復進行などの意味である。滝の水が連続して流れ落ちるような状態ではなく，雨だれが 1 滴ずつ落ちる現象がシーケンスである。

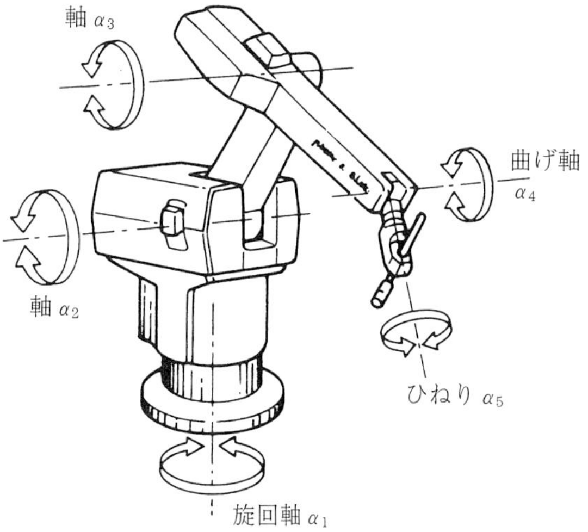

図 2.15　サーボ制御の例（ロボットの軸の制御）

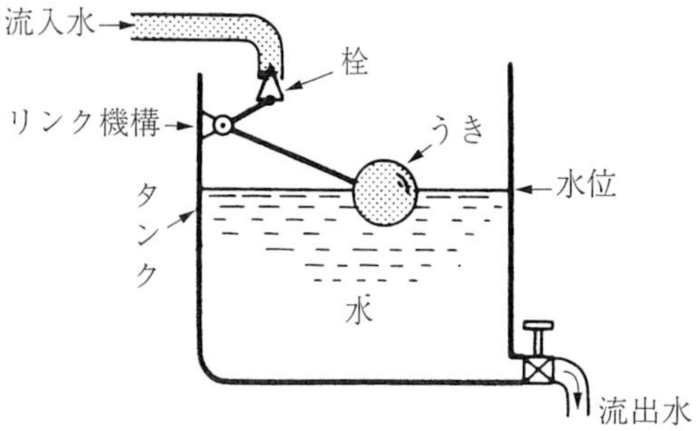

図 2.16　プロセス制御の例（液面制御）

---

1) servo control　　2) process control　　3) sequence

備考：JIS ではサーボ機構［JIS-B-0134（⇨サーボ系），B-0181，Z-8116，Z-8121，Z-9212］，サーボ系［B-0134。(servo system, servomechanism)，Z-8116（⇨サーボ機構）］，サーボ制御［B-0142 (servo control)］等まちまちな用語で，同じ意味づけをしている。

JIS では，**シーケンス制御**[1]とは，「あらかじめ定められた順序または条件に従って，制御の各段階を逐次進めていく制御」と定義している。たとえば，**図 2.17** に示す電気洗濯機において，

① 洗濯機の中に洗濯物と洗剤を入れる。

② 水を入れる。

③ モータを始動して撹拌する。

④ 排水する。

⑤ すすぐ。

⑥ 排水する。

⑦ 脱水する。

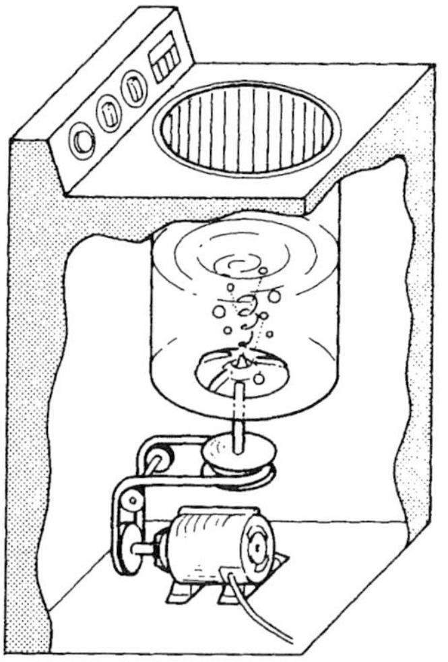

という順序に従って逐次進めていく制御をシーケンス制御といっている。

図 2.17　シーケンス制御の例（電気洗濯機）

　この場合，洗濯物，洗剤，水を入れてからモータを始動させる順序を変えて，もし水を入れ忘れて，後から入れると，モータを焼いたりしてしまう。つまり，「あらかじめ定められた順序と条件」が重要な役割をもっている。ここで，フィードバック制御を構成している場合と，ない場合とがある。

　シーケンス制御とよく似たものに，**プログラム制御**[2]という用語がある。これは，「目標値があらかじめ定められた変化をする制御」であって，熱処理など各種の温度制御などによく用いられている。

　シーケンス制御もプログラム制御も，あらかじめ定められた変化をするという点では似ているが，**プログラム制御**は，ある**特定の可変量についての制御**であるところが，シーケンス制御と異なっている。

---

1) sequential control　　2) program control

第2章　フィードバック制御発展の経緯

第2章　問題

1. 蒸気機関に用いていた初期の調速システムは，原因不明の発振という問題に悩まされた。この解決には，蒸気機関と遠心調速機とを含めたシステム全体として調べる必要あるということにはじめて着目し，問題解決の必要条件を発表した人は，次の誰か。

（1）　蒸気機関の改良に貢献した英国の James Watt である。

（2）　スイスチューリッヒ工科大学機械科教授 Aurel Boleslaw Stodola である。

（3）　スイスチューリッヒ工科大学数学科教授 Adolf Hurwitz である。

（4）　英国ケンブリッジ大学教授電気磁気学者 James Clerk Maxwell である。

2. 制御に関する次の文で，誤っているのはどれか。

（1）　電気ポットの温度制御には，サーボ機構が使われている。

（2）　エレベータには，シーケンス制御が使われている。

（3）　航空機の自動操縦装置には，サーボ機構が使われている。

（4）　電気洗濯機には，シーケンス制御が使われている。

3. サーボ制御の説明として，もっとも適切なものは，次のうちどれか。

（1）　制御量が温度とか，圧力などのような量の制御。

（2）　あらかじめ定められた順序に従って，制御の各段を逐次進めていく制御。

（3）　制御量が位置とか，方位，姿勢などのような量である制御。

4. 次の文の ☐ 内に，下記の①～⑥から適切なものを選べ。

　　フィードバックによって，制御量を目標値に一致させるようにする制御を ☐A☐ という。これには，目標値が常に一定の場合の ☐B☐ と，目標値が時々刻々変化する場合の ☐C☐ とがある。

①　最適制御　　②　追従制御　　③　定値制御　　④　プロセス制御

⑤　シーケンス制御　　⑥　フィードバック制御

5. 次の文章で不適当なものに×印をつけよ。

（1）　プロセス制御は，物体の位置，方位，姿勢などを制御量として，目標値の任意の変化に追従するように構成された制御系である。

（2）　数値制御は，工作物に対する工具の位置をそれに対応する数値情報で指令する制御である。

第**3**章
制御系解析の手法

ここでは，制御系の解析に用いる数学として，時間関数をラプラス変換した S 関数を用いて，伝達関数を導入すると，解析がやさしくなる理由について述べている。

3.1 まえがき

制御系の特性がどのようになっているかを調べることを**解析**[1] という。第2次大戦までは，この解析には，微分方程式による方法を用いていたが，技術者にとっては難解なものであった。今日では，時間関数で表したものを**ラプラス変換**[2] して S **関数**にすると，微積分式は代数演算に変換される。その結果を時間関数にもどし，われわれの感覚で理解するという手法を用いている。

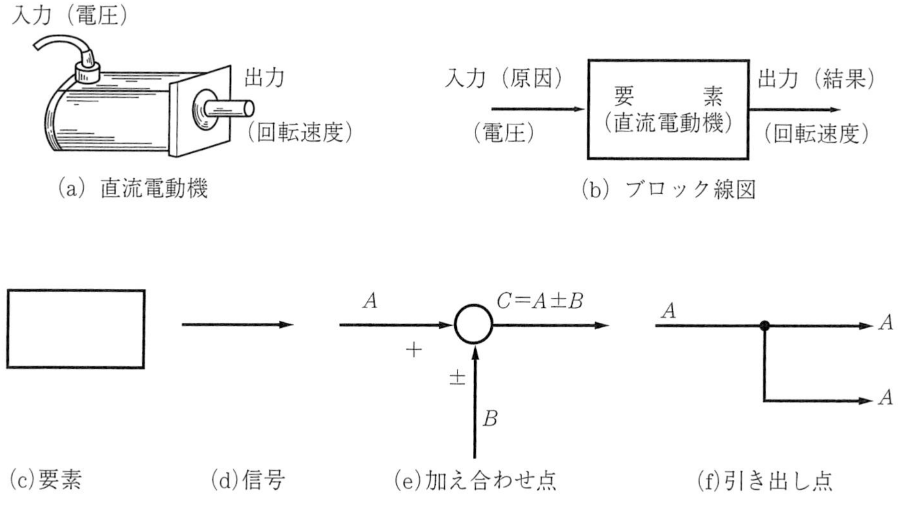

図 3.1 ブロック線図とその基本記号

図 3.1(b) において，解析しようとする**要素**[3]（直流電動機）を4角の枠で囲み，**ブラックボックス**[4]と考える。この要素への**入力**[5]と**出力**[6]は，中味の電圧とか，回転速度とかにはこだわらないで，量の時間的変化のみに着目して**信号**[7]と考え，矢印の線で表す。この信号は一方向のみに伝わり，逆には伝わらないものとする。この矢印で接続した図3.1(b)を**ブロック線図**[8] と称し，この**入力と出力との関係を調べる**という方法を用いている。

---

1) analysis　　2) Laplace transform　　3) element　　4) black box（要素の中味が未知なもの）　　5) input
6) output　　7) signal　　8) block diagram

第3章　制御系解析の手法

要素を表す4角の枠の中は，絵でも，名称でもよいが，通常**伝達関数**[1]で表示している（3.4節参照）。いくつかの要素を組み合わせて構成した**システム**[2]のブロック線図では，**信号の合流**（加え合わせ）や**分岐**（引き出し）を表すのに，図3.1(e),(f)に示す記号を用いる。

いくつかの要素を接続して構成された制御系の解析には，信号が要素に入り，どのように変形して出力となり，次の要素に伝わってゆくかを明らかにする必要がある。この要素が伝わってゆく特性を表すのに**伝達関数**という概念を導入し，制御系を解析している。この伝達関数の基礎となっている数学が**ラプラス変換**である。この詳細は専門書に譲るが，必要最少限の事項を次に概説しておく（付録I参照）。

3.2　ラプラス変換

制御系の解析に用いている主な数学としては，微積分法とラプラス変換法とがある。これらは密接な関係にあるが，時間 t の関数 $f(t)$ をラプラス変換して P の関数に変えて計算する方法がもっとも便利なので，制御系の解析には，一般にこの方法が用いられている。

［1］　ラプラス変換とは

t の実関数 $f(t)$（$t<0$ のとき $f(t)=0$）に e^{-Pt} をかけた $f(t)e^{-Pt}$ を 0 から正の無限大まで積分すると，t が消えて P だけの関数 $F(P)$ となる。すなわち，

$$\mathcal{L}[f(t)] = \int_0^\infty e^{-Pt}f(t)\cdot dt = F(P) \qquad (P：複素数 \ \sigma+jw, \ \ \sigma>0) \qquad (3.1)$$

この P の関数 $F(P)$ を $f(t)$ のラプラス変換といい，$F(P)=\mathcal{L}[f(t)]$ とかく。

ここで，t は必ずしも，時間を意味するものではないが，制御では時間を意味する場合が多いので，**時間関数**と呼称する。この空間を**t―空間**と呼ぶ。また，Pは複素数で，**ラプラス変数**，または，**ラプラス変換記号**という。ここで，式(3.1)の e は**自然対数の底**で，$e=2.7182818284590\cdots\cdots$である。

補　註　関数 $f(t)$ のラプラス変換を考えるとき，$f(t)$ は t が 0～+∞ で定義されていればよい。したがって，$t<0$ のとき，$f(t)$ の値に制限はない。したがって，**$f(t)=0$ は不要**。しかし，$F(P)$ から $f(t)$ を求める場合，$f(t)$ は $t<0$ のとき，0 である必要がある。このために，**$t<0$ のとき，$f(t)=0$** とおくことにしている。

また，$f(t)$ が $t=0$ のとき，値を持たない関数（たとえばデルタ関数），不連続の関数（たとえばステップ関数）は，次式で計算する。

$$\mathcal{L}[f(t)] = \lim_{\substack{\varepsilon \to +0 \\ T \to +\infty}} \int_\varepsilon^T f(t)e^{-pt}dt \qquad (3.2)$$

---

1) transfer function　　2) system

3.2　ラプラス変換

（例題　1）　　次の時間関数 $f(t)$ のラプラス変換を求めよ。

（1）　$f(t)=1$

解：$\mathcal{L}[1]=\displaystyle\int_0^\infty 1\cdot e^{-Pt}dt=\frac{1}{P}\left[e^{-Pt}\right]_0^\infty=\frac{-1}{P}\left[e^{-\infty}-e^0\right]=\boldsymbol{\frac{1}{P}}$

（2）　$f(t)=t$

解：$\mathcal{L}[t]=\displaystyle\int_0^\infty t\cdot e^{-Pt}dt=\left[t\cdot\left(-\frac{1}{P}e^{-Pt}\right)\right]_0^\infty-\int_0^\infty 1\cdot\left(-\frac{1}{P}e^{-Pt}\right)dt$

$\qquad=\left[\infty\cdot\left(\frac{-1}{P}e^{-\infty}\right)-0\cdot\left(\frac{1}{P}\cdot\frac{1}{e^0}\right)\right]-\frac{1}{P^2}\left[e^{-Pt}\right]_0^\infty$

$\qquad=\boldsymbol{\frac{1}{P^2}}$

（3）　$f(t)=t^2$

解：$\mathcal{L}[t^2]=\displaystyle\int_0^\infty t^2 e^{-Pt}dt=\left[t^2\cdot\left(-\frac{1}{P}e^{-Pt}\right)\right]_0^\infty-\int_0^\infty 2t\cdot\left(-\frac{1}{P}e^{-Pt}\right)dt$

$\qquad=\dfrac{2}{P}\displaystyle\int_0^\infty t\cdot e^{-Pt}dt=\frac{2}{P}\cdot\frac{1}{P^2}=\boldsymbol{\frac{2}{P^3}}$

（4）　$f(t)=e^{-at}$

解：$\mathcal{L}[e^{-at}]=\displaystyle\int_0^\infty e^{-at}e^{-Pt}dt=\int_0^\infty e^{-(P+a)t}dt=\left[\frac{-1}{P+a}e^{-(P+a)t}\right]_0^\infty$

$\qquad=\boldsymbol{\frac{1}{P+a}}$

第3章　制御系解析の手法

［2］　微分のラプラス変換

関数 $f(t)$ の微分，$f'(t) = \dfrac{df}{dt}$ のラプラス変換を考えてみる。定義により，

$$\mathcal{L}[f'(t)] = \int_0^\infty f'(t)e^{-Pt}dt = [f(t)e^{-Pt}]_0^\infty - \int_0^\infty f(t)(-Pe^{-Pt})dt$$

$$= \lim_{t \to +\infty} e^{-St}f(t) - f(0)e^{-P \cdot 0} + PF(P) = PF(P) - f(0) \qquad (3.3)$$

ここで，$t=0$ のとき，$f(t)$ の値は厳密には，式(3.2)より，下限は $f(+0)$ とすべきである。ここでは簡略して，$f(0)$ とかくことにする。ただし，デルタ関数は特別扱いとする。

すなわち，

$$\mathcal{L}[f'(t)] = PF(P) - f(0) \qquad (3.4)$$

同様にして，

$$\mathcal{L}[f''(t)] = P[PF(P) - f(0)] - f'(0) = P^2F(P) - Pf(0) - f'(0) \qquad (3.5)$$

一般に，n 回微分のラプラス変換は，

$$\mathcal{L}[f^{(n)}(t)] = P^nF(P) - P^{n-1}f(0) - P^{n-2}f'(0) - \cdots\cdots - Pf^{(n-2)}(0) - f^{(n-1)}(0) \qquad (3.6)$$

ここで，初期値 $f(0)$, $f'(0)$, $f''(0)$, $\cdots\cdots f^{(n-1)}(0)$ がすべて 0 なら，次式が成立する。

$$\left.\begin{array}{l} \mathcal{L}[f(t)] = F(P) \\ \mathcal{L}[f'(t)] = PF(P) \\ \mathcal{L}[f''(t)] = P^2F(P) \\ \vdots \\ \mathcal{L}[f^{(n)}(t)] = P^nF(P) \end{array}\right\} \xrightarrow[\text{S に変更}]{\text{記号 } P \text{ を}} \left.\begin{array}{l} \mathcal{L}[f(t)] = F(S) \\ \mathcal{L}[f'(t)] = SF(S) \\ \mathcal{L}[f''(t)]S^2F(S) \\ \vdots \\ \mathcal{L}[f^{(n)}(t)] = S^nF(S) \end{array}\right\} \qquad (3.7)$$

注　本書では，一般のラプラス変換記号を P とし，$F(P)$, $X(P)$, $Y(P)$, …とかき，式(3.7)のように，$f(t)$, $f'(t)$……，$x(t)$, $x'(t)$, …，$y(t)$, $y'(t)$, ……の初期値がすべて 0 になるときのラプラス変換記号に S を用い，$F(S)$, $X(S)$, $Y(S)$, とかくことにする。

3.2 ラプラス変換

［3］ 積分のラプラス変換

関数$f(t)$ の積分を$f^{(-1)}(t)$，または$\varphi(t)$ とかくと，$f^{(-1)}(t)=\varphi(t)=\int_0^\infty f(t)dt$

$$f(t)=\varphi'(t) \qquad 両辺をラプラス変換すると，\mathcal{L}[f(t)]=\mathcal{L}[\varphi'(t)]$$

この式の右辺は，微分のラプラス変換の式(3.4)より，

$$\mathcal{L}[f(t)]=P\,\Phi(P)-\varphi(0), \qquad \therefore \quad \Phi(P)=\frac{1}{P}\,\mathcal{L}[f(t)]+\frac{1}{P}\,\varphi(0)$$

$$\therefore \quad \mathcal{L}\left[\int_0^t \boldsymbol{f}(\boldsymbol{t})\,\boldsymbol{dt}\right]=\frac{1}{\boldsymbol{P}}\,\boldsymbol{F}(\boldsymbol{P})+\frac{1}{\boldsymbol{P}}\,\boldsymbol{f}^{(-1)}(\boldsymbol{0}) \qquad \left(f^{(-1)}(0)=\lim_{t\to 0}\int_0^t f(t)dt\right) \tag{3.8}$$

この式より，$\varphi(t)=\int_0^t f(t)dt$ の積分$\int_0^t \varphi(t)dt$ のラプラス変換を求めると，

$$\mathcal{L}\left[\int_0^t \varphi(t)dt\right]=\frac{1}{P}\,\Phi(p)+\frac{1}{P}\,\varphi^{(-1)}(0) \tag{3.9}$$

ここで，$\varphi^{(-1)}(0)=\lim_{t\to 0}\int_0^t \varphi(t)dt=\lim_{t\to 0}\left[\int_0^t\int_0^t f(t)dt^2\right]=f^{(-2)}(0)$ とおけば，

式(3.8)を適用して，次式を得る。

$$\mathcal{L}\left[\int_0^t\int_0^t \boldsymbol{f}(\boldsymbol{t})\,\boldsymbol{dt}^2\right]=\frac{1}{\boldsymbol{P}^2}\,\boldsymbol{F}(\boldsymbol{P})+\frac{1}{\boldsymbol{P}^2}\,\boldsymbol{f}^{(-1)}(\boldsymbol{0})+\frac{1}{\boldsymbol{P}}\,\boldsymbol{f}^{(-2)}(\boldsymbol{0}) \tag{3.10}$$

一般に，n 回積分のラプラス変換は，

$$\mathcal{L}\left[\underbrace{\int_0^t\int_0^t\cdots\cdots\int_0^t}_{n}\boldsymbol{f}(\boldsymbol{t})\,\boldsymbol{dt}^n\right]=\frac{1}{\boldsymbol{P}^n}\,\boldsymbol{F}(\boldsymbol{P})+\frac{1}{\boldsymbol{P}^n}\,\boldsymbol{f}^{(-1)}(\boldsymbol{0})+\frac{1}{\boldsymbol{P}^{n-1}}\,\boldsymbol{f}^{(-2)}(\boldsymbol{0})+\cdots\cdots+\frac{1}{\boldsymbol{P}}\,\boldsymbol{f}^{(-n)}(\boldsymbol{0}) \tag{3.11}$$

ここで，初期値$f^{(-1)}(0)$，$f^{(-2)}(0)$，……，$f^{(-n)}(0)$ がすべて0なら，次式が成立する。

$$\left.\begin{array}{l}
\mathcal{L}\left[\int_0^t \boldsymbol{f}(\boldsymbol{t})\,\boldsymbol{dt}\right]=\dfrac{1}{\boldsymbol{S}}\,\boldsymbol{F}(\boldsymbol{S}) \\[3mm]
\mathcal{L}\left[\int_0^t\int_0^t \boldsymbol{f}(\boldsymbol{t})\,\boldsymbol{dt}^2\right]=\dfrac{1}{\boldsymbol{S}^2}\,\boldsymbol{F}(\boldsymbol{S}) \\[3mm]
\qquad\vdots \\[3mm]
\mathcal{L}\left[\underbrace{\int_0^t\int_0^t\cdots\cdots\int_0^t}_{n}\boldsymbol{f}(\boldsymbol{t})\,\boldsymbol{dt}^n\right]=\dfrac{1}{\boldsymbol{S}^n}\,\boldsymbol{F}(\boldsymbol{S})
\end{array}\right\} \tag{3.12}$$

第3章　制御系解析の手法

［4］　微分・積分の S 変換

（1）　微分の S 変換

一般に，n 回微分のラプラス変換は，

$$\mathcal{L}\left[f^{(n)}(t)\right]=P^nF(P)-P^{n-1}F(P)f(0)-P^{n-2}f'(0)-\cdots\cdots\cdots-Pf^{(n-2)}(0)-f^{(n-1)}(0) \quad (3.13)$$

ここで，初期値 $f(0)$，$f'(0)$，$\cdots\cdots$，$f^{(n-1)}(0)$ がすべて 0 なら，式(3.13)は S 関数に変換でき，次式で表示する。

$$\left.\begin{aligned}
\mathcal{L}\left[f(t)\right] &= F(S)\\
\mathcal{L}\left[f'(t)\right] &= SF(S)\\
\mathcal{L}\left[f''(t)\right] &= S^2F(S)\\
&\ \ \vdots\\
\mathcal{L}\left[f^{(n)}(t)\right] &= S^nF(S)
\end{aligned}\right\} \cdots\cdots (3.14)$$

$$\left.\begin{aligned}
f(t) &\ \circ\!\!-\!\!\bullet\ F(S)\\
\frac{df}{dt} &\ \circ\!\!-\!\!\bullet\ SF(S)\\
\frac{d^2f}{dt^2} &\ \circ\!\!-\!\!\bullet\ S^2F(S)\\
&\ \ \vdots\\
\frac{d^nf}{dt^n} &\ \circ\!\!-\!\!\bullet\ S^nF(S)
\end{aligned}\right\} \cdots\cdots (3.15)$$

（2）　積分の S 変換

一般に，n 回積分のラプラス変換は，

$$\mathcal{L}\left[\underbrace{\int_0^t\int_0^t\cdots\cdots\int_0^t f(t)dt^n}_{n}\right]=\frac{1}{P^n}F(P)+\frac{1}{P^n}f^{(-1)}(0)+\frac{1}{P^{n-1}}f^{(-2)}(0)+\cdots\cdots+\frac{1}{P}f^{(-n)}(0) \quad (3.16)$$

ここで，初期値 $f^{(-1)}(0)$，$f^{(-2)}(0)$，$\cdots\cdots$，$f^{(n)}(0)$ がすべて 0 なら，式(3.16)は次式で表示する。

$$\left.\begin{aligned}
\mathcal{L}\left[\int_0^t f(t)dt\right] &= \frac{1}{S}F(S)\\
\mathcal{L}\left[\int_0^t\int_0^t f(t)dt^2\right] &= \frac{1}{S^2}F(S)\\
&\ \ \vdots\\
\mathcal{L}\left[\underbrace{\int_0^t\int_0^t\cdots\int_0^t f(t)dt^n}_{n}\right] &= \frac{1}{S^n}F(S)
\end{aligned}\right\} (3.17)$$

$$\left.\begin{aligned}
\int_0^t f(t)dt &\quad \circ\!\!-\!\!\bullet\ \frac{1}{S}F(S)\\
\int_0^t\int_0^t f(t)dt^2 &\quad \circ\!\!-\!\!\bullet\ \frac{1}{S^2}F(S)\\
&\ \ \vdots\\
\underbrace{\int_0^t\int_0^t\cdots\int_0^t f(t)dt^n}_{n}\ \circ\!\!&-\!\!\bullet\ \frac{1}{S^n}F(S)
\end{aligned}\right\} (3.18)$$

3.2 ラプラス変換

［５］ ラプラス逆変換[1]

ラプラス変換とは逆に，$F(P)$ が与えられたとき，そのラプラス変換が $F(P)$ となるような $f(t)$ を求める操作を，**ラプラス逆変換**といい，次式で定義している。

$$f(t) = \frac{1}{2\pi j} \int_{c-j\infty}^{c+j\infty} F(P) e^{pt} dP = \mathcal{L}^{-1}[F(P)] \qquad (P = \sigma + j\omega,\ c：実数) \qquad (3.19)$$

一般にラプラス変換や，逆変換の計算は難かしい。この習得は専門書にゆずり，ここでは，予め準備された変換表を利用することにする。巻末の付録Ⅲ（その１〜その４）に制御工学に出てくる代表的な関数 $f(t)$ と，そのラプラス変換 $F(P)$ の表を挙げておく。

［６］ ラプラス変換の取り扱える条件

ラプラス変換はどんな微分方程式の解法にも適用できるというものではなく，**線形微分方程式**[2] に限るということに注意しなければならない。線形とは，**図3.2** に示すように，**重ね合わせの原理**[3] が成り立つことである。すなわち，図3.2において，要素 $f(t)$ にそれぞれ単独の入力 $x_1(t)$，$x_2(t)$ を与えたときの出力を，$y_1(t)$，$y_2(t)$ とする。図3.2(a)，(b)の入力を重ねた $x_1(t) + x_2(t)$ の入力に対する出力が，図3.2(c)のように，(a)と(b)の出力の和 $y_1(t) + y_2(t)$ となるとき，この要素 $f(t)$ は線形であるという。

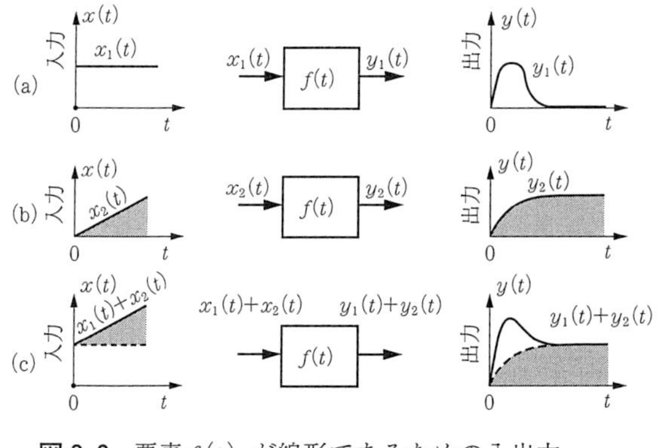

図3.2 要素 $f(t)$ が線形であるための入出力関係（重ね合わせの原理）

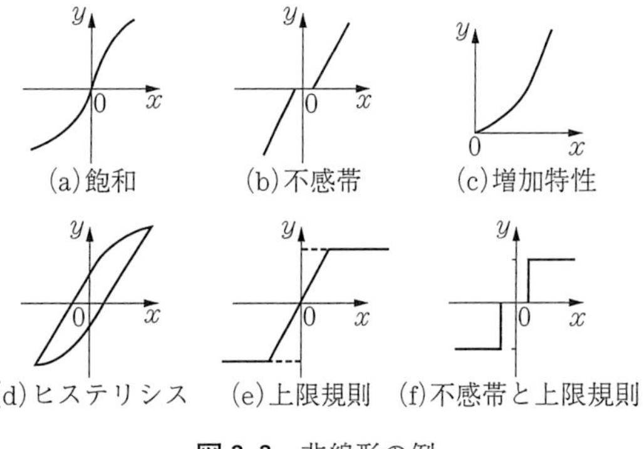

図3.3 非線形の例

実際の現象は，**図3.3** に示すように，非線形なものが多いが，(a)，(c)，(e)の原点付近を中心とした小さな範囲では，線形の取り扱いができる。

---

1) Laplace inverse transform
2) 線形微分方程式とは，入力 $x(t)$，出力 $y(t)$，およびそれらの導関数 $\dot{x}(t)$，$\ddot{x}(t)$，$\cdots$，$\dot{y}(t)$，$\ddot{y}(t)$，$\cdots$ について1次式であること，たとえば，$\dot{y}(t) + ay(t) = bx(t)$，$\ddot{y}(t) + a\dot{y}(t) + by(t) = \alpha\dot{x}(t) + \beta x(t)$ のような方程式をいう。ここに，a，b，α，β は定数である。
3) principle of superposition

31

第3章　制御系解析の手法

3.3　ラプラス変換の概念

図 3.4 は単位ステップ状に変化する時間 t の関数 $f(t)$ $\left(\begin{array}{ll} f(t)=1 & t>0) \\ =0 & t=0 \end{array}\right)$ と，その関数をラプラス変換し，その初期値がすべて 0 である S 関数 $F(S)$ の関係を示した図である。

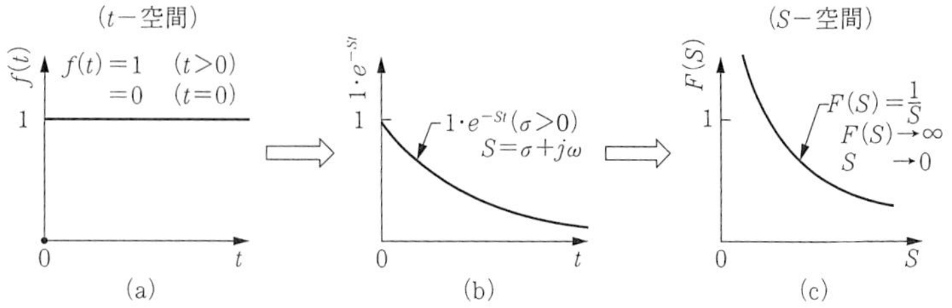

図 3.4　単位ステップ関数 $f(t)$ とその S 関数 $F(S)$ との関係

図 3.4(a) は時間 t に対し，$f(t)$ の値を縦軸にとった t ─空間の特性線図である。この $f(t)$ に e^{-St} をかけると，$S=\sigma+j\omega$ の実数部 σ が正であれば，図 3.4(b) のように，時間 t とともに収斂する。したがって，この関数 $1 \cdot e^{-St}$ の積分値は存在し，$F(S)=\displaystyle\int_0^\infty 1 \cdot e^{-St}dt=\dfrac{1}{S}$ となり，図 3.4(c) のようになる。

図 3.4(a) は，われわれの感覚で認識できる t ─空間で表現している特性図である。これに対し，図 3.4(c) は，変数 S で表現している特種な空間で，われわれの感覚では認識困難な空間である。**前者を t ─空間，** または t ─領域，**後者を S ─空間，** または S ─領域といっている。

また，時間変数 t の関数 $f(t)$ に対し，それを S ─空間に変換した $F(S)$ を，関数と関数との対応と考え，$\boldsymbol{f(t)} \circ\!\!-\!\!-\!\!-\!\!\bullet \boldsymbol{F(S)}$，$f(t) \supset F(S)$ など，いろいろな記号が用いられている。本書では，$\circ\!\!-\!\!-\!\!-\!\!\bullet$ の記号を用いる。そして**時間関数は小文字 $\boldsymbol{f(t)}$，** それに対応する $\boldsymbol{S}$ 関数は，大文字 $\boldsymbol{F(S)}$ とかくことにする。

これまで述べてきた $\boldsymbol{t}$ ─空間（時間空間），$\boldsymbol{P}$ ─空間（ラプラス変換空間），$\boldsymbol{S}$ ─空間（S ─変換空間）の関係を図で表現すれば，図 3.5 のようになる。

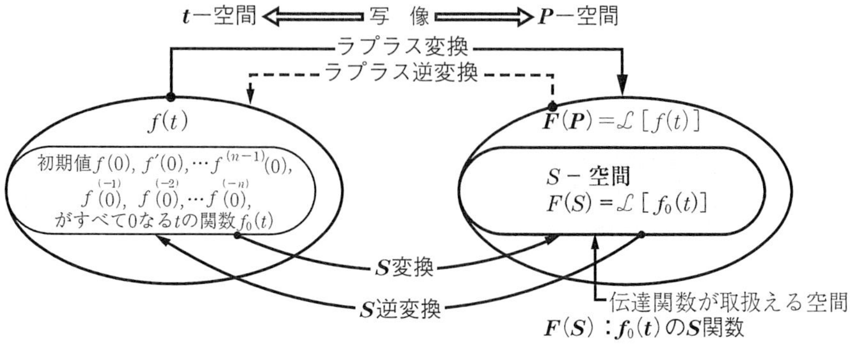

図 3.5　ラプラス変換，P ─空間，S ─空間，t ─空間の概念図

32

演算子法（Operational Calculus）

　演算子法は時間に関する線形微分方程式を解くのに，演算子 $\dfrac{d}{dt} \equiv P$, $\displaystyle\int dt \equiv \dfrac{1}{P}$ とおいて，代数式に変えて計算する方法で，英国では線形微分方程式に関する限り，このラプラス変換法を，Operational calculus といっている[1]。

　19世紀末，Oliver Heaviside（英）（1850—1925）は独学で，電気回路の計算にでてくる微積分式を解くのに，$\dfrac{d}{dt} \equiv P$, $\displaystyle\int dt \equiv \dfrac{1}{P}$ とおくと，解が簡単に求まるという方法を考え出して，多くの論文を発表した。この計算法を世の中では，**ヘビサイド演算子法**といっている。当時としては，独創的で興味ある手法であったが，数学的証明がなく，計算過程も常に正しいとは言えなかった。たとえば，$\sqrt{P} = \sqrt{\dfrac{d}{dt}}$ の計算は不可能で，"演算子 $\dfrac{d}{dt}$" と，"P" とを同じものと考えたことに，ヘビサイドの誤りがあった。そこで，英国正統派の学者から白眼視され，不遇な一生を終えた。

　いわゆる "Laplace 積分" を用いて，最初に微分方程式を解いたのは，筆者の知る限りでは，1737年，数学・天文学者（独）L. Euler（1707〜1783）であった。その後しばらく顧みられなかったが，20世紀初頭，ヘビサイドの手法は結果がよく合うので数学的に証明ができるのではないかと調べたところ，1782年，数学・天体力学者（仏）P. S. Laplace が，微分方程式を解くのにこの積分を用いていたことが，数学者（英）T. J. I' A. Bromwich（1916年発表），電気学者（独）K. W. Wagner（1916年発表）等によって明らかにされた。これを "第1種ラプラス変換" といい，次式で定義している[1]。

第1種ラプラス変換　　$F(P) = \displaystyle\int_0^\infty f(t)e^{-Pt}dt$　　［Laplace 積分］　　　　(1)

第1種ラプラス逆変換　$f(t) = \dfrac{1}{2\pi i}\displaystyle\int_{c-i\infty}^{c+i\infty} F(P)e^{Pt}dP$　　［Bromwich–Wagner 積分］(2)

　Bell 研究所（米）J. R. Carson は，1922年，Mellin の定理を用いた変換法が，ヘビサイド演算子法そのものであることを証明した[2]。これを一般に，"第2種ラプラス変換" といい，次式で定義している。

第2種ラプラス変換　　$F(P) = P\displaystyle\int_0^\infty f(t)e^{-Pt}dt$　　［Mellin の定理］　　　(3)

第2種ラプラス逆変換　$f(t) = \dfrac{1}{2\pi i}\displaystyle\int_{c-i\infty}^{c+i\infty} \dfrac{F(P)}{P}e^{Pt}dP$　　［Mellin の反転定理］　(4)

第3章　制御系解析の手法

　　第2種ラプラス変換 $F(P)$ は，第1種ラプラス変換 $F(P)$ に P をつけて，ヘビサイド演算子と同じ形にしたものに過ぎない。両者の物理的意味は次の通り。

　第1種ラプラス変換　$\xrightarrow[\text{インパルス入力}]{\text{入力}}$　$\boxed{F(P)}$　$\xrightarrow{\text{出力}}$
　　　　　　　　　　　　　　　　　　　　　　　　　$F(P)$

　第2種ラプラス変換　$\xrightarrow[\text{単位ステップ入力}]{\text{入力}}$　$\boxed{PF(P)}$　$\xrightarrow{\text{出力}}$
　　　　　　　　　　　　　　　　　　　　　　　　　　　$F(P)$

　　これで，**ヘビサイド演算子は第2種ラプラス変換そのものであることがわかる**。ここで，P はラプラス積分の際に入ってくる**助変数**（parameter）にすぎないから，P を掛けたり，P で割ったり，$\sqrt{P}$ の計算も可能となる。

　　ヘビサイドが微分方程式を解くのに用いた "P" は "演算子記号" でなく，"助変数" と考えれば問題はなくなる。"**P の関数**" として解くことと，"**演算子（Operator）**" を用いて解くこととは本質的に違う。　本書で用いている "**P**"，"**S**" は普通の "**助変数**" である。厳密には **Operator**（演算子）でなく，**Alteration**（変換）という意味である。制御工学分野では，**第1種ラプラス変換の記号に "S" を用いている**工学書が多い。そして，広義のラプラス変換記号にも "S" を用い，伝達関数などに用いている狭義のラプラス変換記号 "S" と混用しているのが多く見受ける。本書では，**広義の第1種ラプラス変換記号を "P"，狭義の第1種ラプラス変換記号に "S" を用いて区別している**（図3.5参照）。

① N. W. McLACHLAN, "Complex Variable and Operational Calculus with Technical Applications" Cambridge University Press, 1939.（金子敏夫訳，"関数論と演算子法"，法政大学出版 1959）
② J. R. Carson, "Electric circuit theory and oprational calculus. Mc Graw–Hill, New York, 1926.
③ Laplace 変換は 1815 年 Poisson によって始められたと H. Bateman が指摘している。
　（Bulletin of the American Mathematical Society, 48 巻 p.510. 1942 年）

3.4 伝達関数[1]の定義

図3.6(a)において，要素に入力$x(t)$を与えたときの出力を$y(t)$とすれば，$x(t)$と$y(t)$との関係は，一般に微積分式で表すことができる。しかし，この微積分式を解くことは一般に容易ではない。

そこで，図3.7に示すように，入力$x(t)$と，出力$y(t)$とをS変換し，それぞれ$X(S)$，$Y(S)$とすれば，**$x(t)$と$y(t)$との間の微積分式の関係は，$X(S)$と$Y(S)$との間のSの代数式の関係となり，$Y(S)=X(S)G(S)$となる。**

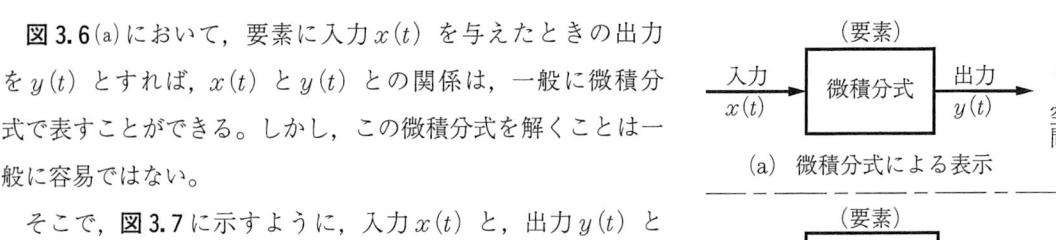

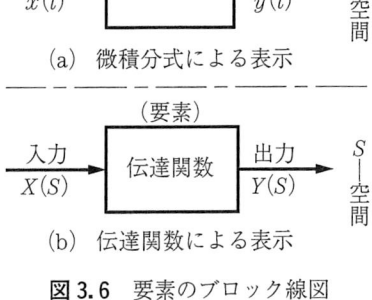

（要素）

入力 $x(t)$ → 微積分式 → 出力 $y(t)$　t—空間

(a) 微積分式による表示

（要素）

入力 $X(S)$ → 伝達関数 → 出力 $Y(S)$　S—空間

(b) 伝達関数による表示

図3.6　要素のブロック線図

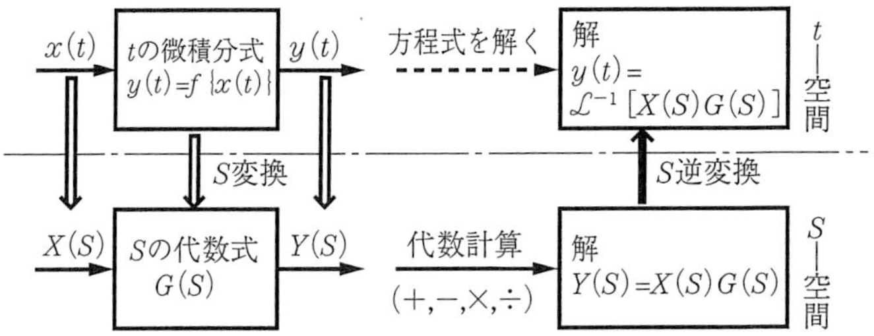

図3.7　微積分式とS関数との関係

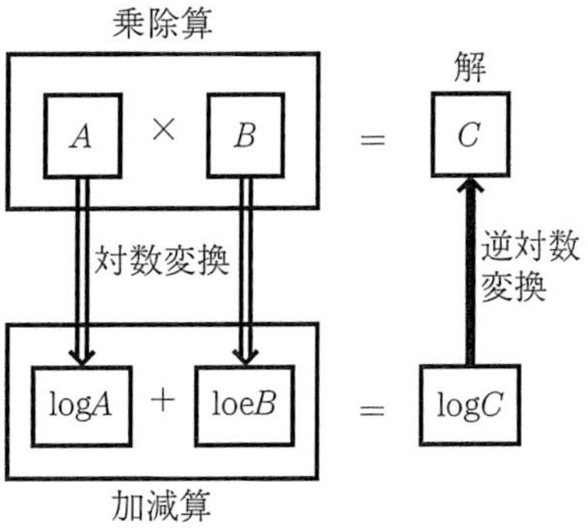

図3.8　数の乗除算と対数演算との関係

したがって，**$y(t)=\mathcal{L}^{-1}[X(S)G(S)]$。また，$G(S)=\dfrac{Y(S)}{X(S)}$** は，図3.6(b)において，要素を$S$関数で表わしたものである。**この$G(S)$を，この要素の伝達関数**という。

伝達関数の定義

ある要素の入力$x(t)$と出力$y(t)$とをS関数に変換したとき，$Y(S)$と$X(S)$との比を，その要素の伝達関数という。すなわち，伝達関数$G(S)=\dfrac{Y(S)}{X(S)}$。

ここで，**S関数**とは，t—空間の関数$\{x(t), y(t), \cdots\cdots\}$をラプラス変換し，その初期値をすべて0としたときの関数$\{X(S), Y(S), \cdots\cdots\}$をいう（3.2節参照）。

この計算方法は，図3.8に示すように，数の乗除算を対数変換して，加減算に変えて計算するのと同じ考え方である。tの関数$f(t)$の初期値がすべて0でない場合はこのような演算はできない。

35

第3章　制御系解析の手法

第3章　問　題

1. 次の時間関数 $x(t)$ のラプラス変換を計算により求めよ。

（1）　$x(t) = t^n e^{at}$　　（2）　$x(t) = 1 - e^{-at}$　　（3）　$x(t) = \sin \alpha t$　　（4）　$x(t) = \cos \alpha t$

2. 次の微分方程式をラプラス変換して，$X(P)$ を求めよ。

（1）　$\dfrac{d^2 x(t)}{dt^2} + 4 \dfrac{dx(t)}{dt} + 4 x(t) = u(t)$　　（2）　$M \dfrac{d^2 x(t)}{dt^2} + \mu \dfrac{dx(t)}{dt} + K x(t) = K t^2$

　　　　ここで，$\mathcal{L}[x(t)] = X(P)$，$x(0) = 0$，$\left. \dfrac{dx(t)}{dt} \right|_{t=0} = 0$

　　　　$u(t)$：単位ステップ関数

3. ラプラス変換表を用いて，次式のラプラス逆変換を求めよ。

（1）　$F(P) = \dfrac{a}{P(P+a)}$　　　　　　　　　（2）　$F(P) = \dfrac{2}{(P+1)(P+3)}$

（3）　$F(P) = \dfrac{P+5}{P^2 + 10P + 24}$　　　　　　（4）　$F(P) = \dfrac{2}{1+2P}$

ラプラス（Pierre Simon, Marquis de Laplace）

ラプラスはフランス・ノルマンディの小さな村，ボーモン・アン・オージュの小農家に生れた。1765 年陸軍学校の科外生となり，数学の才能を現わした。

18 才のとき力学の問題について，数学者**ダランベール**（仏）（d'Alembert, 1717—1783）に手紙を書き，その才能を認められ，パリのエコール・ポリテクニク等の教官となり，行列論，確率論，解析学の研究をした。これらの数学を用いて，太陽系の運動の安定性を発表した。

当時彗星と考えられていた星を，惑星の天王星であることを指摘した。

1773 年頃，**オイラー**（独）（L. Euler. 1707—1783）と**ラグランジェ**（仏）（Joseph Louis Lagrange, 1736—1813）が，木星と土星とに関して議論し合っていた未解決の問題について，ラプラスがパリ科学アカデミー紀要に提出した論文（1784—86）によって解決された。このように，**ラプラス**は当時ドイツ数学界の大家**オイラー**と学問的な交流があった。今日，応用数学で衆知のいわゆる**ラプラス積分**は，1737 **年オイラーが，微分方程式を解くのに用いていた。**ラプラスも，1782 年，微分方程式を解くのに，この積分を用いた論文を発表していたが，この手法は，その後しばらくの間顧みられなかった。

20 世紀に入り，ラプラス積分を用いて，微分方程式を解く手法は，主に米国の工学者達によって普及された。

ラプラスは，1789 年に勃発したフランス革命当時は，すでに数学の大家となっていた。数学者を重んじた皇帝ナポレオンのちょう遇を受け，1799 年内務大臣，1803 年元老院副議長をつとめた。1814 年，ナポレオンが追放されるや，ブルボン家による王政復古に賛同し，1816 年侯爵の身分を与えられ，1827 年 3 月 5 日パリで没した。

図3.9　P. S. Laplace（1749—1827）仏の数学・天体力学者

第4章
基本要素の伝達関数

> ここでは，制御系の基本的な要素について，その入力と出力との関係を，私達の感覚で理解しやすい t 関数表示（t—空間表示）と，それらを S 関数に変換した伝達関数による表示（S—空間表示）とを併記して，その理解につとめている。

4.1 比例要素[1]

出力が入力に比例している要素

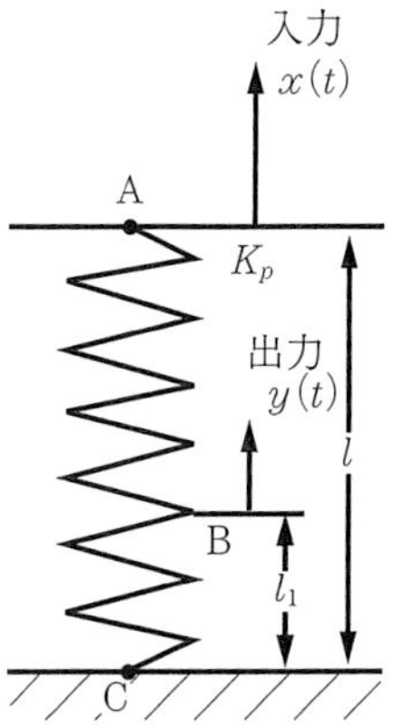

図4.1に示すばねにおいて，下端Cを固定し，上端Aの変位 $x(t)$ を入力，C点から l_1 のところにあるB点の変位 $y(t)$ を出力，ばねの全長を l とすれば，次式が成立する

$$\frac{y(t)}{x(t)} = \frac{l_1}{l} = K_P \qquad (4.1)$$

ゆえに，

$$y(t) = K_P x(t) \qquad (K_P：比例定数) \qquad (4.2)$$

出力 $y(t)$ が，入力 $x(t)$ に比例しているので，このばねは比例要素である。

式(4.2)において，$t=0$ のとき，$x(t)=0$，$y(t)=0$。

したがって，式(4.2)を S 関数に変換すると，

$$Y(S) = K_P X(S) \qquad (4.3)$$

$$G(S) = \frac{Y(S)}{X(S)} = K_P \qquad (4.4)$$

ゆえに，

比例要素の伝達関数は K_p

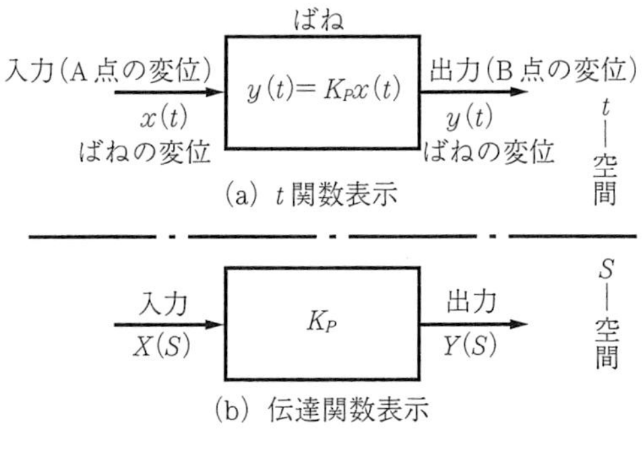

図4.1 ばね

図4.2 比例要素のブロック線図（ばね）

比例要素ばねのブロック線図を，t—空間と，S—空間に対比して図4.2に示しておく。ここで t—空間の比例定数[2]K_P を，S—空間では，比例ゲイン[3]と呼んでいる。

---

1) proportional element 　　2) proportional constant 　　3) proportional gain

37

第 4 章　基本要素の伝達関数

4.2　積分要素[1]

出力が入力の積分値に比例している要素

図 4.3 の油圧シリンダにおいて，P_1 ポートから入る**流量 $x(t)$ を入力**とし，これによって動くピストン**変位 $y(t)$ を出力**とすれば，次式が成立する。

$$y(t) = \frac{Q(t)}{A} = \frac{I}{A}\int_0^t x(t)\,dt$$

（A：ピストン受圧面積）　(4.5)

$$y(t) = K_I\int_0^t x(t)\,dt \qquad \left(K_I = \frac{1}{A}：定数\right)$$

(4.6)

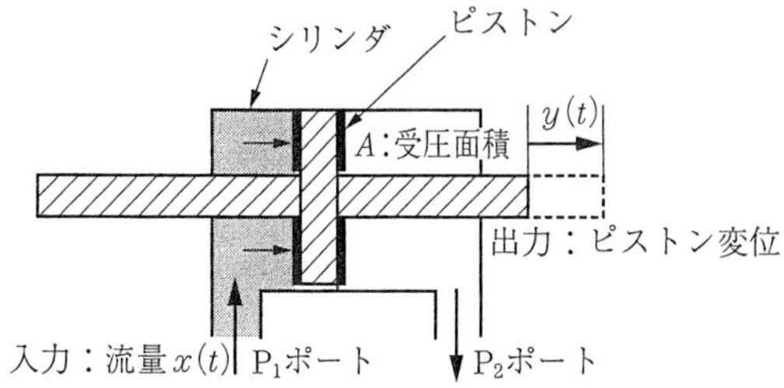

すなわち，**出力 $y(t)$ は入力 $x(t)$ の積分値に比例している。**

したがって，**入力を流量 $x(t)$，出力をピストン変位 $y(t)$ とした油圧シリンダは積分要素**である（図 4.5(a)）。

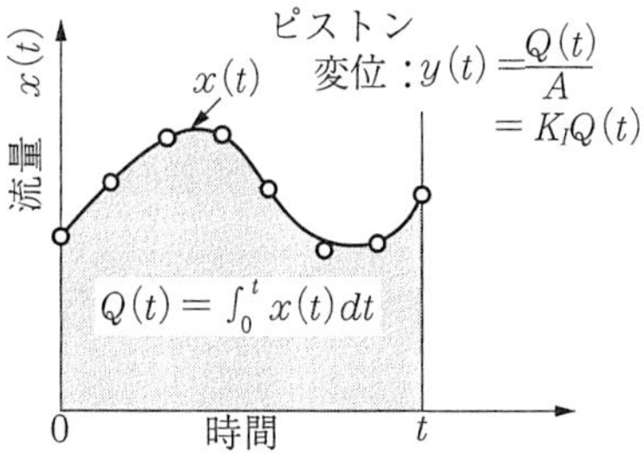

式 *(4.6)* において，$t = 0$ のとき，$x(t) = 0$，$y(t) = 0$。

したがって，式 *(4.6)* を S 関数に変換すると，

$$SY(S) = K_I X(S) \qquad (4.7)$$

伝達関数　$G(S) = \dfrac{Y(S)}{X(S)} = \dfrac{K_I}{S}$　(4.8)

ゆえに，

積分要素の伝達関数は $\dfrac{K_I}{S}$

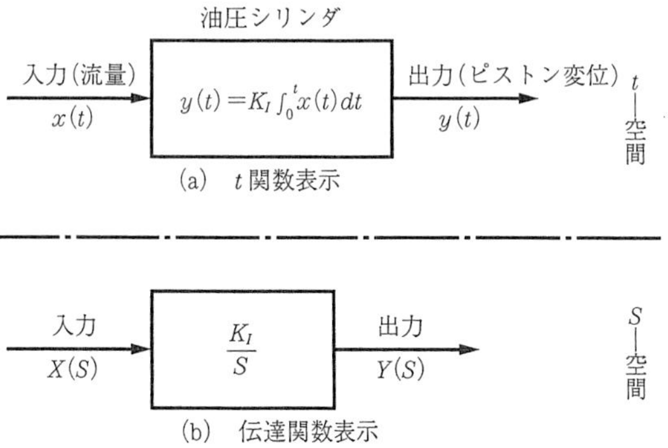

図 4.3　油圧シリンダ

図 4.4　流量 $x(t)$ の積分値 $Q(t)$

図 4.5　積分要素のブロック線図（油圧シリンダ）

ここで，$\dfrac{1}{K_I}$ を**積分時間**[2]といい，積分動作の大小を表す尺度で，油圧シリンダはピストンの受圧面積に相当する。

---

1) integral element　　2) reset time

4.3 微分要素[1]

出力が入力の微分値に比例している要素

図 4.6 は，底面が固定されている**ダシュポット**[2]である。このシリンダの中に，粘度の高い液体を入れ，ピストンを上方に変位させると，ピストンの動きを妨げようとする下向きの力が働くので，減衰器[3]として用いられている。

いま，

　　入力 $x(t)$：ピストンの変位

　　出力 $y(t)$：ピストンの抵抗力

とすれば，$y(t)$ はピストンの速度 $\dfrac{dx(t)}{dt}$ に比例するから，次式が成立する。

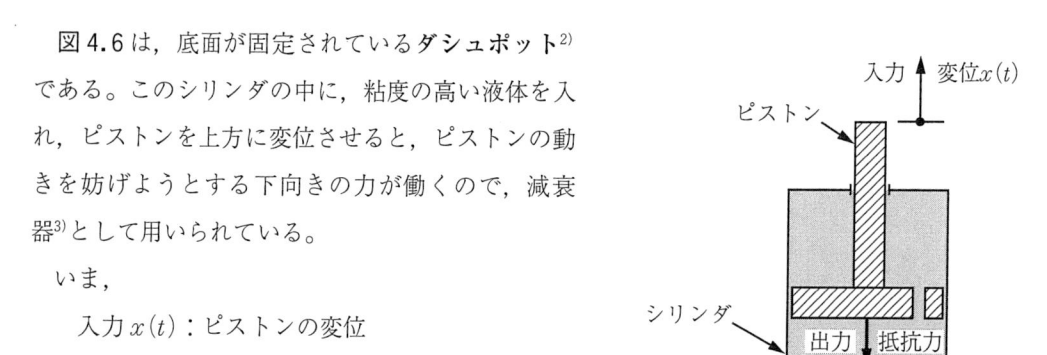

図 4.6　ダシュポット

$$\boldsymbol{y(t) = \mu \frac{dx(t)}{dt}} \qquad (\mu：粘性抵抗係数[4]) \tag{4.9}$$

すなわち，**出力 $\boldsymbol{y(t)}$ が，入力 $\boldsymbol{x(t)}$ の微分値に比例**している。したがって，**入力をピストンの変位 $\boldsymbol{x(t)}$，出力をピストンの抵抗力 $\boldsymbol{y(t)}$ としたダシュポットは，微分要素**である（図 4.7(a)）。

式(4.9)において，$t=0$ のとき，$x(t)=0$，$y(t)=0$。したがって，式(4.9)を S 関数に変換すると，

$$\boldsymbol{Y(S) = \mu S X(S)} \tag{4.10}$$

伝達関数　$\boldsymbol{G(S) = \dfrac{Y(S)}{X(S)} = K_D S}$

$$(\boldsymbol{K_D = \mu}) \tag{4.11}$$

ゆえに，

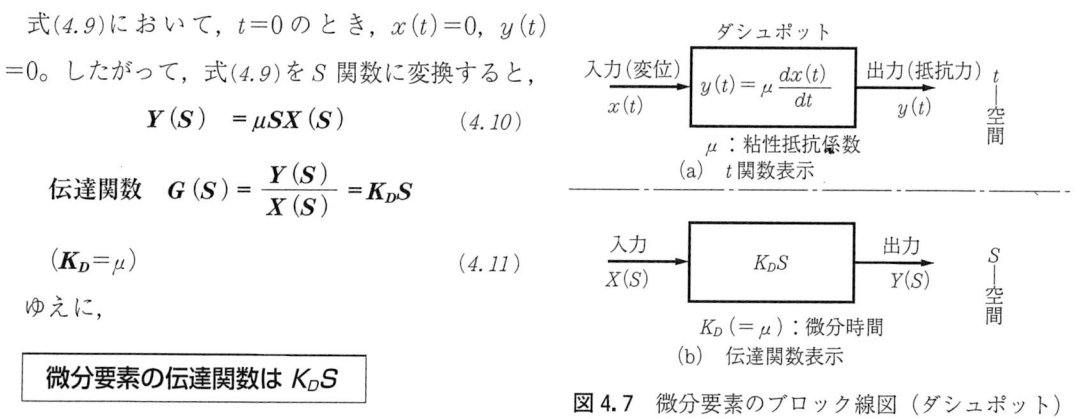

微分要素の伝達関数は $K_D S$

図 4.7　微分要素のブロック線図（ダシュポット）

ここで，$\boldsymbol{K_D}$ を**微分時間**[5]といい，微分動作の強さを表している。その強さは，粘性抵抗係数 μ に相当する。

---

1) differential element　　2) dashpot　　3) damper　　4) viscus damping coefficient　　5) rate time

第4章 基本要素の伝達関数

4.4 1次遅れ要素[1]

出力と入力との関係が線形1次微分方程式で表される要素

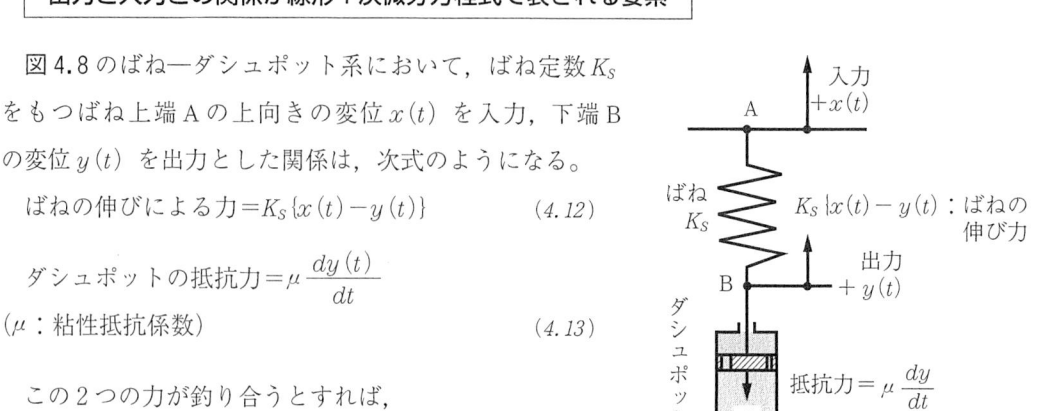

図4.8のばね—ダシュポット系において，ばね定数K_Sをもつばね上端Aの上向きの変位$x(t)$を入力，下端Bの変位$y(t)$を出力とした関係は，次式のようになる。

$$\text{ばねの伸びによる力} = K_S\{x(t) - y(t)\} \tag{4.12}$$

$$\text{ダシュポットの抵抗力} = \mu\frac{dy(t)}{dt}$$
（μ：粘性抵抗係数）
$$\tag{4.13}$$

この2つの力が釣り合うとすれば，

$$\mu\frac{dy(t)}{dt} = K_S\{x(t) - y(t)\} \tag{4.14}$$

$$T\frac{dy(t)}{dt}^{2)} + y(t) = x(t) \qquad \left(T = \frac{\mu}{K_S}\right) \tag{4.15}$$

すなわち，**出力$y(t)$と入力$x(t)$との関係が，線形1次微分方程式**となるから，このばね—ダシュポット系は，**1次遅れ要素**である（図4.8）。

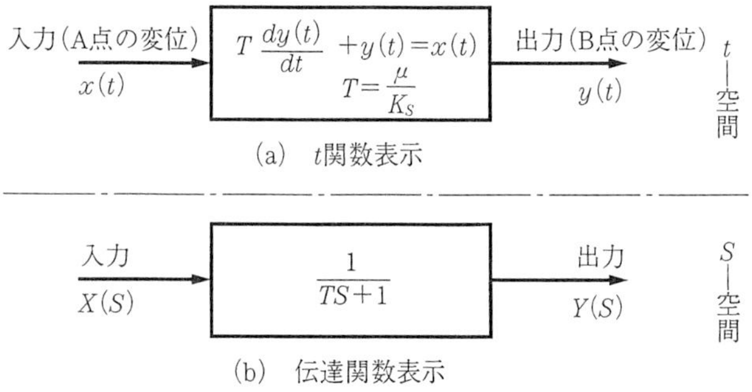

式(4.15)において，$t=0$のとき，$x(t)=0$，$y(t)=0$，$\frac{dy}{dt}=0$。したがって，式(4.15)をS変換すると，

$$TSY(S) + Y(S) = X(S) \tag{4.16}$$

$$G(S) = \frac{Y(S)}{X(S)} = \frac{1}{TS+1} \tag{4.17}$$

ゆえに，

図4.8 ばね—ダシュポット系

(a) t関数表示

(b) 伝達関数表示

図4.9 1次遅れ要素のブロック線図（ばね—ダシュポット系）

1次遅れ要素の伝達関数は $\dfrac{1}{TS+1}$

ここで，Tは**時定数**[3]といい，t—空間における応答の速さを示している（7.1節参照）。

---

1) 1st order lag element   2) $\dfrac{dy(t)}{dt}$を$\dfrac{dy}{dt}$とかくこともある。   3) time constant

40

4.5 2次遅れ要素[1]

> 出力と入力との関係が線形2次微分方程式で表される要素

図4.10のばね—質量—ダシュポット系において，ばね上端A点の上向きの変位 $x(t)$ を入力とし，ばね下端の質量B点の変位 $y(t)$ を出力とした関係は，次式のようになる。

$$\text{ばねの伸びによる力} = K_S\{x(t) - y(t)\} \tag{4.18}$$

$$\text{ダシュポットによる抵抗力} = \mu \frac{dy(t)}{dt} \tag{4.19}$$

$$\text{質量 } M \text{ による力} = M\frac{d^2y}{dt^2} \tag{4.20}$$

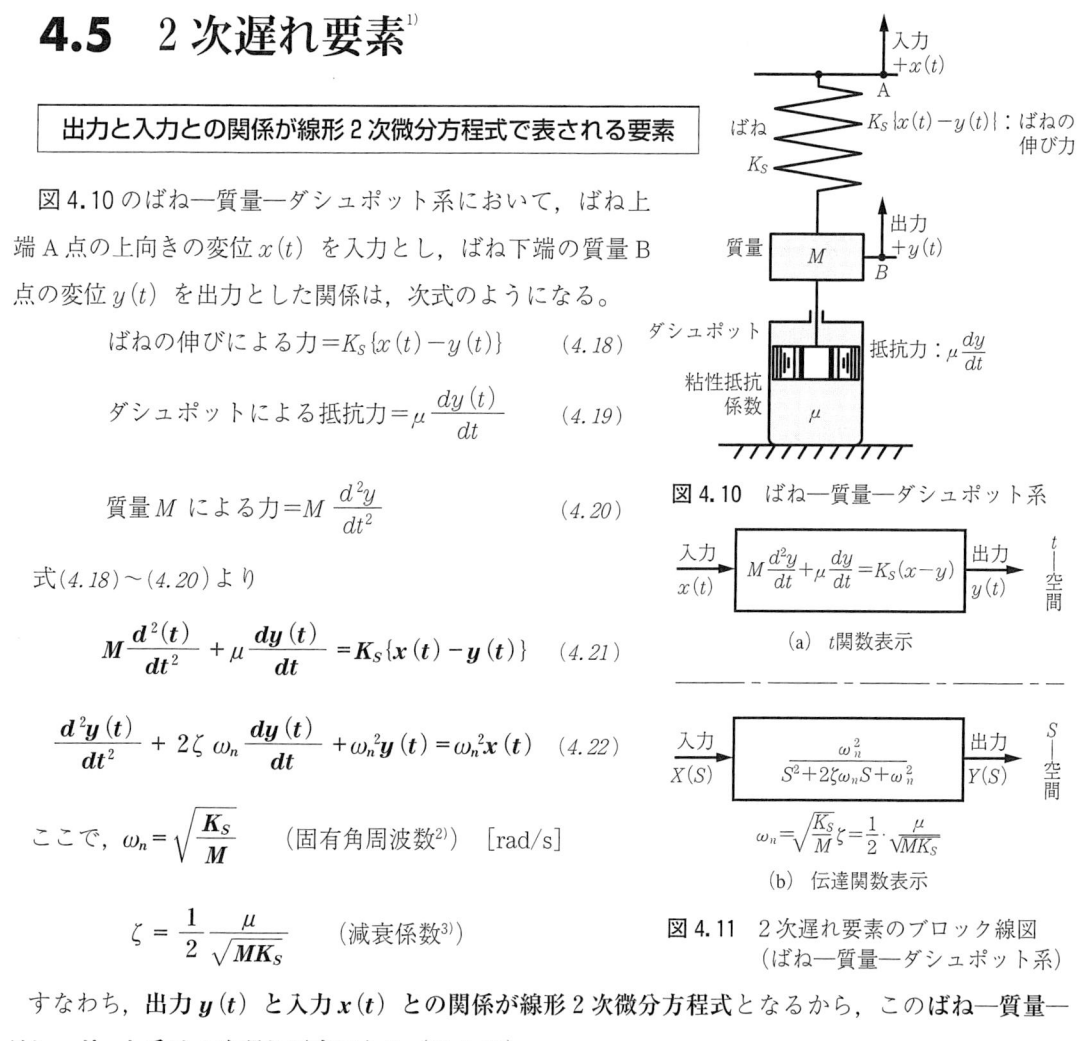

式(4.18)～(4.20)より

$$M\frac{d^2(t)}{dt^2} + \mu\frac{dy(t)}{dt} = K_S\{x(t) - y(t)\} \tag{4.21}$$

$$\frac{d^2y(t)}{dt^2} + 2\zeta\omega_n\frac{dy(t)}{dt} + \omega_n^2 y(t) = \omega_n^2 x(t) \tag{4.22}$$

ここで，$\omega_n = \sqrt{\dfrac{K_S}{M}}$ （固有角周波数[2]）　[rad/s]

$$\zeta = \frac{1}{2}\frac{\mu}{\sqrt{MK_S}} \quad \text{（減衰係数[3]）}$$

図4.10　ばね—質量—ダシュポット系

(a) t関数表示

(b) 伝達関数表示

$$\omega_n = \sqrt{\frac{K_S}{M}} \quad \zeta = \frac{1}{2}\cdot\frac{\mu}{\sqrt{MK_S}}$$

図4.11　2次遅れ要素のブロック線図
（ばね—質量—ダシュポット系）

すなわち，**出力 $y(t)$ と入力 $x(t)$ との関係が線形2次微分方程式**となるから，この**ばね—質量—ダシュポット系は2次遅れ要素**である（図4.11）。

式(4.22)において，$t=0$ のとき，$x(t)=0$，$y(t)=0$，$\dfrac{dy}{dt}=0$，$\dfrac{d^2y}{dt^2}=0$，したがって，式(4.22)を S 変換すると，

$$S^2 Y(S) + 2\zeta\omega_n S Y(S) + \omega_n^2 Y(S) = \omega_n^2 X(S) \tag{4.23}$$

$$G(S) = \frac{\omega_n^2}{S^2 + 2\zeta\omega_n S + \omega_n^2} \tag{4.24}$$

ゆえに

> 2次遅れ要素の伝達関数は $\dfrac{d}{aS^2 + bS + c}$ の形

ここで，**a, b, c, d** は定数。

---

1) 2 nd order lag element　　2) natural angular frequency　　3) damping coeficient

第4章　基本要素の伝達関数

4.6　むだ時間要素[1]

出力が入力に対し一定時間だけ遅れる要素

　図4.12の圧延機はロール位置で厚みが測れないので，l だけ離れたところで検出している。このロール位置での厚み $x(t)$ を入力，一定時間 L（むだ時間）だけ遅れたところで検出している厚み $y(t)$ を出力とすれば，次式が成立する。

$$y(t) = x(t-L) \qquad (4.25)$$

ここで，むだ時間 $L = \dfrac{l}{v}$

（v：圧延速度）

$t < L$ のとき，$x(t-L) = 0$。

　すなわち，**出力 $y(t)$ が入力 $x(t)$ に対し，一定時間 L だけ遅れているので，この制御系はむだ時間要素である**（図4.13 (a)）。

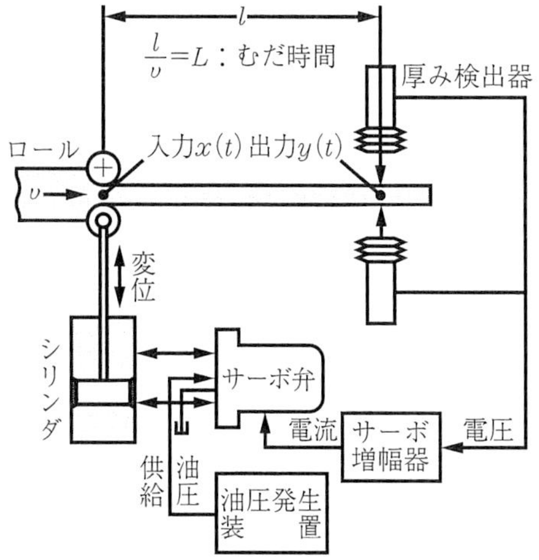

　式(4.25)において，$t \leq L$ のとき，$x(t) = 0$，$y(t) = 0$。したがって，式(4.25)を S 関数に変換すると，付録Ⅲラプラス変換表（その1）より，

$$Y(S) = e^{-LS}X(S) \qquad (4.26)$$

$$G(S) = \frac{Y(S)}{X(S)} = e^{-LS} \qquad (4.27)$$

ゆえに，

むだ時間要素の伝達関数は e^{-LS}

ここで，**L はむだ時間**[2]（定数）（図4.13 (b)）。

以上述べてきた基本的な6つの要素の t 関数と伝達関数とをまとめて，**表4.1** に示しておく。

図4.12　圧延機の厚み制御系

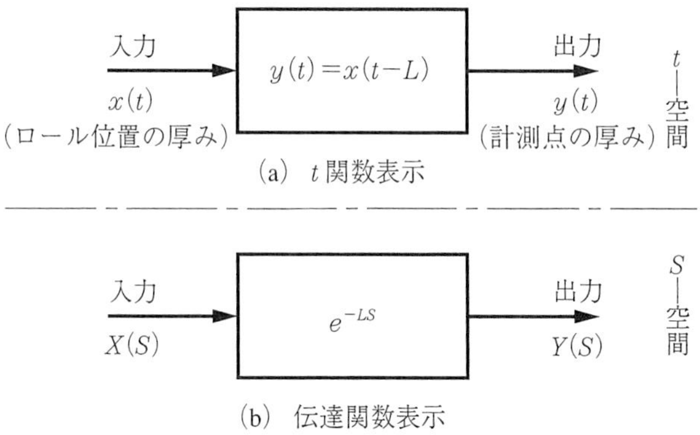

(a)　t 関数表示

(b)　伝達関数表示

図4.13　むだ時間要素のブロック線図
（圧延機の厚み制御系）

1）dead time element　　2）dead time

4.6 むだ時間要素

表4.1 基本的な要素の伝達関数

要素	微分方程式	伝達関数	意味	事例
比例要素[1]	$y(t)=Kx(t)$ K_P：比例定数[7]	K_P K_P：比例ゲイン	出力が入力に比例している要素	ばねの変位，てこの変位，抵抗による電圧と電流 $e=Ri$　コイルの電流と磁束
積分要素[2]	$y(t)=K_I\int_0^T x(t)dt$ K_I：定数	$\dfrac{K_I}{S}$ K_I：$\dfrac{1}{\text{積分時間}}$	出力が入力の積分値に比例している要素	シリンダへ入る流量とピストン変位，質量に働く力と速度。コンデンサに流れる電流と電荷 $e=\dfrac{1}{C}\int_0^t idt$
微分要素[3]	$y(t)=K_D\dfrac{dx(t)}{dt}$ K_D：定数	$K_D S$ K_D：微分時間	出力が入力の微分値に比例している要素	ダシュポットのピストン変位と抵抗力。交流速度発電機の回転角と発生電圧。コイルに流れる電流と電圧 $e_0(t)=L\dfrac{di(t)}{dt}$
1次遅れ要素[4]	$T\dfrac{dy(t)}{dt}+y(t)=Kx(t)$ K：定数 T：時定数[8]	$\dfrac{K}{TS+1}$ K：ゲイン T：時定数	出力と入力との関係が線形1次微分方程式で表される要素	ばね—ダシュポット系。直流モータの入力電圧に対する出力軸速度。CR回路
2次遅れ要素[5]	$M\dfrac{d^2y(t)}{dt}+\mu\dfrac{dy(t)}{dt}$ $=K_S(x(t)+y(t))$ M：質量 μ：粘性抵抗係数[9] K_S：ばね定数[10]	$\dfrac{\omega_n^2}{S^2+2\zeta\omega_n S+\omega_n^2}$ $\omega_n=\sqrt{\dfrac{K_S}{M}}$： 固有角周波数 $\zeta=\dfrac{1}{2}\dfrac{\mu}{\sqrt{MK_S}}$： 減衰係数	出力と入力との関係が線形2次微分方程式で表される要素	ばね—質量—ダシュポット系。LCR回路
むだ時間要素[6]	$y(t)=x(t-L)$ L：むだ時間[11]	e^{-LS} L：むだ時間	出力が入力に対し，一定時間だけ遅れる要素	圧延機の厚み計測系　歯車のバックラッシ $L=\dfrac{\Delta}{\text{従動歯車角速度}}$　Δ：バックラッシ角

1) proportional element　　2) integral element　　3) differential element
4) first–order lag element　5) second–order lag element　6) dead time element
7) proportion gain　　8) time constant　　9) viscouse damping coefficient
10) spring constant　　11) dead time

第4章　基本要素の伝達関数

第4章　問　題

1. 右図に示すてこにおいて，A点の変位 $x(t)$ を入力，B点の変位 $y(t)$ を出力とした場合，このてこは比例要素であることを示せ。

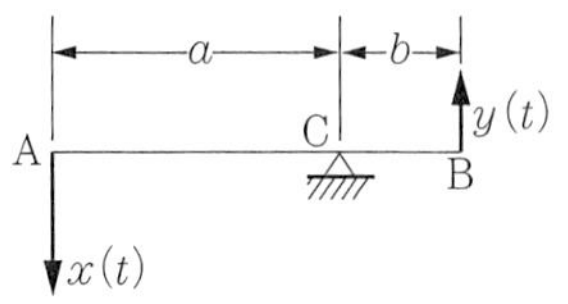

2. 静止している質量 m の物体を力 $f(t)$ で押した場合の速度を $v(t)$ とする。ここで，力 $f(t)$ を入力，速度 $v(t)$ を出力としたとき，質量 m の物体は積分要素の特性をもつことを示せ。

3. 慣性モーメント J をもつ回転体において，入力をトルク T，出力を角速度 ω とすれば，この回転体は積分要素の特性をもつことを示せ。

4. 直流モータの印加電圧 $e_i(t)$ を入力，軸回転角 $\theta_0(t)$ を出力としたとき，直流モータは積分要素の特性をもつことを示せ。

5. 右図に示す回路素子において，電流 i を入力，コンデンサ両端の電圧 e_0 を出力とする回路は積分要素の特性をもつことを示せ。

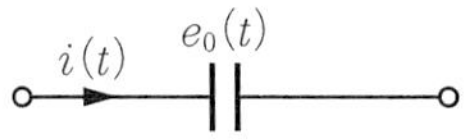

6. 右図に示す交流速度発電機の回転子の回転角 $\theta_i(t)$ を入力，2次コイルに発生する電圧 $e_0(t)$ を出力とした伝達関数を求めよ。

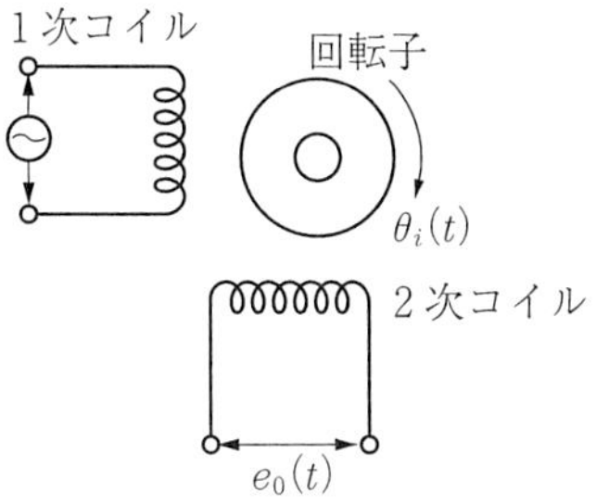

7. 右図に示す回路素子において，電流 $i(t)$ を入力，コイル両端に発生する電圧 $e_L(t)$ を出力とした伝達関数を求めよ。

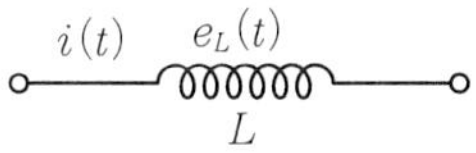

8. 直流モータの入力電圧に対する出力速度は1次遅れ要素の特性をもつことを示せ。

9. 2相サーボモータの伝達関数 $G(S)=\Theta_0(S)/E_i(S)$ を求めよ。

10. 右図の R–C 回路の伝達関数 $G(S)=E_0(S)/E_i(S)$ を求めよ。

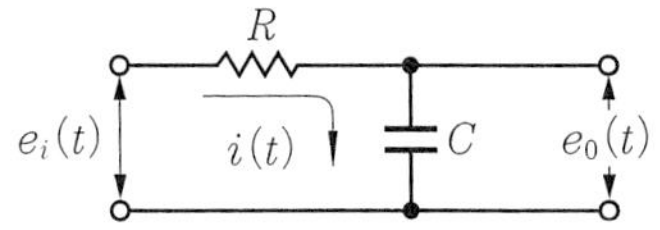

11. 右図の R–C 回路の伝達関数 $G(S)=E_0(S)/E_i(S)$ を求めよ。

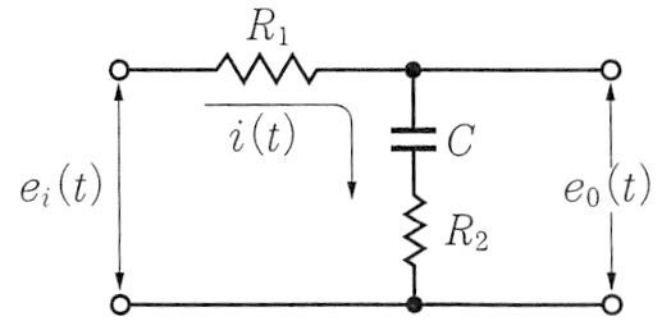

12. 右図の L–R–C 回路の伝達関数 $G(S)=E_0(S)/E_i(S)$ を求めよ。

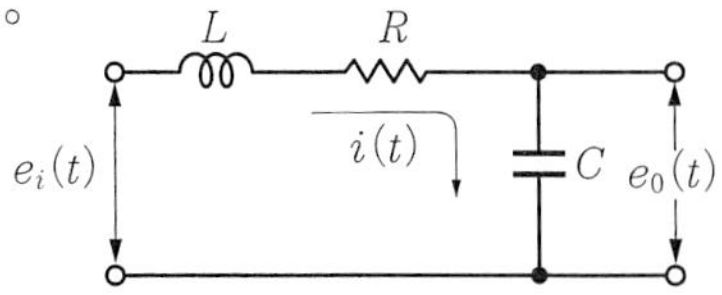

第4章 問題

13. 比例ゲイン5の要素と，むだ時間0.5の要素を直列にしたときの前向き伝達係数 $G(S)$ を求めよ。

14. 比例ゲイン5，時定数10秒の1次遅れ要素の伝達関数 $G(S)$ を求めよ。

15. 小型の直流サーボモータは，右図のように，一定の磁界を作りだすステータと，コイルの巻かれたロータで構成している。

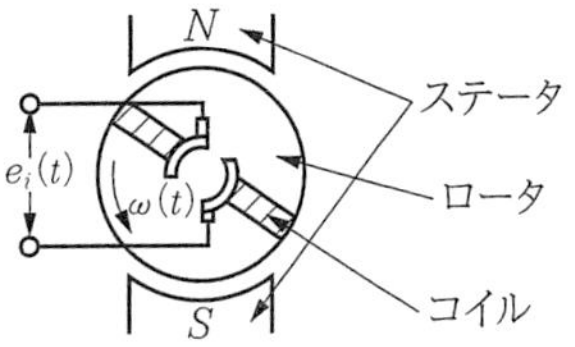

いま，モータに $e_i(t)$ の電圧を与えたとき，慣性モーメント J のロータが角速度 $\omega(t)$ で回転するとする。入力を電圧 $e_i(t)$，出力を $\omega(t)$ としたときの伝達係数を求めよ。ここで，ロータのコイルのインダクタンス L は十分小さいとする。

〰〰〰〰〰〰 **振動数，周波数と角振動数，角周波数** 〰〰〰〰〰〰

振動数（frequency）と周波数（frequency）とは同じ意味で，「単位時間当たりのサイクル数［単位 Hz］」と JIS では定義している（JIS B 0153, JIS Z 8106）。

これに対応して，角振動数（angular frequency, circular frequency, circular vibration），角周波数（angular frequency）があり，単位は両者とも［rad/s］と定めている。

一般に，機械，音響分野では振動数，電気，通信分野では周波数が慣用されている。

機械制御の理論は通信分野から生れ，応用は機械分野にわたっている。本書では，各分野の慣用を尊重し，機械的分野は振動数［記号 ν，単位 Hz］，角振動数［記号 ω，単位 rad/s］を用い，制御，電子，通信分野は周波数［記号 f，単位 Hz］，角周波数［記号 ω，単位 rad/s］を用いている。

第**5**章
ブロック線図の等価変換[1]

制御系は互いに依存し合っている要素の集りであるから，制御系を表している複雑なブロック線図を等価変換して，より簡単なブロック線図にすると，特性の評価に便利である。ここでは，これらの基本的な等価変換法則について説明する。

5.1 まえがき

3.1 節で述べてきたブロック線図について，もう一度振り返ってみよう。**図5.1** において，4 角の枠は系の構成要素である**伝達要素**[2] を示している。枠の中は絵でも，名称でもよいが，通常図5.1(a) のように表示している。

また，信号の加減算を表す**加え合わせ点**[3] は〇印（図5.1(b)），信号の分岐を表す**引き出し点**[4] は●印（図5.1(c)）で示し，これらの記号を組み合わせて，系のブロック線図を構成している。

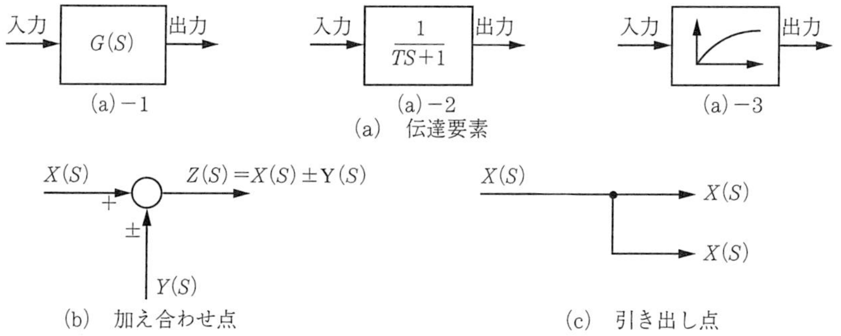

図5.1 ブロック線図の基本記号

5.2 基本結合則 (表5.1)

[1] 直列結合[5]（カスケード結合）

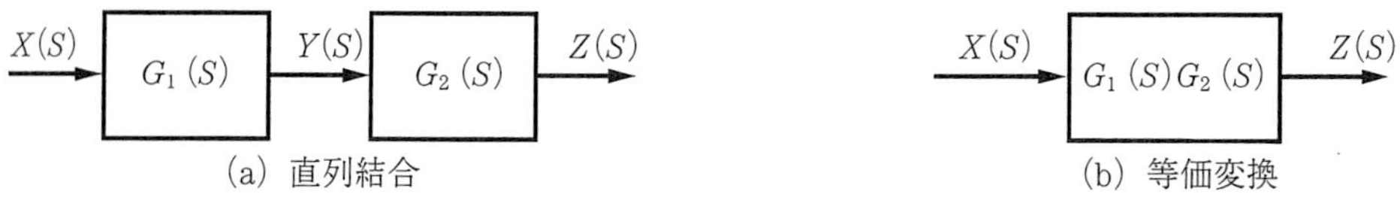

図5.2 直列結合と等価変換

---

1) blockdiagram transformation theorems　　2) transfer element　　3) summing point　　4) pick off point
5) cascade connection

第5章　ブロック線図の等価変換

2つの伝達関数 $G_1(S)$, $G_2(S)$ が直列に結合しているとき，それらを1つにまとめると，個々の伝達関数の積 $G_1(S) \cdot G_2(S)$ となる（**図5.2**）。

［2］　並列結合[1]

伝達関数 $G_1(S)$, $G_2(S)$ が並列に接続しているとき，これらを1つにまとめると，$G_1(S) \pm G_2(S)$ となる。

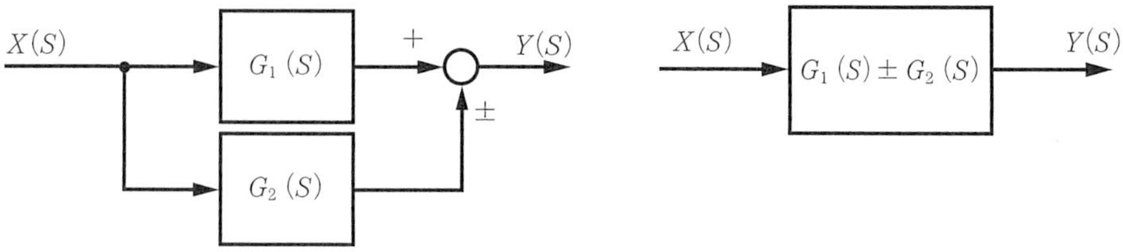

（a）並列結合　　　　　　　　　　（b）等価変換

図5.3　並列結合とその等価変換

図5.3(a) より，$X(S)G_1(S) \pm X(S)G_2(S) = X(S)\{G_1(S) \pm G_2(S)\} = Y(S)$　　　　　　(5.1)

したがって，**図5.3**(a) は**図5.3**(b) となる。

［3］　フィードバック結合[2]

図5.4(a) において，入力から出力に向かう経路を**前向き経路**[3]，前向き経路に含まれる要素を**前向き要素**[4]という。また，出力から入力に向かう経路を**フィードバック経路**[5]（後向き経路），フィードバック経路に含まれる要素を**フィードバック要素**[6]という。この**前向き要素とフィードバック要素とを結合していることをフィードバック結合**という。

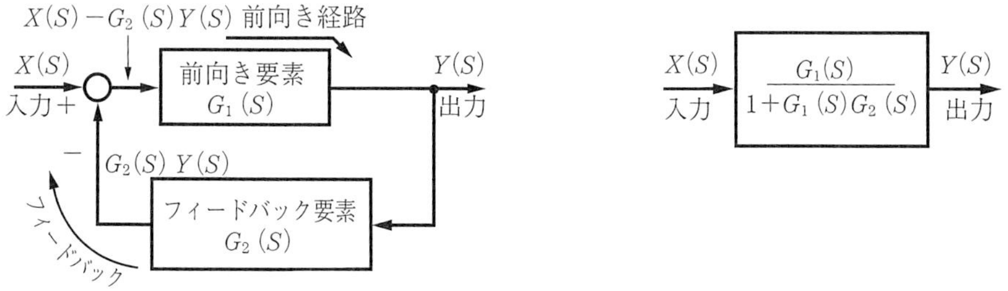

（a）フィードバック結合　　　　　　　　　　（b）等価変換

図5.4　フィードバック結合とその等価変換

---

1) parallel conection　　2) feedback connection　　3) feed forward loop　　4) feed foward element
5) feedback loop　　6) feedback element

48

図5.4(a)において,

$$(X(S) - G_2(S)Y(S))G_1(S) = Y(S) \tag{5.2}$$

ゆえに,

$$W(S) = \frac{Y(S)}{X(S)} = \frac{G_1(S)}{1 + G_1(S)G_2(S)} \tag{5.3}$$

したがって, 図5.4(a)のフィードバック結合と等価なブロック線図は図5.4(b)となる。

式(5.3)の分母の $G_1(S)G_2(S)$ は, 閉回路を一巡する経路にある要素の伝達関数の積で, **一巡伝達関数**[1]という。また, 前向き要素の伝達関数 $G_1(s)$ を**前向き伝達関数**[2], フィードバック要素の伝達関数 $G_2(S)$ を**フィードバック伝達関数**[3]という。

図5.4(a)の閉ループ制御系において, 入力を $X(S)$, 出力を $Y(S)$ とした伝達関数 $W(S)$ を**閉ループ伝達関数**[4]といい, 次式の関係がある。

$$\text{閉ループ伝達関数}\quad W(S) = \frac{\text{前向き伝達関数}}{1 + \text{一巡伝達関数}} \tag{5.4}$$

[4] 直結フィードバック結合[5]

図5.4(a)において, フィードバック伝達関数 $G_2(S) = 1$ の場合を**直結フィードバック結合**という（**図5.5**(a)）。

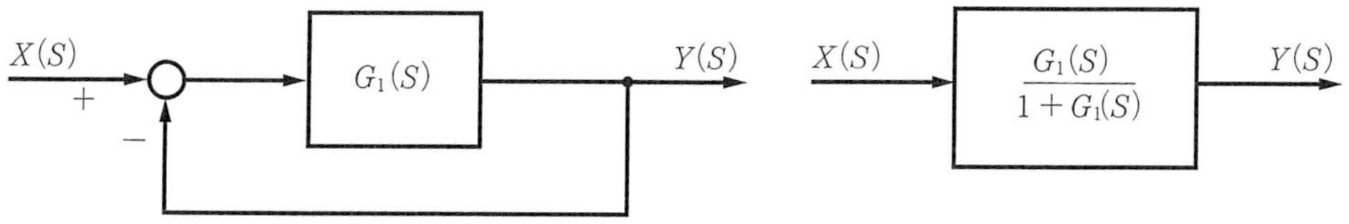

(a) 直結フィードバック結合   (b) (a)と等価なブロック線図

図5.5 直結フィードバック結合とその等価なブロック線図

この直結フィードバック結合の伝達関数を $W_1(S)$ とすれば,

$$W_1(S) = \frac{G_1(S)}{1 + G_1(S)} \tag{5.5}$$

したがって, 図5.5(a)は, 図5.5(b)と等価となる。

この**閉ループ伝達関数** $W_1(S)$ に対し, 前向き伝達関数 $G_1(S)$ を, **開ループ伝達関数**という。

以上は複雑なブロック線図を簡単化するための基本的な変換法則である。これらの外, **要素の交換・除去, 加え合わせ点の交換・移動, 引き出し点の交換・移動**の変換方法を**表5.1**に挙げておく。

---

1) over all transfer function   2) forward transfer function   3) feedback transfer function
4) closed loop transfer function   5) unity feedback connection

第5章　ブロック線図の等価変換

表5.1　等価変換表—1

	番号	名　称	原　　形	等　価　変　換
基本結合則	1	直列結合（カスケード結合）	$X(S) \to \boxed{G_1(S)} \xrightarrow{Y(S)} \boxed{G_2(S)} \xrightarrow{Z(S)}$ (a)	$X(S) \to \boxed{G_1(S)\,G_2(S)} \xrightarrow{Z(S)}$ (b)
	2	並列結合	$X(S) \to \boxed{G_1(S)},\ \boxed{G_2(S)} \to \pm \to Y(S)$ (a)	$X(S) \to \boxed{G_1(S) \pm G_2(S)} \xrightarrow{Y(S)}$ (b)
	3	フィードバック結合	$X(S)-G_2(S)Y(S)$, $X(S)\xrightarrow{+}\ominus_{-}\to\boxed{G_1(S)}\to Y(S)$, $G_2(S)Y(S)\leftarrow\boxed{G_2(S)}$ (a)	$X(S) \to \boxed{\dfrac{G_1(S)}{1+G_1(S)\,G_2(S)}} \xrightarrow{Y(S)}$ (b)
	4	直結フィードバック結合	$X(S)\xrightarrow{+}\ominus_{-}\to\boxed{G_1(S)}\to Y(S)$ (a)	$X(S) \to \boxed{\dfrac{G_1(S)}{1+G_1(S)}} \xrightarrow{Y(S)}$ (b)
要素の交換・除去	5	要素の交換	$X(S)\to\boxed{G_1(S)}\xrightarrow{Y(S)}\boxed{G_2(S)}\xrightarrow{Z(S)}$ (a)	$X(S)\to\boxed{G_2(S)}\to\boxed{G_1(S)}\xrightarrow{Z(S)}$ (b)
	6	後向き要素の除去	$X(S)-G_2(S)Y(S)$, $X(S)\xrightarrow{+}\ominus_{-}\to\boxed{G_1(S)}\to Y(S)$, $G_2(S)Y(S)\leftarrow\boxed{G_2(S)}$ (a)	$\left(\dfrac{X(S)}{G_2}-Y(S)\right)$, $X(S)\to\boxed{\dfrac{1}{G_2(S)}}\xrightarrow{+}\ominus_{-}\to\boxed{G_1(S)\,G_2(S)}\to Y(S)$, $Y(S)$ (b)
	7	前向き要素の除去	$X(S)G_1(S)$, $X(S)\to\boxed{G_1(S)}\xrightarrow{+}\oplus_{+}\to Y(S)$, $\boxed{G_2(S)}\to X(S)G_2(S)$ (a)	$(X(S)G_2(S))$, $X(S)\to\boxed{G_2(S)}\to\boxed{\dfrac{G_1(S)}{G_2(S)}}\xrightarrow{+}\oplus_{+}\to Y(S)$, $(X(S)G_2(S))$ (b)
加え合わせ点の交換・移動	8	加え合わせ点の交換	$X(S)\xrightarrow{+}\{X(S)\pm Y(S)\}\xrightarrow{\pm}O(S)$, $Y(S)\xrightarrow{\pm}$, $Z(S)\xrightarrow{+}\{X(S)\pm Y(S)\}\pm Z(S)=O(S)$ (a)	$X(S)\xrightarrow{+}\{X(S)\pm Z(S)\}\xrightarrow{\pm}O(S)$, $Z(S)\xrightarrow{\pm}$, $Y(S)\xrightarrow{+}\{X(S)\pm Z(S)\}\pm Y(S)=O(S)$ (b)
	9	加え合わせ点の移動	$X(S)\xrightarrow{+}\xrightarrow{\pm}O(S)$, $X(S)\pm\{Y(S)+Z(S)\}=O(S)$, $Y(S)\xrightarrow{+}$, $Z(S)\xrightarrow{+}$ (a)	$X(S)\xrightarrow{\pm}\xrightarrow{\pm}O(S)$, $\{X(S)\pm Y(S)\}\pm Z(S)=O(S)$, $Y(S)$, $Z(S)$ (b)

50

5.2 基本結合則

表 5.1 等価変換表—2

	番号	名　　称	原　　　　形	等　価　変　換
加え合わせ点の交換・移動	10	要素の前へ移す	$G(S)X(S) \pm Y(S) = Z(S)$ (a)	$G(S)\left\{X(S) \pm \dfrac{1}{G(S)}Y(S)\right\} = Z(S)$ (b)
	11	要素の後へ移す	$G(S)\{X(S) \pm Y(S)\} = Z(S)$ (a)	$G(S)X(S) \pm G(S)Y(S) = Z(S)$ (b)
引き出し点の交換・移動	12	引き出し点の交換	(a)	(b)
	13	要素の前へ移す	(a)	(b)
	14	要素の後へ移す	$X(S)G(S) = Y(S)$ (a)	$X(S)G(S) = Y(S)$ (b)
	15	加え合わせ点の前へ移す	$X(S) \pm Y(S) = Z(S)$ (a)	$X(S) \pm Y(S) = Z(S)$ (b)
	16	加え合わせ点の後へ移す	$X(S) \pm Y(S) = Z(S)$ (a)	$X(S) \pm Y(S) = Z(S)$ (b)

第5章　ブロック線図の等価変換

5.3　等価変換に関する例題

例題　1　図5.6に示すブロック線図と，等価な閉ループ伝達関数 $W(S)$ を求めよ。

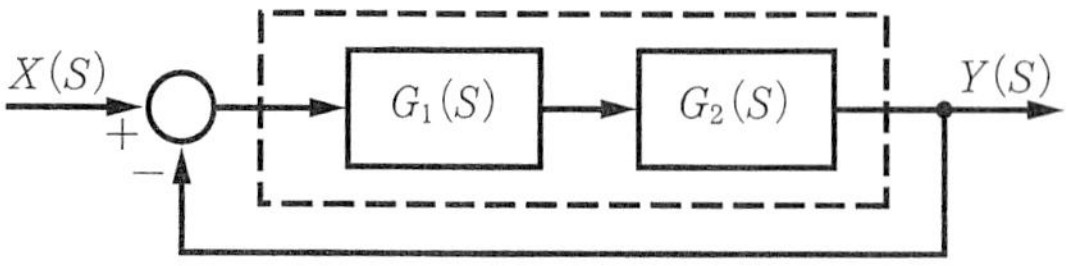

[解]　図5.6は，┌┈┈┐枠内の直列結合と，その直結フィードバック結合との組み合わせである。したがって，図5.6と等価な**図5.7**を得る。

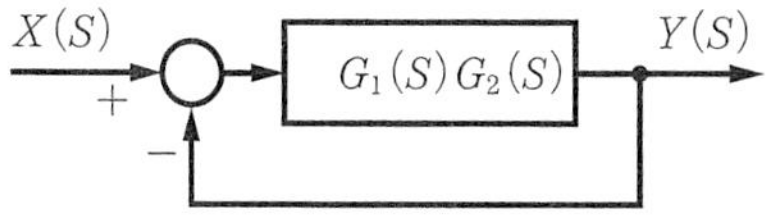

ゆえに，閉ループ伝達関数 $W(S)$ は次式となる。

$$W(s) = \frac{Y(S)}{X(S)} = \frac{G_1(S)G_2(S)}{1+G_1(S)G_2(S)} \qquad (5.6)$$

図5.6　ブロック線図—(1)

図5.7　図5.6と等価なブロック線図

例題　2　図5.8に示すブロック線図と等価な単一ブロック線図を求めよ。

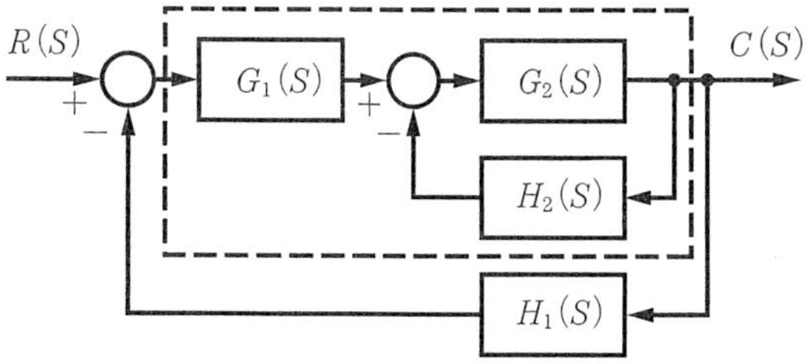

[解]　図5.8において，┌┈┈┐枠内と等価な伝達関数を $G_0(S)$ とおけば，

$$G_0(S) = \frac{G_1(S)G_2(S)}{1+G_2(S)H_2(S)} \qquad (5.7)$$

したがって，図5.8は前向き要素 $G_0(s)$ と，フィードバック要素 $H_1(S)$ とを結合したものと等価となる。

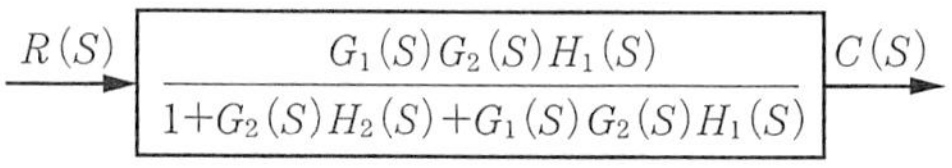

ゆえに，この閉ループ伝達関数 $W(S)$ は次式となり，**図5.9**に示す単一ブロック線図となる。

$$W(S) = \frac{G_1(S)G_2(S)H_1(S)}{1+G_2(S)H_2(S)+G_1(S)G_2(S)H_1(S)} \qquad (5.8)$$

図5.8　ブロック線図—(2)

図5.9　図5.8と等価なブロック線図

例題　3　図5.10に示すブロック線図から，$\dfrac{C_1}{R_1}$，$\dfrac{C_2}{R_1}$，を求めよ。

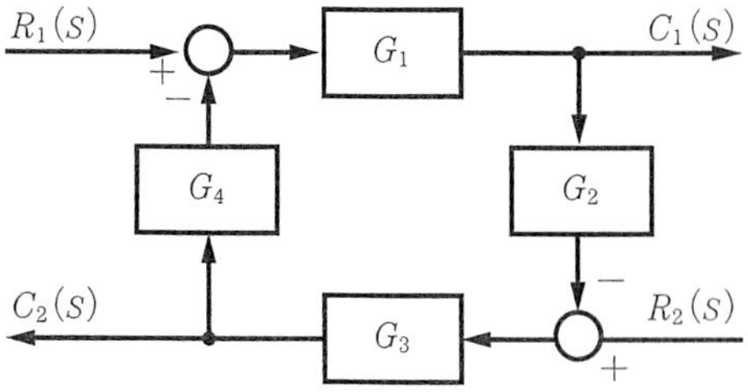

[解]　（1）$\dfrac{C_1}{R_1}$ を求めるに際し，$R_2=0$，$C_2=0$ とすれば，次式が得られる。

$$\frac{C_1}{R_1} = \frac{G_1}{1-G_1G_2G_3G_4} \qquad (5.9)$$

（2）同様にして，

$$\frac{C_2}{R_1} = \frac{-G_1G_2G_3}{1-G_1G_2G_3G_4} \qquad (5.10)$$

図5.10　ブロック線図—(3)

52

5.4 ブロック線図に関する応用例

図5.11 に示す一定励磁の電機子制御直流電動機について、**電圧 $e_i(t)$ を入力**、駆動軸の**角速度** $\omega(t)$ を出力とした**ブロック線図**と、その**伝達関数**を求めてみる。

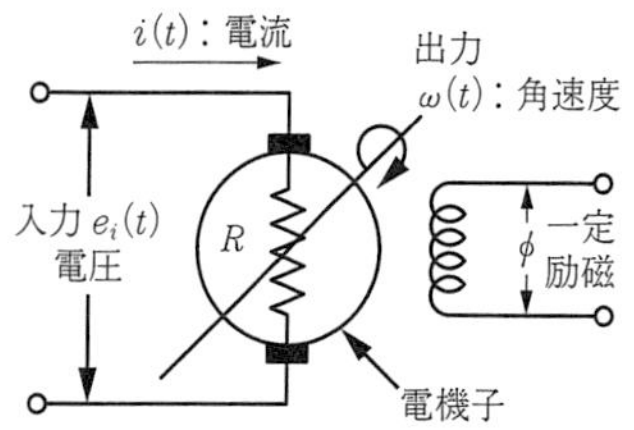

図5.11 電機子制御直流電動機

$e_r(t)$ ： $\omega(t)$ に比例した逆起電力

$i(t)$ ： 入力電流

J ： 電機子と負荷の慣性モーメント

R ： 電機子を含めた回路の抵抗

$T_m(t)$ ： 電動機の出力トルク

ϕ ： 界磁電流による磁束

$\omega(t)$ ： モータ軸の角速度

（1）出力トルク $T_m(t)$ は入力電流に比例するから、$T_m(t) = k_1 i(t)$ （k_1：定数） (5.11)

（2）慣性モーメント J と角加速度 $\dfrac{d\omega}{dt}$ の積が、$T_m(t)$ となるから、$T_m(t) = J\dfrac{d\omega(t)}{dt}$ (5.12)

（3）逆起電力 $e_r(t)$ は入力電圧 $e_i(t)$ と反対方向に生ずる。$e_r(t) = k_2 \omega(t)$ （k_2：定数） (5.13)

（4）入力電圧 $e_i(t)$ と逆起電力 $e_r(t)$ の差が、電圧 $i(t)\cdot R$ に等しい。$i(t)R = e_i(t) - e_r(t)$ (5.14)

式(5.11)〜(5.14)より、**表5.2** が得られる。したがって、電圧 $E_i(S)$ を入力、モータ軸の角速度 $\Omega(S)$ を出力としたブロック線図は、**図5.12**、**図5.13** となる。

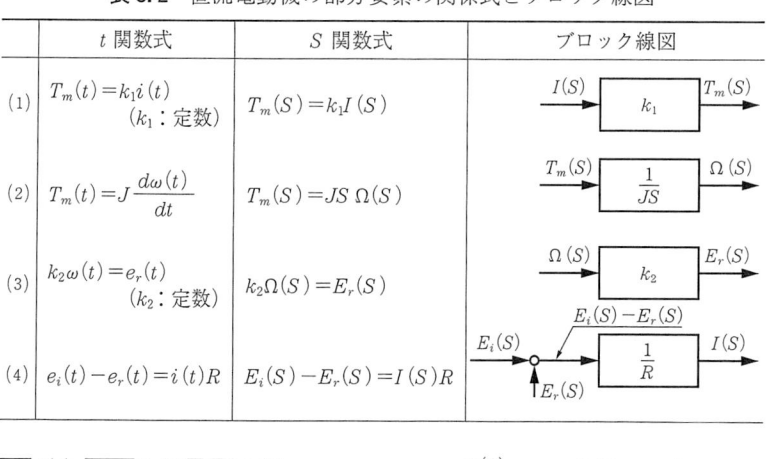

表5.2 直流電動機の部分要素の関係式とブロック線図

	t 関数式	S 関数式	ブロック線図
(1)	$T_m(t) = k_1 i(t)$ （k_1：定数）	$T_m(S) = k_1 I(S)$	
(2)	$T_m(t) = J\dfrac{d\omega(t)}{dt}$	$T_m(S) = JS\,\Omega(S)$	
(3)	$k_2 \omega(t) = e_r(t)$ （k_2：定数）	$k_2 \Omega(S) = E_r(S)$	
(4)	$e_i(t) - e_r(t) = i(t)R$	$E_i(S) - E_r(S) = I(S)R$	

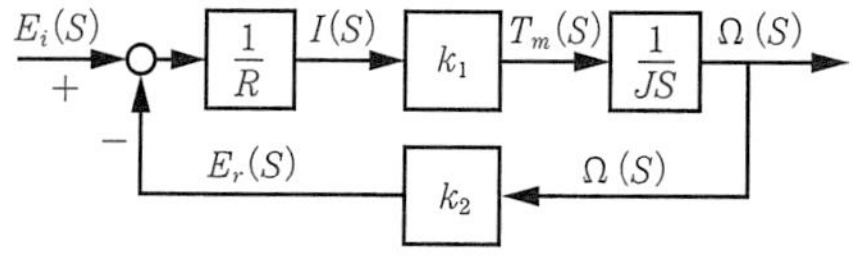

図5.12 電機子制御直流電動機のブロック線図

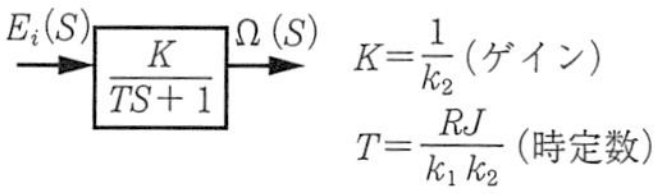

$K = \dfrac{1}{k_2}$（ゲイン）

$T = \dfrac{RJ}{k_1 k_2}$（時定数）

図5.13 図5.12 の等価変換

したがって、直流電動機の伝達関数は式(5.15)となる。

伝達関数 $G(S) = \dfrac{K}{TS + 1}$ (5.15)

第5章　ブロック線図の等価変換

第5章　問　題

1. 図に示すブロック線図と等価な伝達関数 $W(S)=$
$\dfrac{Y(S)}{X(S)}$ を求めよ。

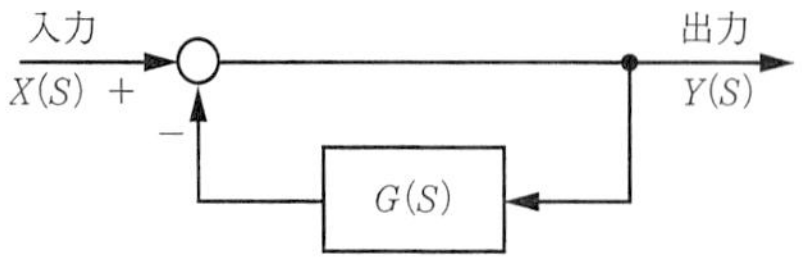

2. 図に示すブロック線図と等価な伝達関数 $W(S)=\dfrac{Y(S)}{X(S)}$ を求めよ。

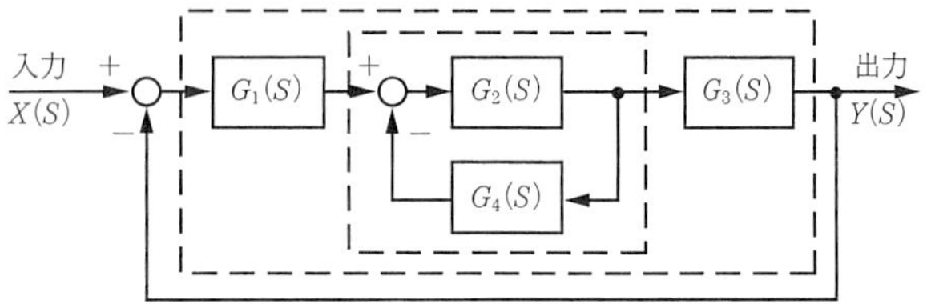

3. 図のブロック線図を単一のブロック線図で示せ。

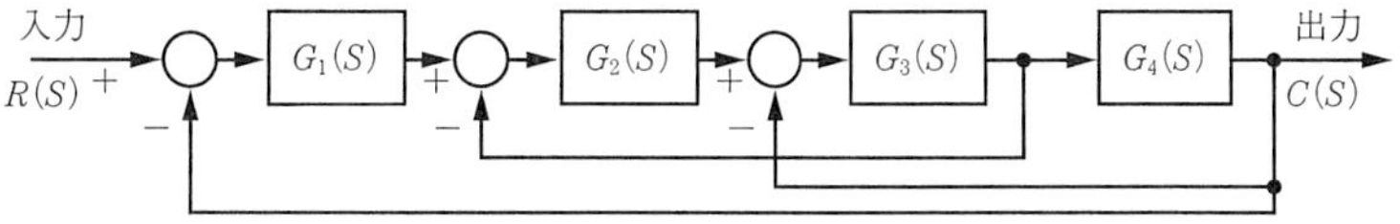

4. 図に示すブロック線図と等価な伝達関数 $W(S)=Y(S)/X(S)$ を求めよ。

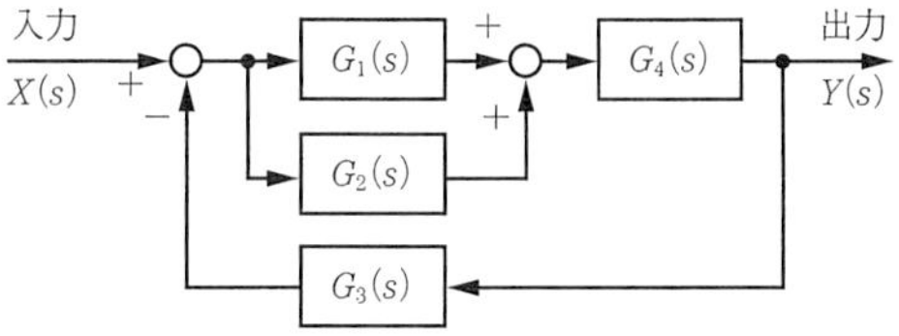

5. 図に示すブロック線図と等価な伝達関数 $W(S)=Y(S)/X(S)$ を求めよ。

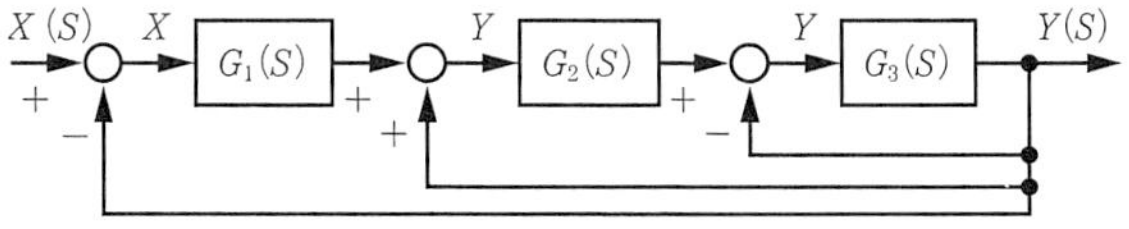

6. 図に示すブロック線図と等価な伝達関数 $W(S)=Y(S)/X(S)$ を求めよ。

54

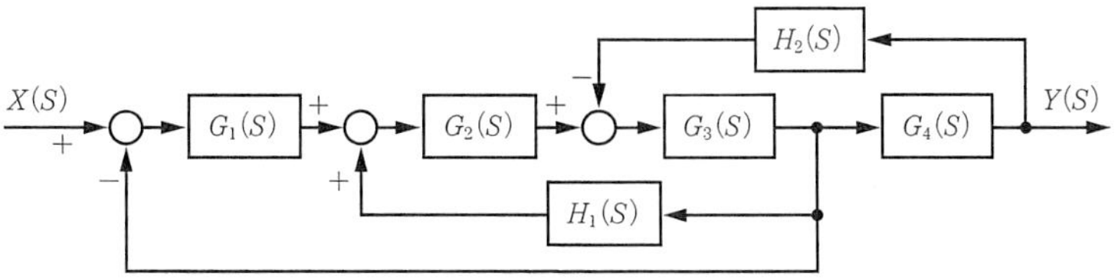

第6章
要素の特性評価の方法

システムは**要素**[1]の集まりであるから，これと等価な１つの要素に変換できる。したがって，**システム**[2]の**特性**は要素と同じ方法で評価できる。ここでは，説明を分りやすくするため，要素に絞って，その入力と出力との関係，すなわち応答特性（出力特性）を評価する方法としての入力の種類と，それらによる**特性評価の方法**について述べる。

6.1 要素の応答

鐘は棒で叩いてみて，その音色や余韻によって，よい鐘かどうかを評価している。

要素も同じように，**入力（原因）**を与えて，その**結果**として生ずる**出力**を調べて，特性の評価をしている。この**入力によって生ずる出力を応答**[3]という。応答は出力の別な呼び名である。

要素の特性は，その内部構造をよく調べることによって知ることができる。しかし，複雑な内部に触れないで，**図 6.1**のように，要素を１つの**ブラック・ボックス**[4]と考えて，その要素の**入力と出力との関係**，すなわち，**応答特性**[5]を調べるのが，制御システム解析の特徴である。

図 6.2において，船（要素）の針路が長い時間にわたって変化しない状態を**定常状態**[6]といい，その応答を**定常応答**[7]という。この定常状態から他の定常状態に移るまでの状態を**過渡状態**[8]といい，その応答を**過渡応答**[9]という。

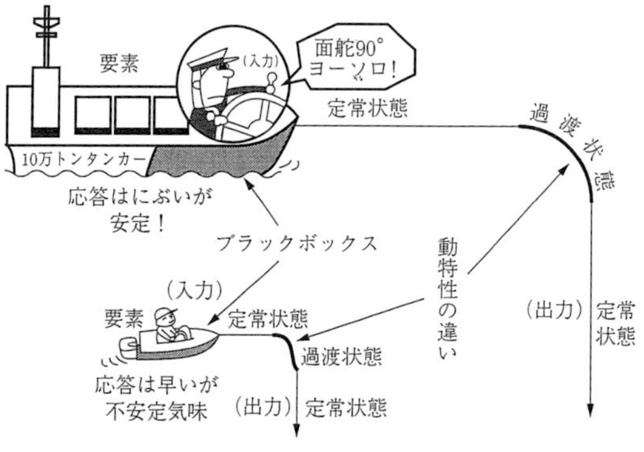

鐘の評価

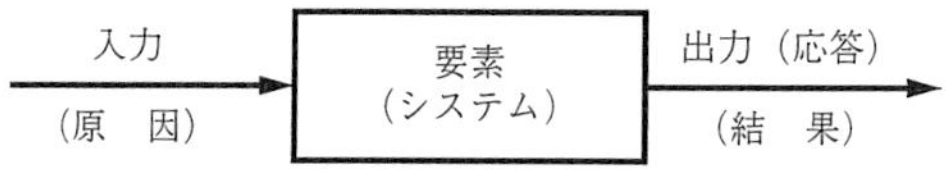

図 6.1 要素（システム）のブロック線図

図 6.2 舵の動き（入力）と航路（出力）

伝達関数 $G(S)$ の要素に入力 $X(S)$ を与えると，出力 $Y(S)$ は，$\boldsymbol{Y}(S) = \boldsymbol{X}(S)\boldsymbol{G}(S)$。

---

1) 要素（element）：部品または装置を一つの機能体とみた場合，その機能体を構成する単位（JIS-D-103）。
2) システム（system）：所定の目的を達成するために，要素または系を結合した全体（JIS-Z-8116-2000）。
3) response 4) black box 5) response characteristics
6) steady state 7) static response 8) transient state 9) transient response

第6章 要素の特性評価の方法

　したがって，入力が異なると，応答も異なる。そこで，入力としては，実験結果が解析しやすく，出力値が高精度で容易に求まるものが望ましい。

　過渡応答法の入力としては，**表6.1**に示すように，**インパルス入力，ステップ入力，ランプ入力**などがある。また，定常応答法の入力としては，**ステップ入力**（単位ステップ入力），**ランプ入力**（定速度入力），**定加速度入力，正弦波入力**などを用いている。これらの入力に対する応答を，JISでは**表6.2**のように定義をしている。次節で，これらの**入力を式で厳密に定義**し，それらに対応する図表示を正しく描いて説明しておく。

表6.1　要素 $G(S)$ の特性評価の方法

出力の状態		特 性 評 価 の 方 法			特 性 の 表 し 方		
		入　　　　　力			出　　　　　力		
		入力の呼び名	$x(t)$	$X(S)$	出力の呼び名	$Y(S)$	$y(t)$
過渡状態	過渡応答法	インパルス入力	$x(t)=\delta(t)$	1	インパルス応答	$G(S)$	$\mathcal{L}^{-1}[G(S)]$
		ステップ入力（階段状入力）	$x(t)=1$ $t>0$ $=0$ $t\leqq0$	$\dfrac{K}{S}$	ステップ応答	$\dfrac{K}{S}G(S)$	$K\mathcal{L}^{-1}\left[\dfrac{G(S)}{S}\right]$
		単位ステップ入力（インディシャル入力）	$x(t)=1$ $t>0$ $=0$ $t\leqq0$	$\dfrac{1}{S}$	単位ステップ応答（インディシャル応答）	$\dfrac{G(S)}{S}$	$\mathcal{L}^{-1}\left[\dfrac{G(S)}{S}\right]$
		ランプ入力（定速度入力）	$x(t)=t$	$\dfrac{1}{S^2}$	ランプ応答	$\dfrac{G(S)}{S^2}$	$\mathcal{L}^{-1}\left[\dfrac{G(S)}{S^2}\right]$
		入力の呼び名	$x(t)$	$X(S)$	偏差の呼び名	意　　味	
定常状態	定常応答法	単位ステップ入力（インディシャル入力）	$x(t)=1$ $t>0$ $=0$ $t\leqq0$	$\dfrac{1}{S}$	定常位置偏差（オフセット）	単位ステップ入力に対する定常偏差。	
		ランプ入力（定速度入力）	$x(t)=t$	$\dfrac{1}{S^2}$	定常速度偏差（ドループ）	ランプ入力（定速度入力）に対する定常偏差。	
		定加速度入力	$x(t)=t^2$	$\dfrac{2}{S^3}$	定常加速度偏差	定加速度入力に対する定常偏差。	
		正弦波入力	$\sin\omega t$	$X(j\omega)$	ベクトル軌跡（ナイキスト線図）周波数応答線図（ボード線図）		

表6.2　応答に関する用語の定義（JIS-Z-8116）

用　　語	定　　　　　義	対応英語（参考）
応　　答	要素・系の，入力の変化に対する出力の変化の様相。	response
過　渡　応　答	要素・系で，入力がある定常状態から別の定常状態に変化したとき，出力が変化後の定常状態に達するまでの応答。備考　インパルス応答，ステップ応答は過渡応答の代表例である。	transient rsponse
定　常　応　答	要素・系で，過渡応答が消えて定常状態に達したときの応答。備考　通常，安定な要素・系について考える。	steady–state response
周　波　数　応　答	線形で安定な要素・系で，正弦波入力に対するその出力の振幅比及び位相差が，入力の角周波数とともに変化する様相。	fequency response
インパルス応答	要素・系にインパルス入力が加わったときの応答。備考1．インパルス入力の大きさ（δ関数の面積）が1のときのインパルス応答を単位インパルス応答という。	impulse response
ステップ応答	要素・系にステップ入力が加わったときの応答。備考　単位ステップ（高さが1のステップ状変化の）入力に対する応答を単位ステップ応答という。	step response
インディシャル応答（単位ステップ応答）	ステップ応答の入力がとくに単位ステップ入力のときの応答	indicial response
ラ　ン　プ　応　答	要素・系にランプ入力が加わったときの応答。	ramp response

6.2 入力の種類とその定義

[1] 単位インパルス関数（デルタ関数）

図 6.3 において，$t \to 0$ で ∞ となり，その他の t に対して関数 $\delta(t)$ が，式(6.1)で定義されるとき，この $\delta(t)$ を**単位インパルス関数**[1]，または，**ディラックのデルタ関数**[2] と呼んでいる。

$$\begin{aligned} \delta(t) &= 0 & t \neq 0 \\ &= \infty & t \to 0 \end{aligned} \qquad \text{かつ,} \quad \int_{-\infty}^{\infty} \delta(t)\,dt = 1 \qquad (6.1)$$

単位インパルス関数 $\delta(t)$ のラプラス変換は，

$$\mathcal{L}[\delta(t)] = \int_0^{\infty} \delta(t)\,e^{-Pt}\,dt = e^{-P \cdot 0} = 1 \qquad (6.2)$$

（$t > 0$ のときのみ成立する。）

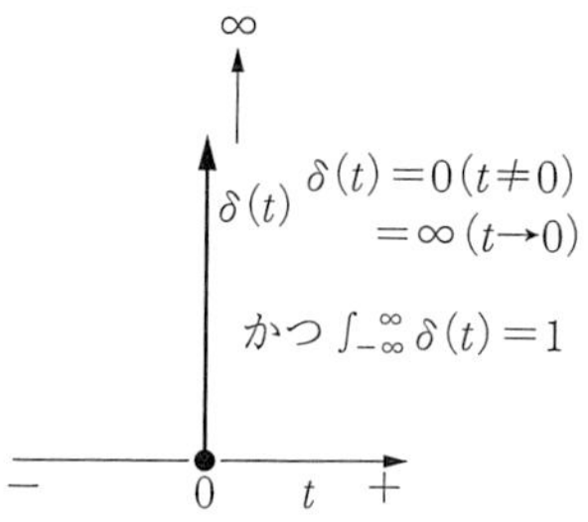

図 6.3　単位インパルス関数

[注]　本書では，特記の必要のない場合は，単位インパルス関数を**インパルス関数**と略記する。$\delta(t)$ は普通に定義している関数とは大分異なったもので，超関数と呼ばれている。厳密なことは超関数論の専門書を参照されたい。

例題 1　単位ステップ関数 $u(t)$ を微分すると，$t > 0$ の範囲でインパルス関数 $\delta(t)$ と等しくなることを示せ。ここで，$\displaystyle\int_{-\infty}^{\infty} \frac{du(t)}{dt} = 1$ とする。

[解]　図 6.4 において，$t \neq 0$ のとき，$\dfrac{du(t)}{dt} = 0$,

$t \to +0$ のとき，$\displaystyle\lim_{h \to +0}\left\{\frac{u(t+h)}{h} - \frac{u(t)}{h}\right\} = \infty$

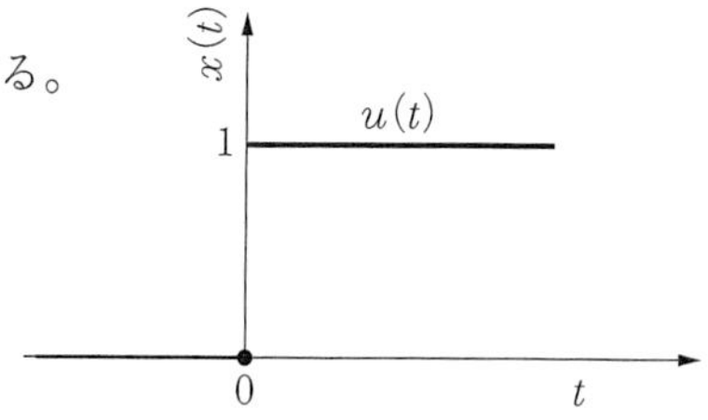

図 6.4　単位ステップ関数 ($t > 0$)

かつ，$\displaystyle\int_{-\infty}^{\infty} \frac{du(t)}{dt} = 1$ を満たすから，$t > 0$ の範囲でのみデルタ関数の条件を満す。

例題 2　図 6.5 に示すパルス関数 $\delta_a(t)$ が，$\displaystyle\lim_{a \to 0} \delta_a(t) = \delta(t)$ かつ，$\displaystyle\int_{-\infty}^{\infty} \delta(t)\,dt = 1$ のとき，$\delta(t)$ はインパルス関数となる。

[解]　図 6.5 より，$\delta_a(t) = \begin{cases} 0 & t < 0 \\ \dfrac{1}{a} & 0 < t < a \\ 0 & a < t \end{cases}$

また，$\delta(t) = \displaystyle\lim_{a \to 0} \delta_a(t) = \lim_{a \to 0} \frac{1}{a} = \infty$,

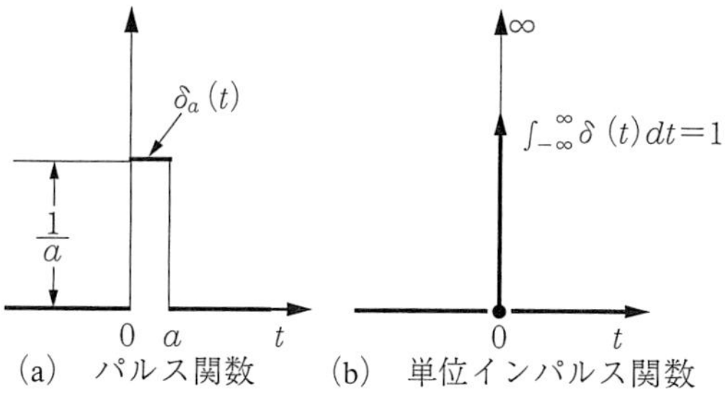

(a) パルス関数　　(b) 単位インパルス関数

図 6.5　パルス関数とインパルス関数

---

1) unit impulse function　　2) Dirac's delta function

第6章　要素の特性評価の方法

すなわち，$\delta(t)=\infty$　$(a\to 0)$，ここで，$\int_{-\infty}^{\infty}\delta(t)dt=1$，ゆえに，$\delta(t)$ はインパルス関数である。

［2］ 単位ステップ関数[1]

関数 $x(t)$ が次式で定義される関数 $u(t)$ を**単位ステップ関数**という（図6.6）。

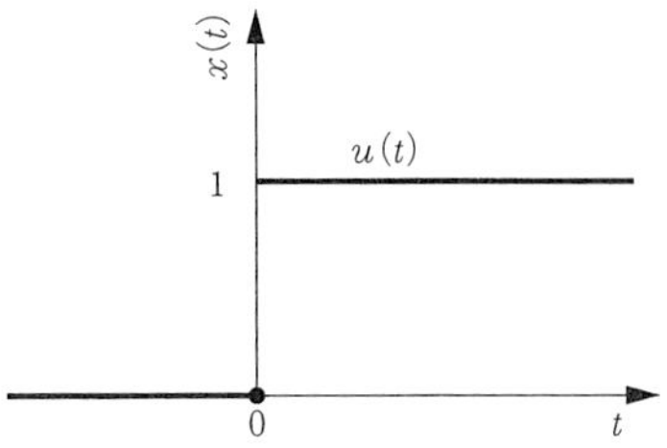

$$\left.\begin{array}{ll} \boldsymbol{x(t)}=0 & \boldsymbol{t<0} \\ =0 & \boldsymbol{t=0} \\ =1 & \boldsymbol{t>0} \end{array}\right\}\equiv\boldsymbol{u(t)} \qquad (6.3)$$

図6.6　単位ステップ関数

$$\mathcal{L}[u(t)]=\lim_{\varepsilon\to+0}\int_{\varepsilon}^{\infty}u(t)e^{-Pt}dt=\lim_{\varepsilon\to+0}\left[\frac{-1}{P}e^{-pt}u(t)\right]_{\varepsilon}^{\infty}=\frac{1}{P} \qquad (6.4)$$

ここで，$u(t)$ のすべての初期値は0であるから，$\boldsymbol{u(t)}\circ\!\!-\!\!-\!\!\bullet U(S)=\dfrac{1}{S}$ $\qquad (6.5)$

［注］ 図6.6に示す単位ステップ関数 $\boldsymbol{u(t)}$ は，$\boldsymbol{t=0}$ のとき，**0であることを●印で示す。**

ここで，次の条件，$\left.\begin{array}{ll} x(t)=1 & t\geqq 0 \\ =0 & t<0, \end{array}\right\}\cdots\text{ⓐ}$　$\left.\begin{array}{ll} x(t)=1 & t>0 \\ =0 & t<0 \end{array}\right\}\cdots\text{ⓑ}$

ⓐ，ⓑを満す関数 $x(t)$ は，$t=0$ のとき，$x(t)\neq 0$ であるから，ラプラス変換は可能でも，S 変換は不可能である。**単位ステップ関数 $\boldsymbol{u(t)}$ は式(6.3)を満たす関数 $\boldsymbol{x(t)}$ であり，その図形表示は図6.6であること**に注意。

ステップ関数[2]$x(t)$ は次式で定義される（**図6.7**）。

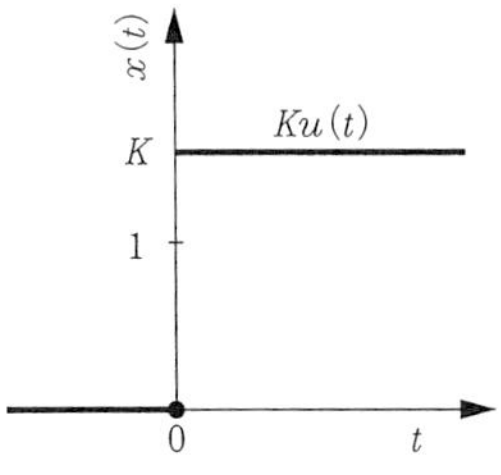

$$\left.\begin{array}{ll} \boldsymbol{x(t)}=0 & \boldsymbol{t<0} \\ =0 & \boldsymbol{t=0} \\ =\boldsymbol{K} & \boldsymbol{t>0} \end{array}\right\}\equiv\boldsymbol{Ku(t)} \quad (\boldsymbol{K}：定数) \qquad (6.6)$$

したがって，$\boldsymbol{Ku(t)}\circ\!\!-\!\!-\!\!\bullet KU(S)=\dfrac{K}{S}$ $\qquad (6.7)$

図6.7　ステップ関数

ここで，単位ステップ関数はステップ関数の $K=1$ の場合なので，特記の必要のない場合は，「ステップ関数」と呼ぶことにする。

補　註

デルタ関数 $\delta(t)$ のラプラス変換をするときに限り，その定義を修正する必要があるが[3]。$\delta(t)$ は $t=0$ のとき重要な働きをするので，例外的に，$\mathcal{L}[\delta(t)]=\mathcal{L}_{-1}[\delta(t)]=\int_{-0}^{\infty}\delta(t)e^{-Pt}dt$ $=\lim_{a\to 0}\int_{0}^{\infty}\delta(t)e^{-Pt}dt$ とする。ここで $\mathcal{L}_{-}$ は積分の下限が -0 であることを示している。$\delta(t)$ はステップ関数 $u(t)$ の導関数であるから，$\delta(t)=u'(t)$，ゆえに，$\mathcal{L}[\delta(t)]=\mathcal{L}_{-1}[u'(t)]=\int_{-0}^{\infty}u'(t)e^{-Pt}dt=[u(t)e^{-Pt}]_{-0}^{\infty}$ $+P\int_{-0}^{\infty}u(t)e^{-Pt}d(t)=0+P\int_{+0}^{\infty}u(t)e^{-Pt}d(t)=P\mathcal{L}[u(t)]=P\cdot\dfrac{1}{P}=1$　ゆえに，$\mathcal{L}_{-}[\delta(t)]=1$

---

1) unit step function　　2) step function　　3) 島村敏著　基礎ラプラス変換　コロナ社

58

例題 3　**表6.3**は，単位ステップ関数を式で定義したものに対する図形表示である。定義および図形表示の㊣か，㊞かを指摘せよ。

表6.3　単位ステップ関数の定義とその図形表示

No	定　　義	図　形　表　示	解答（㊣か㊞の指摘）
1	関数$x(t)$ が， $x(t)=0 \quad t\leqq 0$ $=1 \quad t>0$ で定義される関数をいう。	図1 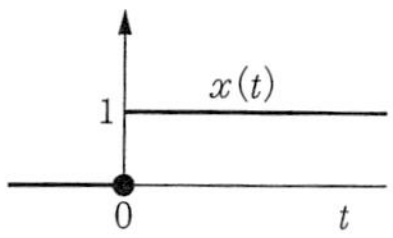	㊣　定義・図ともに正しい。 S 変換可能な関数。
2	同　上	図2 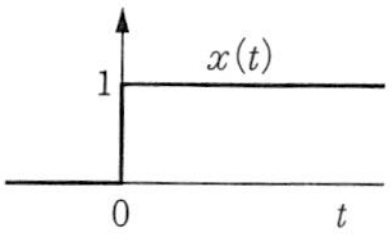	㊞　図は$t=0$のとき， $x(t)=0\sim1$，の範囲で不定。 図表示は誤り。
3	関数$x(t-t_0)$ が， $x(t-t_0)=0 \quad t\leqq t_0$ $=1 \quad t>t_0$ で定義される関数をいう。	図3 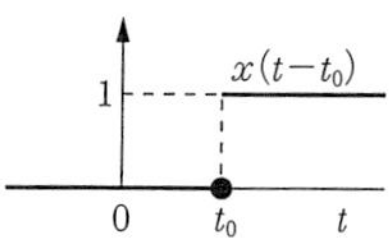	㊞ 式に対する図表示は正しい。 $t_0<0$の場合，S 変換不可能でこの式による定義は誤。 ($t_0=0$の場合が，No. 1の定義) 備考：JIS-Z-8116の定義に対する数式表示は，この式である。JISの定義はあいまいで不適切。
4	関数$x(t)$ が， $x(t)=0 \quad t<0$ $=1 \quad t\geqq 0$ で定義される関数をいう。	図4 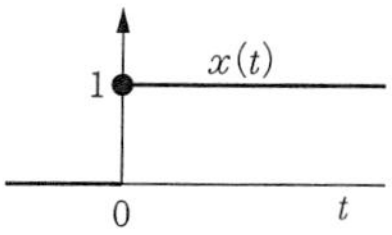	㊞ 式に対する図表示は正しい。 式：$t=0$のとき$x(t)=1$は S 変換不可能。定義が誤。
5	関数$x(t)$ が， $x(t)=0 \quad t<0$ $=1 \quad t>0$ で定義される関数をいう①。	図5 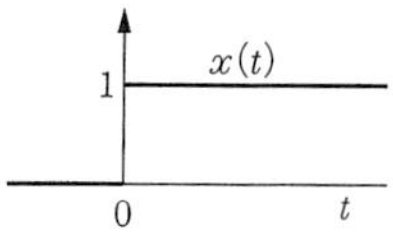	㊞ 式に対する図表示は正しい。 この関数$x(t)$ はS 変換不可能。 (これはHeaviside's Unit Functionの定義)
6	同　上	図6 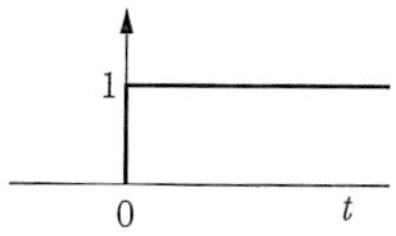	㊞ 式に対する図表示は誤り。 $t<0$のとき，$x(t)$ の表示（太線）がない。 $t=0$のとき，図は$x(0)$ が不定。

① M. R. Spiegel : "Laplace Transforms" Mc Graw-Hill Inc. 1965 年

例題 4　単位インパルス関数（デルタ関数）$\delta(t)$ を1回積分すると，単位ステップ関数 $u(t)$ ($t>0$のとき)，すなわち $\int_{-\infty}^{\infty}\delta(t)dt=u(t) \quad (t>0)$ となることを示せ。

[解]　**例題1** より，$\delta(t)=\dfrac{du(t)}{dt}$ ($t>0$)，両辺を積分すれば，$\int_{-\infty}^{\infty}\delta(t)dt=u(t)+u(0)$，ここで，$u(0)=0$，ゆえに，$\int_{-\infty}^{\infty}\delta(t)dt=u(t) \quad (t>0)$。

[注]　$\delta(t)$ を1回積分して，単位ステップ関数$u(t)$ になるのは，$t>0$のときのみである。このように，デルタ関数の特性は微妙，かつ繊細であるので，その取扱いには細心の注意が必要である。

第6章　要素の特性評価の方法

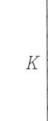

[3]　ランプ関数[1]（定速度関数，傾斜関数）

図6.8において，関数 $x(t)$（$t \geqq 0$）が次式で定義される関数をランプ関数という。

$$x(t) = Kt \qquad (K：定数, \ t \geqq 0) \qquad (6.8)$$

$$\mathcal{L}[Kt] = \int_0^\infty Kt \ e^{-Pt} dt = K\left[t \cdot \frac{e^{-Pt}}{-P}\right]_0^\infty - K\int_0^\infty \frac{e^{-Pt}}{-P} dt$$

$$= \frac{K}{P}\int_0^\infty e^{-pt} = \frac{K}{P}\left[\frac{e^{-pt}}{-P}\right]_0^\infty = \frac{k}{P^2} \qquad (6.9)$$

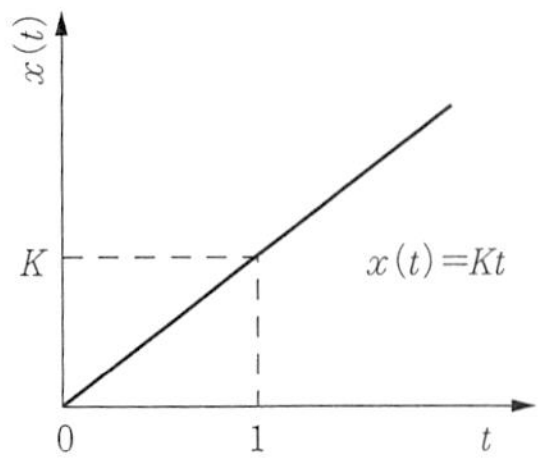

図6.8　ランプ関数

関数 Kt の初期値はすべて0であるから，

$$Kt \ \circ\!\!-\!\!\bullet \ \frac{K}{S^2} \qquad (6.10)$$

すなわち，**ランプ関数 Kt の S 関数 $x(S) = \dfrac{K}{S^2}$** である。

また，式(6.7)，(6.10)より，**ランプ関数 $\dfrac{K}{S^2}$ は，ステップ関数 $\dfrac{K}{S}$ を積分した関数である。**

[4]　定加速度関数[2]

図6.9において，関数 $x(t)$（$t \geqq 0$）が次式で定義される関数を**定加速度関数**という。

$$x(t) = Kt^2 \qquad (K：定数) \qquad (6.11)$$

関数 $x(t) = t^2$ の初期値はすべて0であるから，$x(t)$ の S 関数を $X(S)$ とすれば，

$$X(S) = \int_0^\infty t^2 e^{-St} dt = \left[t^2 \cdot \frac{e^{-St}}{-S}\right]_0^\infty - 2\int_0^\infty t \cdot \frac{e^{-St}}{-S} dt$$

$$= \frac{2}{S}\int_0^\infty te^{-St} dt = \frac{2}{S^3} \qquad (6.12)$$

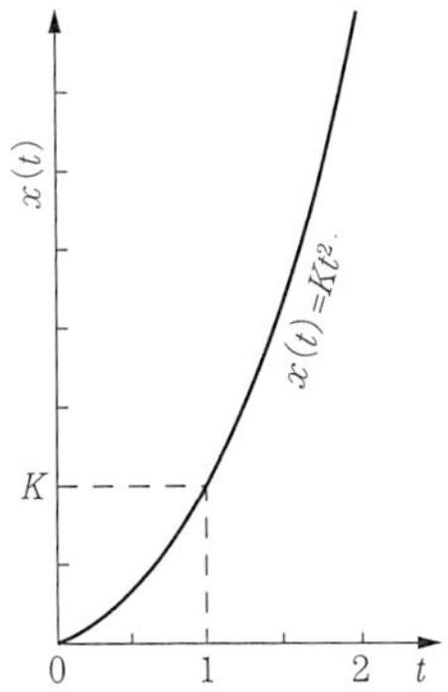

図6.9　定加速度関数（$K=1$）

ゆえに，$t^2 \ \circ\!\!-\!\!\bullet \ \dfrac{2}{S^3} \qquad (6.13)$

すなわち，**定加速度関数 $x(t) = t^2$ の S 関数 $X(S) = \dfrac{2}{S^3}$** である。

---

1) ramp function　　2) constant accerate function

6.3 応答特性の評価

図 6.10 において，要素（直流電動機）に単位ステップ入力（電圧）を与えると，出力（回転速度）$y(t)$ は，徐々に立上がり，やがて一定速度に落ちつく。

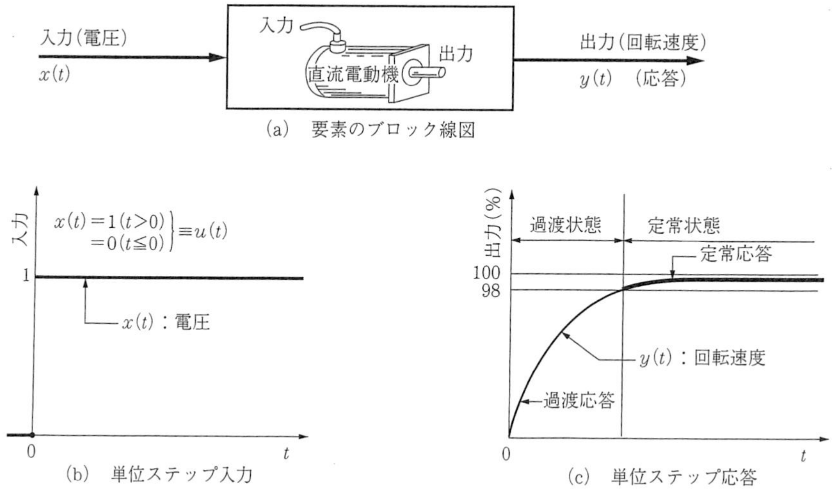

(a) 要素のブロック線図

(b) 単位ステップ入力

(c) 単位ステップ応答

図 6.10 要素の単位ステップ応答

この出力 $y(t)$ が一定な値（たとえば目標値の 98%）に達するまでの変動状態が過渡状態で，このときの出力を**過渡応答**[1]という。また出力 $y(t)$ が一定な値（たとえば目標値の ±2% 以内）になったときの状態を定常状態，そのときの出力を**定常応答**[2]という。

過渡応答法は，その要素がどのように応答するかという**動的特性を評価**する有力な手法である。この応答を評価するための入力としては，表 6.1 に示すようにいろいろある。ここでは，単純な単位ステップ入力 $x(t)$ を要素に与えたときの応答，すなわち，過渡応答を考えてみる。

$$\text{入力 } u(t) \text{ の } S \text{ 関数 } U(S) = \frac{1}{S} \qquad (6.14)$$

$$\text{要素 } G(S) \text{ の出力 } Y(S) = \frac{1}{S} G(S) \qquad (6.15)$$

$$\text{ゆえに，} y(t) = \mathcal{L}^{-1}\left\{\frac{1}{S} G(S)\right\} \qquad (6.16)$$

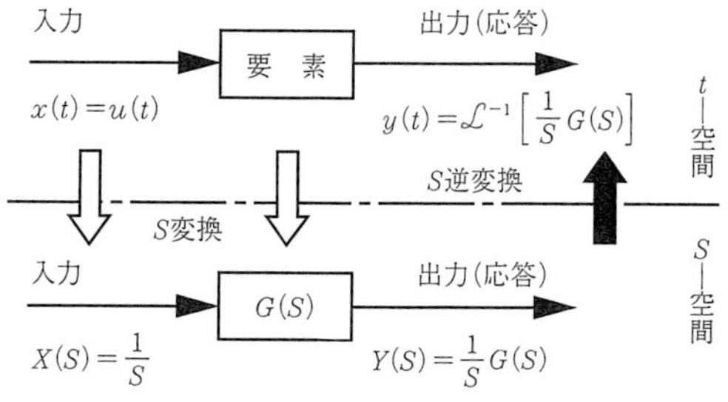

これらの関係を図 6.11 に示す。

図 6.11 要素 $G(s)$ の単位ステップ応答

式 (6.15) より，要素に同じ単位ステップ入力 $u(t)$ を与えても，要素が異なると，その応答（出力）$y(t)$ は異なる。そこで，基本的な要素について，ステップ入力，インパルス入力，ランプ入力を与えたときの応答を次章で述べる。

---

1) transient response　　2) steady–state response

第6章　要素の特性評価の方法

第6章　問　題

1. 次の（1）～（4）の記述で，正しいものに○印，誤りのものに×印で示せ。

（1）　伝達関数が $\dfrac{1}{S}$ である要素のステップ応答は，伝達関数が $\dfrac{1}{S^2}$ の要素のインパルス応答に等しい。

（2）　伝達関数が $\dfrac{1}{S^2}$ である要素のステップ応答は，伝達関数が $\dfrac{1}{S}$ の要素のインパルス応答に等しい。

（3）　伝達関数が 1 である要素のステップ応答は，伝達関数が $\dfrac{1}{S}$ の要素のインパルス応答に等しい。

（4）　伝達関数が S である要素のステップ応答は，伝達関数が $\dfrac{1}{S}$ の要素のインパルス応答に等しい。

2. 次の（1）～（4）の記述の正しいことを，S—空間のブロック線図で証明せよ。

（1）　伝達関数が 1 である要素のランプ応答は，伝達関数が $\dfrac{1}{S}$ の要素ステップ応答に等しい。

（2）　伝達関数が $\dfrac{1}{S}$ である要素のランプ応答は，伝達関数が $\dfrac{1}{S^2}$ の要素のステップ応答に等しい。

（3）　伝達関数が S である要素のランプ応答は，伝達関数が 1 の要素のステップ応答に等しい。

（4）　伝達関数が S^2 である要素のランプ応答は，伝達関数が S の要素のステップ応答に等しい。

第**7**章

基本要素の過渡応答

　ここでは，要素の特性を評価する方法として過渡応答法（ステップ応答，インパルス応答，ランプ応答）を用い，基本的な6つの要素について，それらのt関数表示とS関数表示とを併記して，両者の関係の理解につとめている。

7.1　主な要素の単位ステップ応答（インディシャル応答）

[1]　比例要素（図7.1）

　比例要素の伝達関数 $G(S)=K_P$ に，単位ステップ入力 $X(S)=\dfrac{1}{S}$ を与えると，

$$\text{出力}\quad Y(S)=\frac{K_P}{S} \tag{7.1}$$

t—空間に変換（S逆変換）すると，

$$y(t)=K_P \tag{7.2}$$

したがって

> 比例要素 K_P の単位ステップ応答は，　$y(t)=K_P$

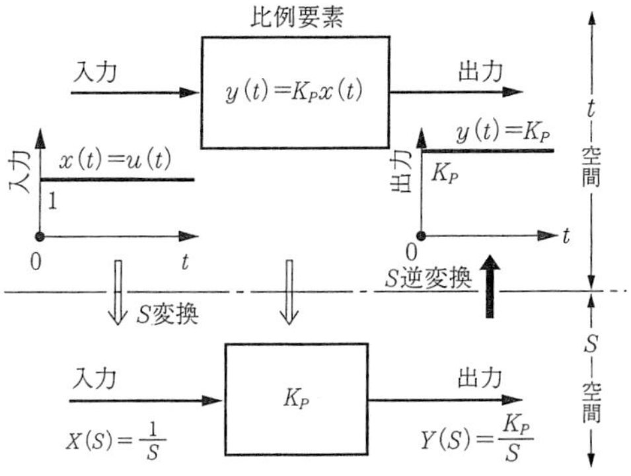

図7.1　比例要素の単位ステップ応答

[2]　積分要素（図7.2）

　積分要素の伝達関数　$G(S)=\dfrac{K_I}{S}$ に，単位ステップ入力　$X(S)=\dfrac{1}{S}$ を与えると，

$$\text{出力}\quad Y(S)=\frac{K_I}{S^2} \tag{7.3}$$

t—空間に変換すると，

$$y(t)=K_I t \tag{7.4}$$

したがって，

> 積分要素 $\dfrac{K_I}{S}$ の単位ステップ応答は，　$y(t)=K_I t$

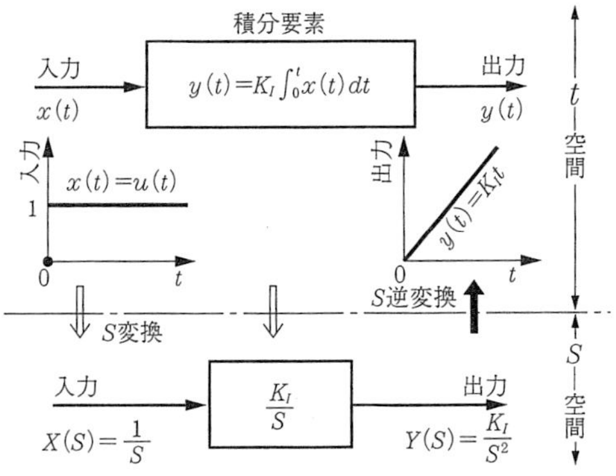

図7.2　積分要素の単位ステップ応答

第7章　基本要素の過渡応答

[３]　微分要素（図7.3）

微分要素の伝達関数 $G(S) = K_D S$ に，単位ステップ入力 $X(S) = \dfrac{1}{S}$ を与えると，

$$出力　Y(S) = K_D \qquad (7.5)$$

t—空間に変換すると（付録Ⅲ），

$$y(t) = K_D \delta(t) \qquad (7.6)$$

ここで，

$$\delta(t) = \infty \quad (t=0)$$
$$= 0 \quad (t \neq 0),\ \ かつ，\ \int_{-\infty}^{\infty} \delta(t)dt = 1$$

したがって，

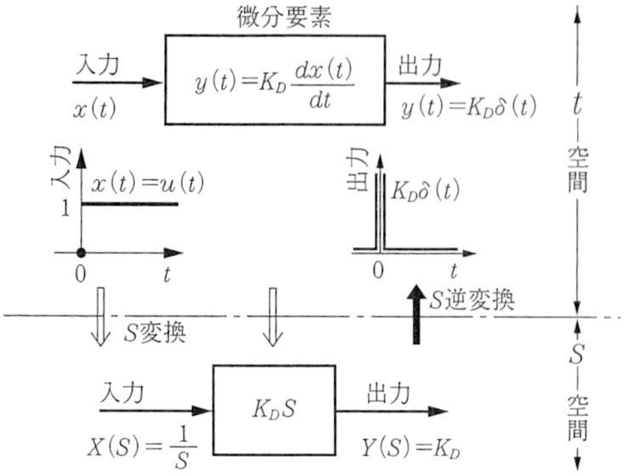

微分要素 $K_D S$ の単位ステップ応答は，$y(t) = K_D \delta(t)$

---

[４]　むだ時間要素（図7.4）

むだ時間要素の伝達関数 $G(S) = e^{-LS}$ に，単位ステップ入力 $X(S) = \dfrac{1}{S}$ を与えると，

$$出力　y(S) = \frac{1}{S} e^{-LS} \qquad (7.7)$$

t—空間に変換すると（付録Ⅲ），

$$y(t) = x(t-L) \qquad (7.8)$$

ここで，　L：むだ時間

ゆえに，

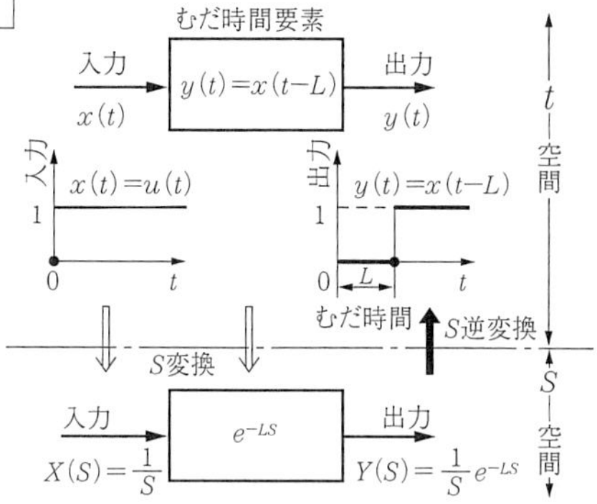

むだ時間要素 e^{-LS} の単位ステップ応答は，$y(t) = x(t-L)$

---

[５]　１次遅れ要素（図7.5）

１次遅れ要素の伝達関数 $G(S) = \dfrac{K}{TS+1}$ に，単位ステップ入力 $X(S) = \dfrac{1}{S}$ を与えると，

$$出力　Y(S) = \frac{1}{S} \cdot \frac{K}{TS+1} \qquad (7.9)$$

t—空間に変換すると，

$$y(t) = K\left(1 - e^{-\frac{t}{T}}\right) \qquad (7.10)$$

ここで，　K：比例ゲイン　　T：時定数

したがって，

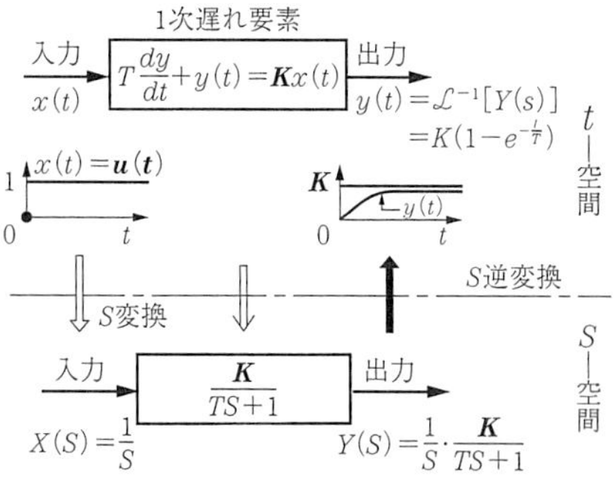

１次遅れ要素 $\dfrac{K}{TS+1}$ の単位ステップ応答は，$y(t) = K\left(1 - e^{-\frac{t}{T}}\right)$

図7.3　微分要素の単位ステップ応答

図7.4　むだ時間要素の単位ステップ応答

図7.5　１次遅れ要素の単位ステップ応答

時定数[1]の説明

1次遅れ要素の単位ステップ応答を示す式,

$$y(t)=1-e^{-\frac{t}{T}}$$

（比例ゲイン：1）

$$(7.11)$$

において，時間 t を横軸，出力 $y(t)$ を縦軸にとって描いた曲線を図7.6に示す。

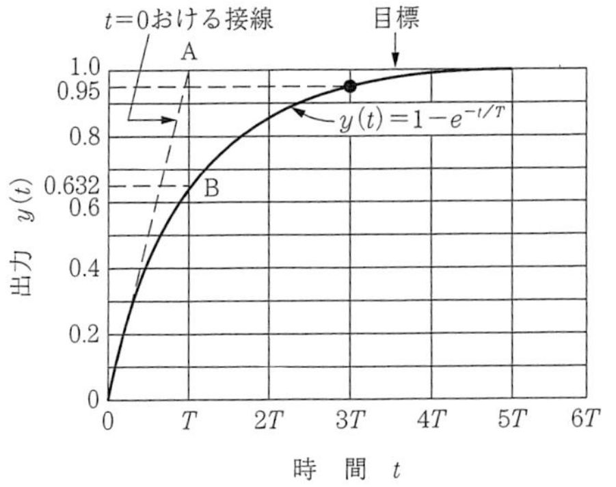

ここで，$t=T$ における $y(t)$ の値は，**表7.1** より，0.632，また**図7.6** より，**T は $y(t)$ が目標値の63.2%に達するまでの時間**となる。

この **T を1次遅れ要素[2]の時定数**という。

図7.6において，曲線 $y(t)$ の原点0における接線の式は，

$$y(t)=\frac{1}{T}t \qquad\qquad (7.12)$$

この接線と，$y(t)=1$ との交点をAとすれば，Aの横座標の値が **T（時定数）**となる。

図7.7 において，**$T\rightarrow T_1$（$T<T_1$）**ならば，$y(t)=1-e^{-\frac{t}{T_1}}$ の曲線の立上りは緩やかで，**応答は遅くなる。**

また，**$T\rightarrow T_2$（$T>T_2$）**ならば，$y_2(t)=1-e^{-\frac{t}{T_2}}$ の曲線の立上りは急となり，**応答は早くなる。**

このように，T の大小が応答の速さを示す目安となる。この **T を1次遅れ要素の時定数**と定義している。

言いかえれば，**1次遅れ要素の単位ステップ応答が，目標値の63.2%に達するまでの時間を時定数**という。

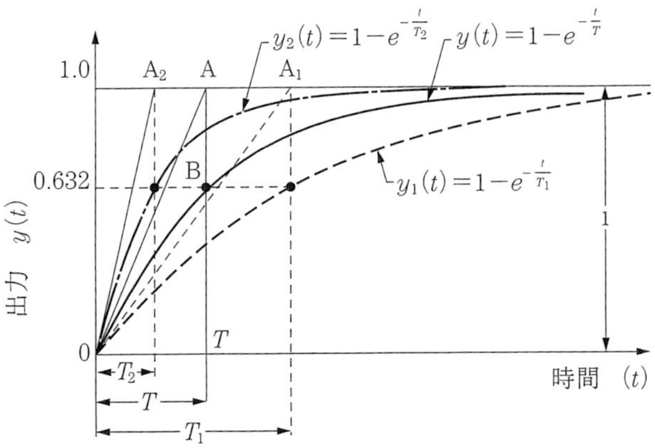

図7.6　1次遅れ要素 $\dfrac{1}{TS+1}$ の単位ステップ応答線図

表7.1　$y(t)=1-e^{-\frac{t}{T}}$ の計算値

$\dfrac{t}{T}$	$1-e^{-\frac{t}{T}}$
0	0
0.1	0.095
1.0	0.632
3.0	0.950
4.0	0.982

図7.7　単位ステップ応答と時定数との関係

---

1) time constant　　2) 1 st order lag element

第7章　基本要素の過渡応答

［6］　2次遅れ要素（図7.8）

2次遅れ要素の伝達関数 $G(S)$ は，

$$G(S) = \frac{\omega_n^2}{S^2 + 2\zeta\omega_n S + \omega_n^2} \quad (7.13)$$

$$\omega_n = \sqrt{\frac{K_S}{M}} \quad \text{（固有角周波数）}$$

$$\zeta = \frac{1}{2}\frac{\mu}{\sqrt{MK_S}}$$

$$（\zeta \leqq 1：減衰係数）$$

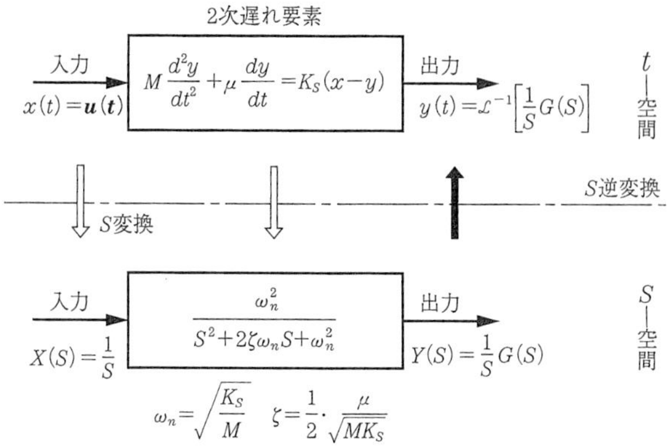

$G(S)$ に単位ステップ入力　$X(S) = \dfrac{1}{S}$

を与えると，

$$出力 \quad Y(S) = \frac{\omega_n^2}{S(S^2 + 2\zeta\omega_n S + \omega_n^2)} \quad (7.14)$$

t—空間に変換すると（付録Ⅲ．No.44），

$$y(t) = 1 - \frac{e^{-\zeta\omega_n t}}{\sqrt{1-\zeta^2}}\sin\left(\omega_n t\sqrt{1-\zeta^2}\ \tan^{-1}\frac{\sqrt{1-\zeta^2}}{\zeta}\right) \quad (7.15)$$

式(7.15)の ζ の値をパラメータとして図示すれば，
図7.9となる。

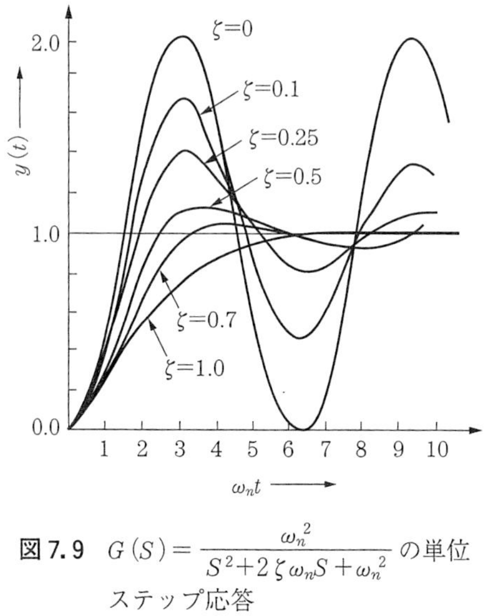

（1）　$0 < \zeta < 1$ のとき

式(7.15)より，$y(t)=1$ の上下に振動しながら，振幅が指数関数的に減衰し，1に収束する。

（2）　$\zeta = 0$ のとき

式(7.15)において，$\zeta = 0$ とおくと，

$$y(t) = 1 - \sin(\omega_n t + 90°) \quad (7.16)$$

したがって，

$y(t)=1$ を中心とした振幅1の正弦波振動となる。

図7.8　2次遅れ要素の単位ステップ応答

図7.9　$G(S) = \dfrac{\omega_n^2}{S^2 + 2\zeta\omega_n S + \omega_n^2}$ の単位ステップ応答

まとめ

主な要素の単位ステップ応答（インディシャル応答）の t 関数表示と S 関数表示とをまとめて
表7.2に示す。

7.1 主な要素の単位ステップ応答（インディシャル応答）

表7.2　主な要素の単位ステップ応答（インディシャル応答）

要素	t 関数表示			S 関数表示		
	単位ステップ入力	入・出力の関係式	単位ステップ応答 $y(t)$	入力	要素 $G(S)$	応答 $Y(S)$
比例要素		$y(t) = K_P x(t)$			K_P：比例ゲイン	$\dfrac{K_P}{S}$
積分要素		$y(t) = K_I \displaystyle\int_0^t x(t)\,dt$		$\dfrac{1}{S}$	$\dfrac{1}{K_I}$：積分時間	$\dfrac{K_I}{S^2}$
微分要素	$x(t)=0 \ (t\leq 0)$ $=1 \ (t>0)$	$y(t) = K_D \dfrac{dx(t)}{dt}$	$\delta(t)=\infty\,(t=0)$ $=0\,(t\neq 0)$ $\int_{-\infty}^{\infty}\delta(t)dt=1$		$\dfrac{1}{K_D}$：微分時間	K_D
むだ時間要素		$y(t) = Kx(t-L)$	$Kx(t-L)$	$\dfrac{1}{S}$	L：むだ時間 K：比例ゲイン	$\dfrac{K}{S}e^{-LS}$
1次遅れ要素		$T\dfrac{dy(t)}{dt}+y(t)=Kx(t)$	$K(1-e^{-t/T})$ $0.982K$ $0.632K$	$\dfrac{1}{S}$	K 比例ゲイン T：時定数	$\dfrac{K}{S(TS+1)}$
2次遅れ要素		$M\dfrac{d^2y}{dt^2}+\mu\dfrac{dy}{dt}=K_S(x-y)$ $\sqrt{\dfrac{K_S}{M}}=\omega_n$：固有角周波数 $\dfrac{1}{2}\dfrac{\mu}{\sqrt{MK_S}}=\zeta$：減衰係数	① $\mathcal{L}^{-1}\!\left[\dfrac{\omega_n^2}{S(S^2+2\zeta\omega_n S+\omega_n^2)}\right]$ ① $0<\zeta<1$ ② $\zeta=1.0$ ③ $\zeta>1$	$\dfrac{1}{S}$	ω_n：固有角周波数 ζ：減衰係数	$\dfrac{\omega_n^2}{S(S^2+2\zeta\omega_n S+\omega_n^2)}$

第7章　基本要素の過渡応答

7.2　主な要素のインパルス応答

[1]　比例要素のインパルス応答（図7.10）

比例要素の伝達係数 $G(S)=K_P$ に，インパルス入力 $X(S)=1$ を与えると，

　　　出力　$Y(S)=1 \cdot K_P$　　　　　(7.17)

t—空間に変換（S 逆変換）すると，

　　　$y(t)=\mathcal{L}^{-1}[1 \cdot K_P]=K_P \delta(t)$　　(7.18)

したがって

> 比例要素 K_P のインパルス応答は，$y(t)=K_P \delta(t)$

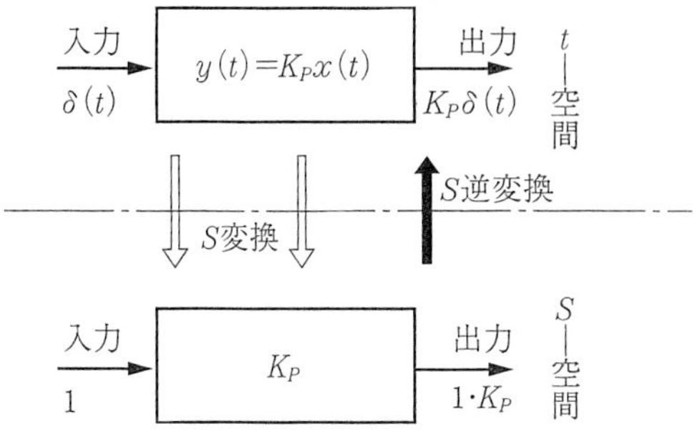

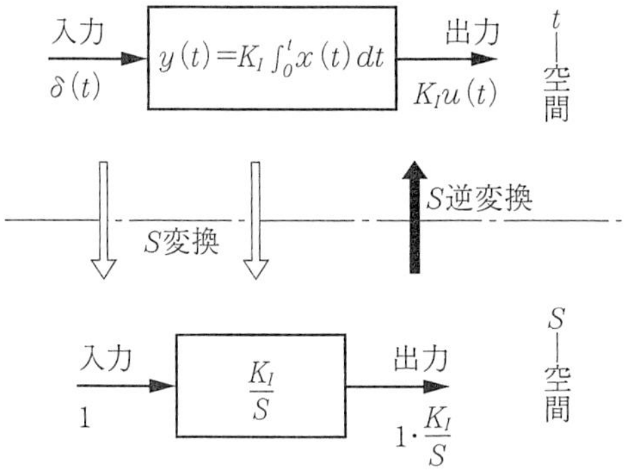

図7.10　比例要素のインパルス応答

[2]　積分要素のインパルス応答（図7.11）

積分要素の伝達関数 $G(S)=\dfrac{K_I}{S}$ に，インパルス入力 $X(S)=1$ を与えると，

　　　出力　$Y(S)=1 \cdot \dfrac{K_I}{S}$　　　　(7.19)

t—空間に逆変換すると，

　　　$y(t)=\mathcal{L}^{-1}\left[1 \cdot \dfrac{K_I}{S}\right]=K_I u(t)$　(7.20)

したがって，

> 積分要素 $\dfrac{K_I}{S}$ のインパルス応答は，$y(t)=K_I u(t)$

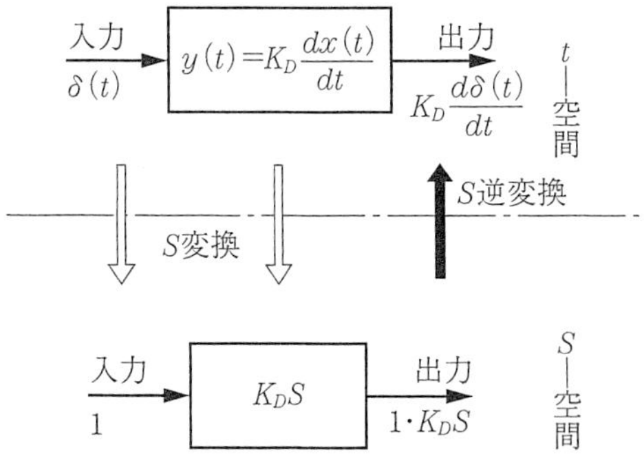

図7.11　積分要素のインパルス応答

[3]　微分要素のインパルス応答（図7.12）

微分要素の伝達関数 $G(S)=K_D S$ に，インパルス入力 $X(S)=1$ を与えると，

　　　出力　$Y(S)=1 \cdot K_D S$　　　　(7.21)

t—空間に逆変換すると，

　　　$y(t)=\mathcal{L}^{-1}[1 \cdot K_D S]=K_D \dfrac{d\delta(t)}{dt}$　(7.22)

したがって，

> 微分要素 $K_D S$ のインパルス応答は，$y(t)=K_D \dfrac{d\delta(t)}{dt}$

図7.12　微分要素のインパルス応答

7.2 主な要素のインパルス応答

[4] むだ時間要素のインパルス応答（図7.13）

むだ時間要素の伝達関数 $G(S) = e^{-LS}$ に，インパルス入力 $X(S) = 1$ を与えると，

$$\text{出力}\quad Y(S) = 1 \cdot e^{-LS} \tag{7.23}$$

t—空間に逆変換すると，

$$y(t) = \mathcal{L}^{-1}[1 \cdot e^{-LS}] = \delta(t-L) \tag{7.24}$$

ここで，L：むだ時間，

したがって，

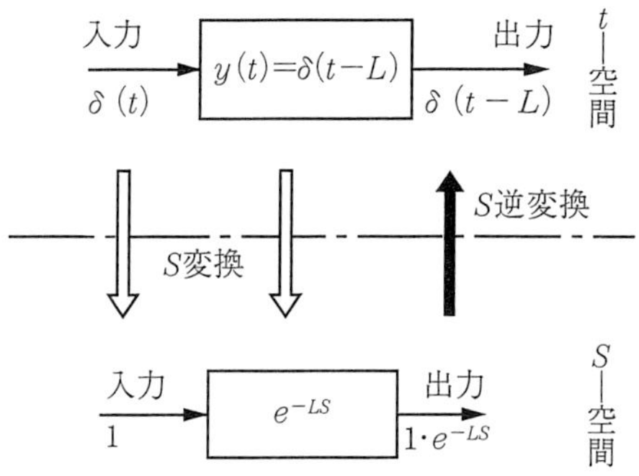

図7.13 むだ時間要素のインパルス応答

むだ時間要素 e^{-LS} のインパルス応答は $y(t) = \delta(t-L)$

---

[5] 1次遅れ要素のインパルス応答（図7.14）

1次遅れ要素の伝達関数 $G(S) = \dfrac{K}{TS+1}$ に，インパルス入力 $X(S) = 1$ を与えると，

$$\text{出力}\quad Y(S) = \dfrac{K}{TS+1} \tag{7.25}$$

t—空間に逆変換すると，

$$y(t) = \dfrac{K}{T} e^{-\frac{t}{T}} \tag{7.26}$$

ここで，K：比例ゲイン，　T：時定数

したがって，

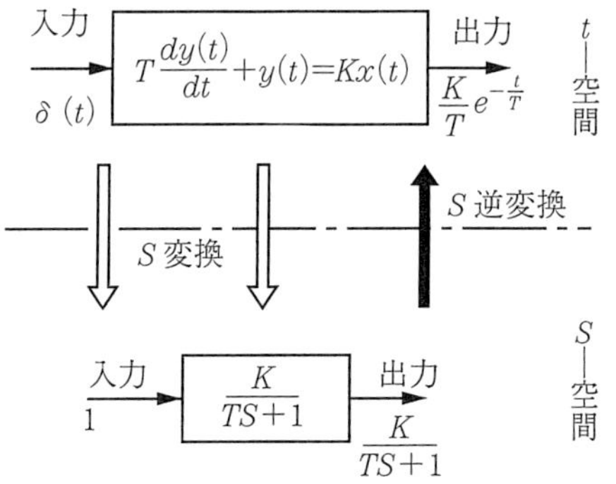

図7.14 1次遅れ要素のインパルス応答

1次遅れ要素 $\dfrac{K}{TS+1}$ のインパルス応答は，$y(t) = \dfrac{K}{T} e^{-\frac{t}{T}}$

これを t—空間で図示すれば，図7.15のようになる。

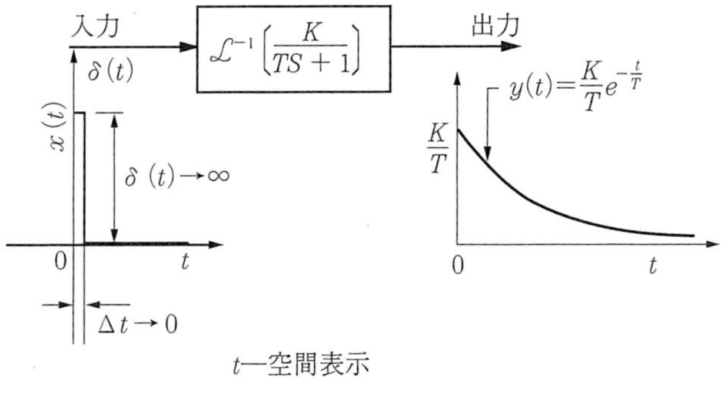

t—空間表示

図7.15 要素 $\dfrac{K}{TS+1}$ のインパルス応答

第 7 章　基本要素の過渡応答

［6］　2次遅れ要素のインパルス応答（図7.16）

2次遅れ要素の伝達関数 $G(S)$ は，

$$G(S) = \frac{\omega_n^2}{S^2 + 2\zeta\omega_n S + \omega_n^2} \qquad (7.27)$$

$$\omega_n = \sqrt{\frac{K_S}{M}} : \text{固有角周波数 [rad/s]}$$

$$\zeta = \frac{1}{2}\frac{\mu}{\sqrt{MK_S}} : \text{減衰係数}$$

$G(S)$ にインパルス入力 $X(S)=1$ を与えると，

$$\text{出力}\quad Y(S) = \frac{\omega_n^2}{S^2 + 2\zeta\omega_n S + \omega_n^2} \qquad (7.28)$$

t ―空間に逆変換すると（付録Ⅲ　No.33），

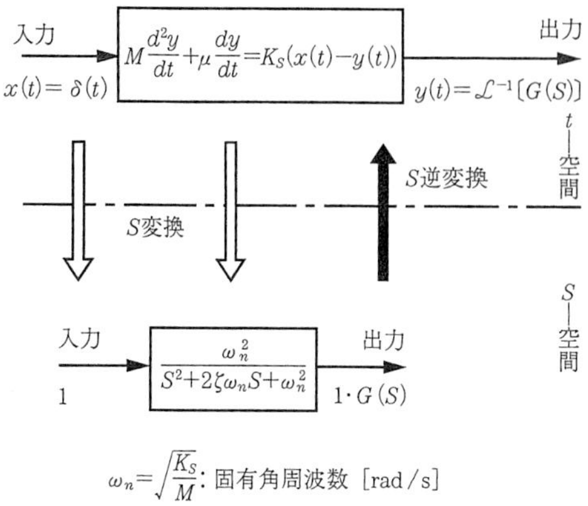

$$y(t) = \mathcal{L}^{-1}\left[\frac{\omega_n^2}{S^2 + 2\zeta\omega_n S + \omega_n^2}\right] \qquad (7.29)$$

図7.16　2次遅れ要素のインパルス応答

この計算をするため，$G(S)$ を次のようにかきかえる。

$$G(S) = \frac{\omega_n^2}{S^2 + 2\zeta\omega_n S + \omega_n^2} = \frac{\omega_n^2}{(S+\zeta\omega_n)^2 + (1-\zeta^2)\omega_n^2} = \frac{\omega_n^2}{(S+\zeta\omega_n)^2 + (\sqrt{1-\zeta^2}\cdot\omega_n)^2} \qquad (7.30)$$

ここで，$\zeta<1$，$\zeta=0$，$\zeta=1$，$\zeta>1$ の4つの場合に分けて考える。

（1）　$\zeta=0$ のとき

式(7.30)は，$G(S) = \omega_n \cdot \dfrac{\omega_n}{S^2 + \omega_n^2}$ 　　　　(7.31)

これを S 逆変換すれば（付録Ⅲ　No.19），$y(t) = \omega_n \sin\omega_n t$ 　　　　(7.32)

これは，振幅一定の正弦波振動である。ω_n を2次遅れ要素の**固有振動数**[1]（rad/s）といっている。

（2）　$\zeta<1$ のとき（減衰が小さいとき）

$$\sqrt{1-\zeta^2}\cdot\omega_n = \beta \quad (\beta>0) \qquad (7.33)$$

とおくと，式(7.30)は

$$G(S) = \frac{\beta}{(S+\zeta\omega_n)^2 + \beta^2}\cdot\frac{\omega_n^2}{\beta}$$

ここで，付録Ⅲ，No.30 の変換表より，S 逆変換を求めれば，次式のようなインパルス応答が得られる。

$$y(t) = \frac{\omega_n^2}{\beta}\cdot e^{-\zeta\omega_n t}\sin\beta t = \frac{\omega_n}{\sqrt{1-\zeta^2}}e^{-\zeta\omega_n t}\sin\sqrt{1-\zeta^2}\cdot\omega_n t \qquad (7.34)$$

この式は，周波数 $\sqrt{1-\zeta^2}\cdot\omega_n$ の**減衰振動**[2]を示し，振幅は時間とともに指数関数的に減少していく。

---

1) natural vibration, natural oscillation,　　2) damped oscillation

（3） $\zeta=1$ のとき

式 (7.30) は，

$$G(S)=\frac{\omega_n^2}{(S+\omega_n)^2} \tag{7.35}$$

となる。これを S 逆変換すれば，

$$y(t)=\omega_n^2 t e^{-\omega_n t} \tag{7.36}$$

これは，振動する正弦波の部分がないから振動しない。この $\zeta=1$ のときは，振動するか，しないかの境界にあるので，**臨界制動**[1]と呼んでいる。

（4） $\zeta>1$ のとき（減衰が大きいとき）

式 (7.30) は，

$$G(S)=\frac{\omega_n^2}{(S+\zeta\omega_n)^2-(\sqrt{\zeta^2-1}\cdot\omega_n)^2} \tag{7.37}$$

$$\sqrt{\zeta^2-1}\cdot\omega_n=\gamma \quad (\gamma>0) \tag{7.38}$$

とおくと，式 (7.37) は

$$G(S)=\frac{\omega_n^2}{(S+\zeta\omega_n)^2-\gamma^2}=\frac{\omega_n^2}{(S+\zeta\omega_n+\gamma)(S+\zeta\omega_n-\gamma)}$$

$$=\frac{\omega_n^2}{2\gamma}\left\{\frac{1}{S+(\zeta\omega_n-\gamma)}-\frac{1}{S+(\zeta\omega_n+\gamma)}\right\} \tag{7.39}$$

これを S 逆変換すれば，インパルス応答 $y(t)$ が得られる。

$$y(t)=\frac{\omega_n^2}{2\gamma}\{e^{-(\zeta\omega_n-\gamma)t}-e^{-(\zeta\omega_n+\gamma)t}\}=\frac{\omega_n}{2\sqrt{\zeta^2-1}}e^{-\zeta\omega_n t}\sinh(\sqrt{\zeta^2-1}\cdot\omega_n t) \tag{7.40}$$

また，$(\zeta\omega_n+\gamma)>(\zeta\omega_n-\gamma)>0$ であるから，このインパルス応答は，指数関数的に減衰する2つの項の差であり，$t\to\infty$ で，$y(t)\to0$ となる。

これらを図示すれば，**図7.17** のようになる。

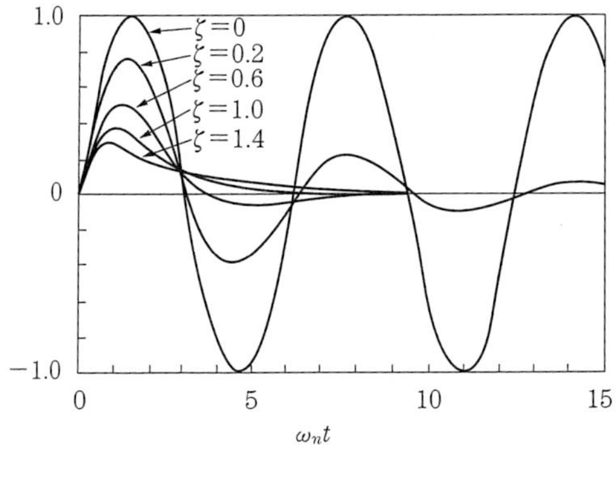

（1） $\zeta<1$ $\quad y(t)=\dfrac{\omega_n}{\sqrt{1-\zeta^2}}e^{-\zeta\omega_n t}\sin\sqrt{1-\zeta^2}\,\omega_n t$

（2） $\zeta=0$ $\quad y(t)=\omega_n\sin\omega_n t$

（3） $\zeta=1$ $\quad y(t)=\omega_n^2 t e^{-\omega_n t}$

（4） $\zeta>1$ $\quad y(t)=\dfrac{\omega_n}{2\sqrt{\zeta^2-1}}e^{-\zeta\omega_n t}\sinh(\sqrt{\zeta^2-1}\,\omega_n t)$

図7.17 2次遅れ要素 $\omega_n^2/(S^2+2\zeta\omega_S S+\omega_n^2)$ のインパルス応答

以上述べてきた主な要素について，**インパルス入力に対する応答**の t 関数表示と，S 関数表示とをまとめて，**表7.3** に示す。

---

1) critical damping

第7章　基本要素の過渡応答

表7.3　主な要素のインパルス応答

要素	t 関数表示			S 関数表示		
	インパルス入力	入・出力関係式	インパルス応答 $y(t)$	入力	要素 $G(S)$	応答
比例要素	$x(t) \equiv \delta(t)$	$y(t) = K_P x(t)$ $y(t) = K_P \delta(t)$	$K_P \delta(t)$		入力 $\boxed{K_P}$ 出力 1 $1 \cdot K_P$ K_P：比例ゲイン	K_P
積分要素		$\left[y(t) = K_I \int_0^t x(t)dt \right]$ $y(t) = K_I u(t)$ （ただし，$t>0$の ときのみ成立）	K_I		入力 $\boxed{\dfrac{K_I}{S}}$ 出力 1 $1 \cdot \dfrac{K_I}{S}$ $\dfrac{1}{K_I}$：積分時間	$\dfrac{K_I}{S}$
微分要素		$\left[y(t) = K_D \dfrac{dx(t)}{dt} \right]$ $y(t) = K_D \dfrac{d\delta(t)}{dt}$	$+\infty$ $-\infty$	1	入力 $\boxed{K_D S}$ 出力 1 $1 \cdot K_D S$ K_D：微分時間	$K_D S$
むだ時間要素	$+\infty$ 0 $t \rightarrow$ $\delta(t) = 0 \quad t \neq 0$ $= \infty \quad t = 0$ かつ， $\displaystyle\int_{-\infty}^{\infty} \delta(t)dt = 1$	$[y(t) = x(t-L)]$ $y(t) = \delta(t-L)$	$+\infty$ $0 \quad L$		入力 $\boxed{e^{-LS}}$ 出力 1 e^{-LS} L：むだ時間	e^{-LS}
1次遅れ要素		$\left[T \dfrac{dy(t)}{dt} + y(t) = K x(t) \right]$ $y(t) = \dfrac{K}{T} e^{-\frac{t}{T}}$ K：比例ゲイン T：時定数	$\dfrac{K}{T}$		入力 $\boxed{\dfrac{K}{TS+1}}$ 出力 1 $\dfrac{1 \cdot K}{TS+1}$ K：比例ゲイン T：時定数	$\dfrac{K}{TS+1}$
2次遅れ要素		$\left[M \dfrac{d^2 y}{dt} + \mu \dfrac{dy}{dt} = K_S(x(t) - y(t)) \right]$ $\omega_n = \sqrt{\dfrac{K_S}{M}}$ ：固有角周波数 [rad/s] $\zeta = \dfrac{1}{2} \dfrac{\mu}{\sqrt{MK_S}}$ ：減衰係数	$\zeta=0$ $\zeta=0.2$ $\zeta=0.6$ $\zeta=1.0$ $\zeta=1.4$		入力 $\boxed{\dfrac{\omega_n^2}{S^2 + 2\zeta\omega_n S + \omega_n^2}}$ 出力 1 $1 \cdot G(S)$ ω_n：固有角周波数 ζ：減衰係数	$\dfrac{\omega_n^2}{S^2 + 2\zeta\omega_n S + \omega_n^2}$

まとめ

要素のインパルス応答はその要素の伝達関数に等しい。

7.3 主な要素のランプ応答

[1] 比例要素のランプ応答 (図7.18)

比例要素の伝達関数 $G(S) = K_P$ に，ランプ入力（定速度入力）$X(S) = \dfrac{1}{S^2}$ を与えると，

$$出力 \quad Y(S) = \frac{K_P}{S^2} \tag{7.41}$$

t―空間に逆変換すると，

$$y(t) = K_P t \tag{7.42}$$

したがって，

比例要素 K_P のランプ応答は，$y(t) = K_P t$

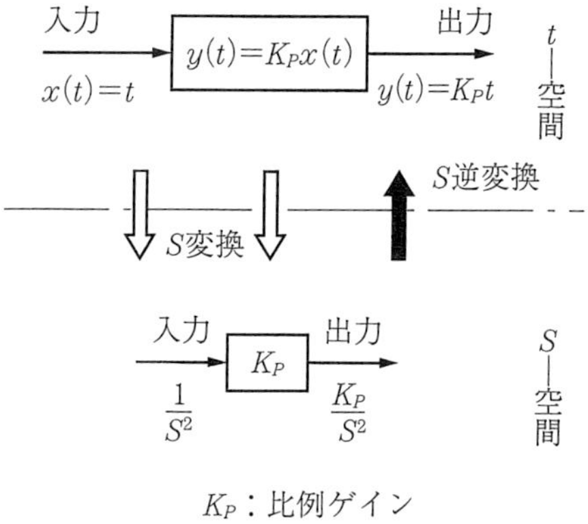

図7.18 比例要素のランプ応答

[2] 積分要素のランプ応答 (図7.19)

積分要素の伝達関数 $G(S) = \dfrac{K_I}{S}$ に，ランプ入力 $X(S) = \dfrac{1}{S^2}$ を与えると，

$$出力 \quad Y(S) = \frac{K_I}{S^3} \tag{7.43}$$

t―空間に逆変換すると，

$$y(t) = \frac{K_I}{2} t^2 \tag{7.44}$$

したがって，

積分要素 $\dfrac{K_I}{S}$ のランプ応答は，$y(t) = \dfrac{K_I}{2} t^2$

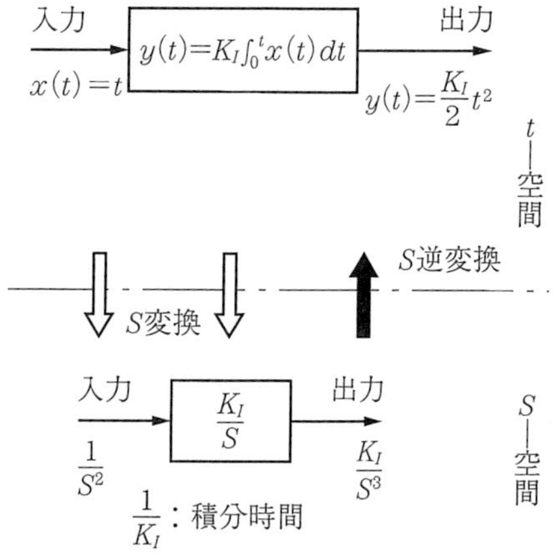

図7.19 積分要素のランプ応答

[3] 微分要素のランプ応答 (図7.20)

微分要素の伝達関数 $G(S) = K_D S$ に，ランプ入力 $X(S) = \dfrac{1}{S^2}$ を与えると，

$$出力 \quad Y(S) = \frac{K_D}{S} \tag{7.45}$$

t―空間に逆変換すると，

$$y(t) = K_D u(t) \tag{7.46}$$

したがって，

微分要素 $K_D S$ のランプ応答は，$y(t) = K_D u(t)$

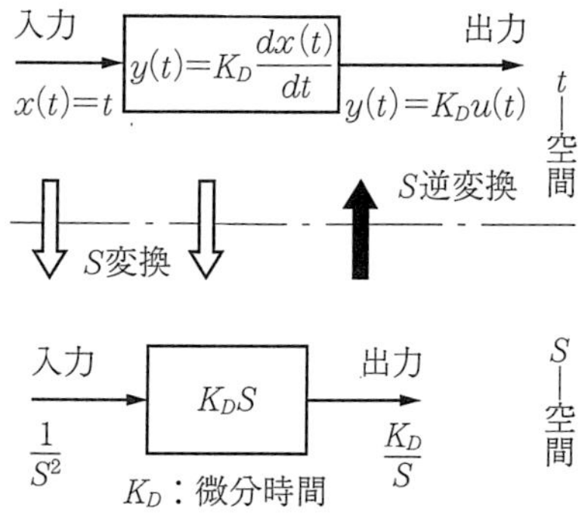

図7.20 微分要素のランプ応答

第7章　基本要素の過渡応答

[4]　むだ時間要素のランプ応答（図7.21）

むだ時間要素の伝達関数 $G(S)=Ke^{-LS}$ に，ランプ入力 $X(S)=\dfrac{1}{S^2}$ を与えると，

$$出力\quad Y(S)=\frac{Ke^{-LS}}{S^2} \tag{7.47}$$

t―空間に逆変換すると，

$$y(t)=K(t-L) \tag{7.48}$$

ここで，K：比例ゲイン，L：むだ時間，

したがって，

> むだ時間要素 Ke^{-LS} のランプ応答は，$y(t)=K(t-L)$

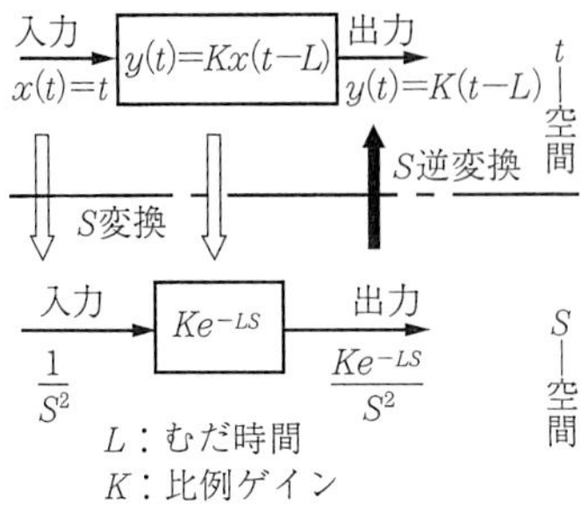

図7.21　むだ時間要素のランプ応答

[5]　1次遅れ要素のランプ応答（図7.22）

1次遅れ要素の伝達関数 $G(S)=\dfrac{K}{TS+1}$ に，ランプ入力 $X(S)=\dfrac{1}{S^2}$ を与えると，

$$出力\quad Y(S)=\frac{K}{S^2(TS+1)} \tag{7.49}$$

t―空間に逆変換すると，

$$y(t)=\mathcal{L}^{-1}\left[\frac{K}{S^2(TS+1)}\right]=\frac{K}{T}\mathcal{L}^{-1}\left[\frac{1}{S^2\left(S+\dfrac{1}{T}\right)}\right]$$

$$=\frac{K}{T}\left\{T^2\left(\frac{t}{T}-1+e^{-\frac{t}{T}}\right)\right\}\quad（付録Ⅲ，No.48より）$$

$$=K\left\{t-T\left(1-e^{-\frac{t}{T}}\right)\right\} \tag{7.50}$$

ここで，K：比例ゲイン，T：時定数

したがって，

> 1次遅れ要素 $\dfrac{K}{TS+1}$ のランプ応答は，$y(t)=K\left\{t-T\left(1-e^{-\frac{t}{T}}\right)\right\}$

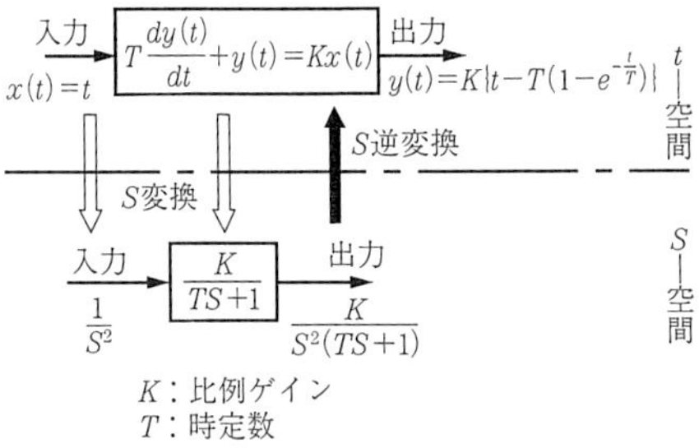

図7.22　1次遅れ要素のランプ応答

7.3 主な要素のランプ応答

［6］ 2次遅れ要素のランプ応答（図7.23）

2次遅れ要素の伝達係数 $G(s) = \dfrac{\omega_n^2}{S^2 + 2\zeta\omega_n S + \omega_n^2}$

に，ランプ入力 $X(s) = \dfrac{1}{S^2}$ を与えると，

$$\text{出力} \quad Y(s) = \frac{1}{S^2} \cdot \frac{\omega_n^2}{S^2 + 2\zeta\omega_n S + \omega_n^2} \quad (7.51)$$

t—空間に逆変換すると，

$$y(t) = \mathcal{L}^{-1}\left[\frac{\omega_n^2}{S^2(S^2 + 2\zeta\omega_n S + \omega_n^2)}\right] \quad (7.52)$$

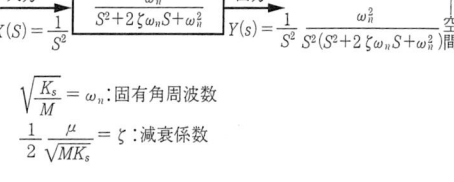

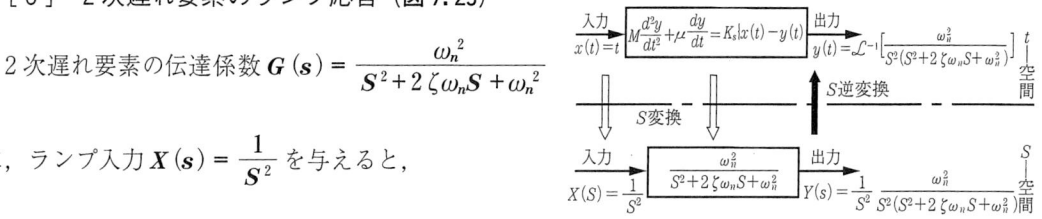

付録Ⅲ（その5），NO.71 より

図7.23 2次遅れ要素のランプ応答

（1）$\zeta > 1$ のとき，

$$y(t) = t - \frac{1}{\omega_n}\left\{2\zeta + \frac{1}{\sqrt{\zeta^2-1}}\left(\frac{1}{a_1^2}e^{-a_1\omega_n t} - \frac{1}{a_2^2}e^{-a_2\omega_n t}\right)\right\}$$

$$(7.53)$$

ここで，$a_1 = \zeta + \sqrt{\zeta^2-1}$，$a_2 = \zeta - \sqrt{\zeta^2-1}$

（2）$\zeta = 1$ のとき，

$$y(t) = t - \frac{2}{\omega_n^2}\left\{1 - \left(1 + \frac{\omega_n t}{2}\right)e^{-\omega_n t}\right\} \quad (7.54)$$

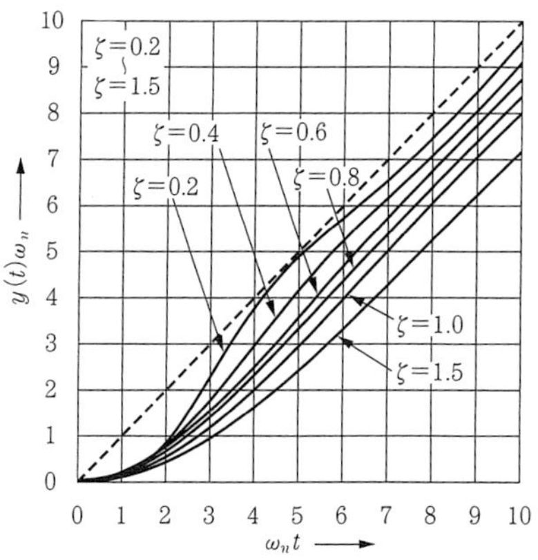

（3）$\zeta < 1$ のとき，

$$y(t) = t - \frac{2\zeta}{\omega_n}\left\{1 - \frac{1}{2\zeta\sqrt{1-\zeta^2}}e^{-\zeta\omega_n t}\sin(\sqrt{1-\zeta^2}\,\omega_n t + \phi)\right\} \quad (7.55)$$

ここで，$\phi = \tan^{-1}\dfrac{2\zeta\sqrt{1-\zeta^2}}{2\zeta^2-1}$

図7.24 2次遅れ要素 $\dfrac{\omega_n^2}{S^2 + 2\zeta\omega_n S + \omega_n^2}$ のランプ応答

これらを図示すれば，**図7.24** のようになる。

以上述べてきた主な要素について，ランプ入力に対する応答の関係をまとめて**表7.4**に示す。

第7章　基本要素の過渡応答

表7.4　主な要素のランプ応答

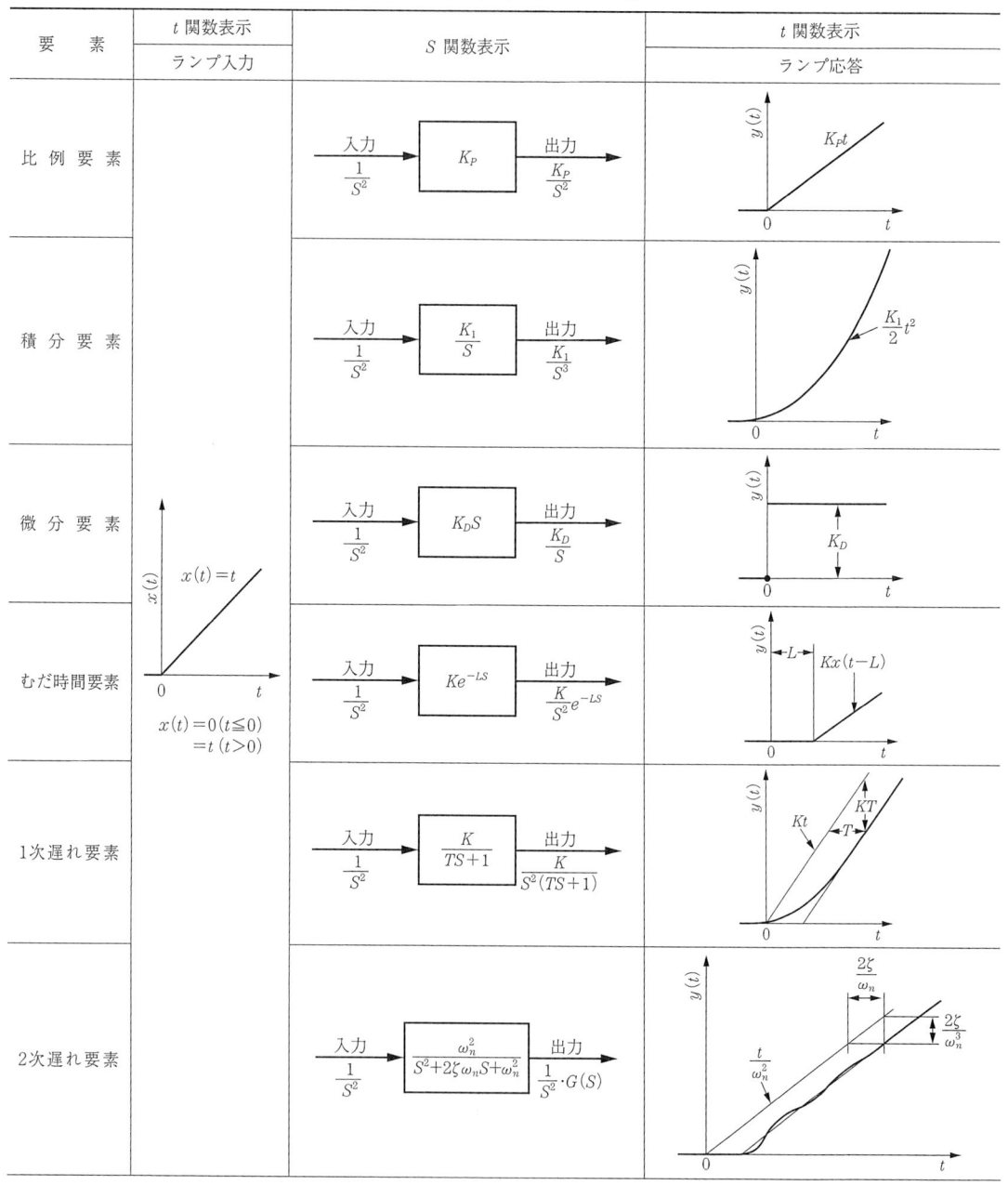

要　素	t 関数表示 ランプ入力	S 関数表示	t 関数表示 ランプ応答
比 例 要 素		入力 $\frac{1}{S^2}$ → K_P → 出力 $\frac{K_P}{S^2}$	$y(t)$, $K_P t$
積 分 要 素		入力 $\frac{1}{S^2}$ → $\frac{K_1}{S}$ → 出力 $\frac{K_1}{S^3}$	$y(t)$, $\frac{K_1}{2}t^2$
微 分 要 素	$x(t)$, $x(t)=t$	入力 $\frac{1}{S^2}$ → $K_D S$ → 出力 $\frac{K_D}{S}$	$y(t)$, K_D
むだ時間要素	$x(t)=0\,(t\leqq0)$ $=t\,(t>0)$	入力 $\frac{1}{S^2}$ → Ke^{-LS} → 出力 $\frac{K}{S^2}e^{-LS}$	$y(t)$, L, $Kx(t-L)$
1次遅れ要素		入力 $\frac{1}{S^2}$ → $\frac{K}{TS+1}$ → 出力 $\frac{K}{S^2(TS+1)}$	$y(t)$, Kt, KT, T
2次遅れ要素		入力 $\frac{1}{S^2}$ → $\frac{\omega_n^2}{S^2+2\zeta\omega_n S+\omega_n^2}$ → 出力 $\frac{1}{S^2}\cdot G(S)$	$y(t)$, $\frac{2\zeta}{\omega_n}$, $\frac{2\zeta}{\omega_n^3}$, $\frac{t}{\omega_n^2}$

まとめ

　微分要素のランプ応答はステップ関数になる等，表7.2〜表7.4に挙げた表により，S 関数式から t ─空間の現象を理解することができる。

76

第7章　問　題

1. 伝達関数 $G(S) = \dfrac{1}{S+1}$ の要素へステップ入力を印加した場合の応答は，どのようになるか，図示の応答曲線群から選べ。

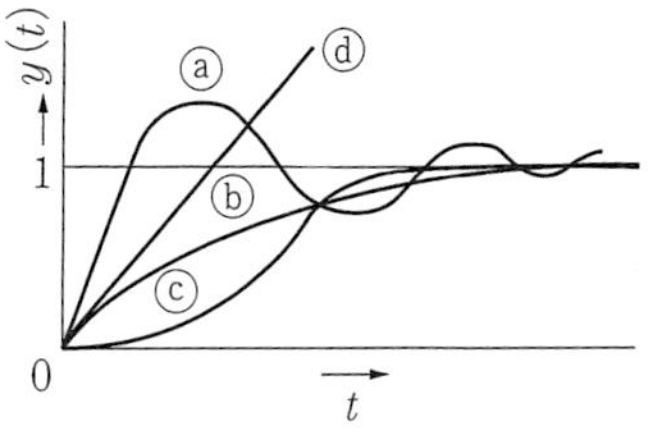

2. 伝達関数 $G(S) = 1/(2S+1)$ の要素へ，ステップ入力を印加した場合の応答を求めよ。

3. 図のフィードバック制御系において，もっとも正しい単位ステップ応答と思われるものを①〜④の中から選べ。ただし，定数 K は $K_1 > K_2$ である。

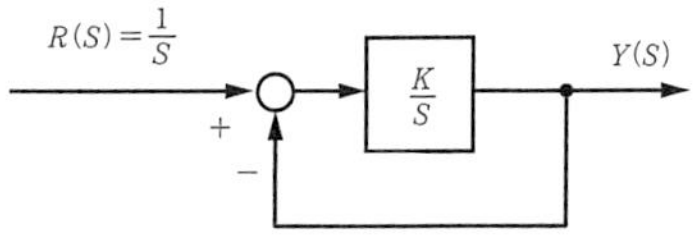

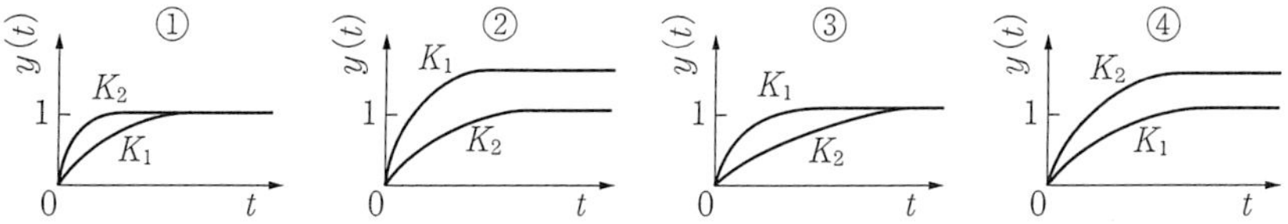

4. 伝達関数 $G(S) = \dfrac{1}{5S}$ である系の単位ステップ応答は図の①，②，③，④のうちどれか。

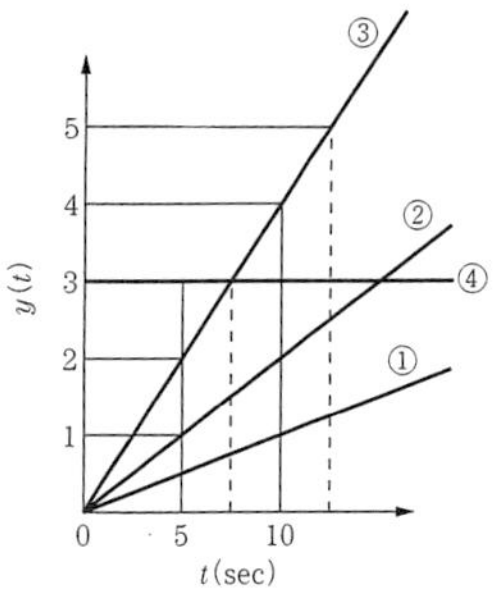

5. 図のような伝達関数をもつ系に，単位ステップ入力を加えた場合，その応答でもっとも適当と思われるものを①〜④の中から1つ選べ。ただし，むだ時間は $L_1 > L_2$ であるとする。

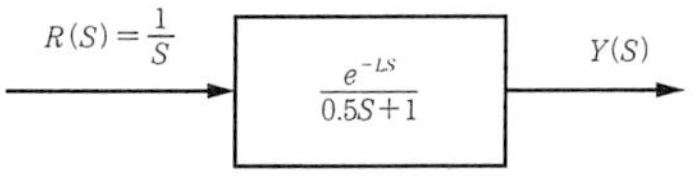

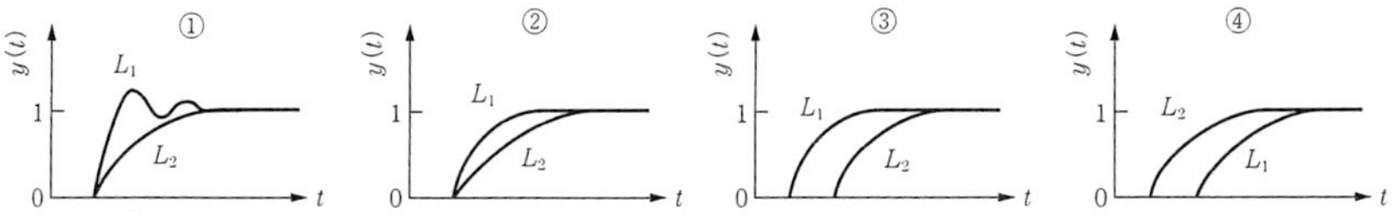

6. 伝達関数 $G(S) = \dfrac{e^{-0.5S}}{S+1}$ をもつ要素に，単位ステップ入力を与えたとき，出力 $y(t)$ を示す曲線は，①〜④のうち，どれか。

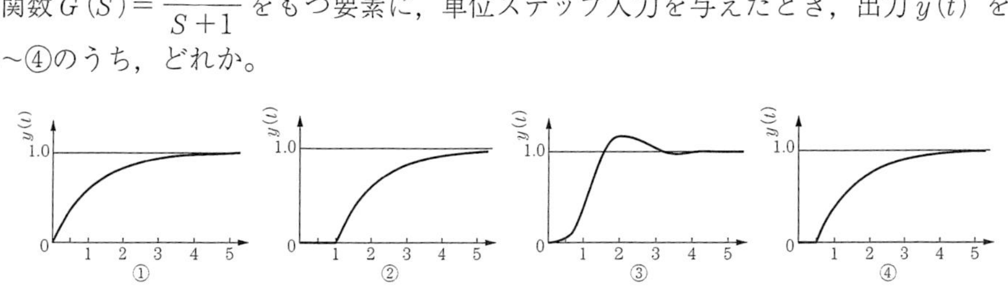

第 7 章　基本要素の過渡応答

7. 伝達関数 $G(S)=1/(S+1)$ の要素へインパルス入力
を印加した場合の応答はどのようになるか。右図の応答
曲線群から 1 つ選べ。

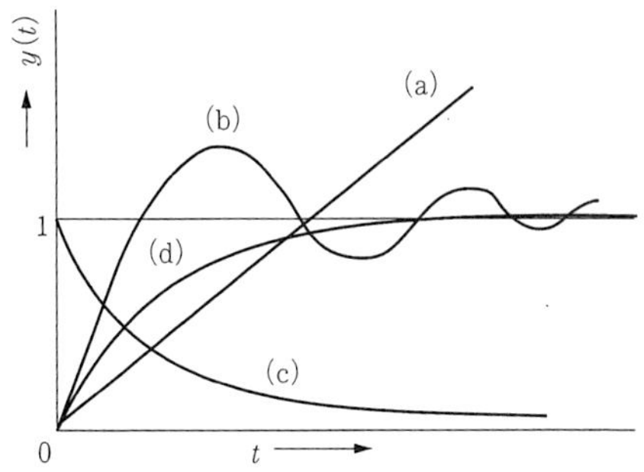

8. 積分要素 $\dfrac{K_I}{S}$ のランプ応答を求めよ。

9. 微分要素 $K_D S$ のランプ応答を求めよ。

10. むだ時間要素 Ke^{-LS} のランプ応答を求めよ。

第**8**章

周波数応答

ここでは，要素（システム）の特性を評価する方法として，周波数応答法を用い，周波数応答，周波数伝達関数の理解，およびそれらの特性を表す方法としてのボード線図について説明し，主な要素のボード線図の見方，かき方について述べる。

8.1 周波数応答とは

周波数応答[1]**とは**，要素（システム）にいろいろな周波数の正弦波入力を与えた場合，その定常状態における出力と入力との比の**振幅比と位相差**をいう。

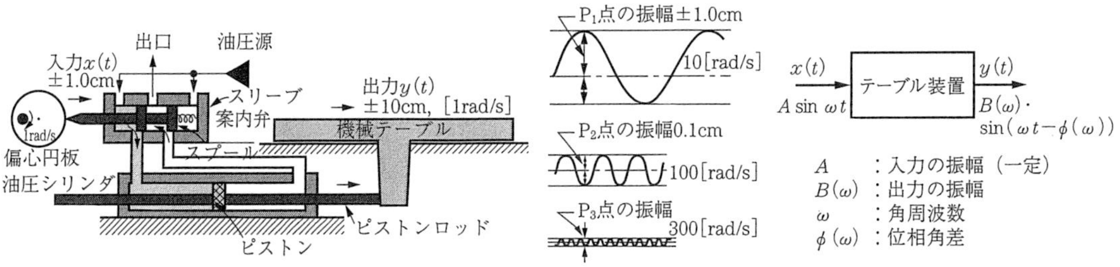

(a) 正弦波駆動機械テーブル装置　　(b) 機械テーブルの動き　　(c) 装置のブロック線図

図 8.1 機械テーブル装置

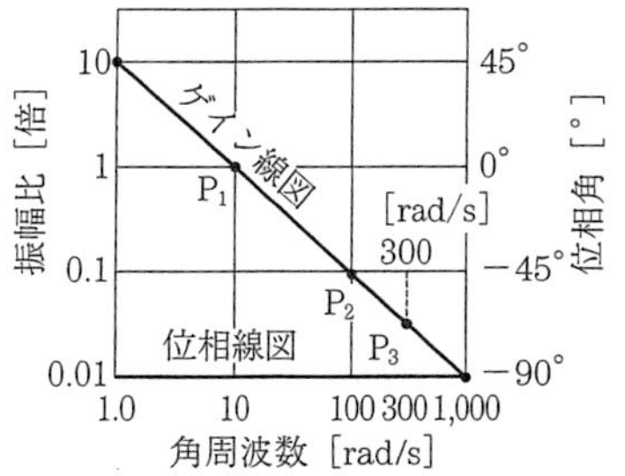

図 8.2 周波数応答線図

表 8.1 入力―出力の振幅値と位相角差

ω [rad/s]	A [cm]	$B(\omega)$ [cm]	$\phi(\omega)$ [°]
1.	1.0	10.0	-90
10.	1.0	1.0	-90
100.	1.0	0.1	-90
1000.	1.0	0.01	-90

図 8.1(a) に示す機械テーブル装置の案内弁スプールに，正弦波の動きをする入力 $x(t)$ を与えると，出力の機械テーブルの動き $y(t)$ も，同じ周期の正弦波の動きをする。この出力 $y(t)$ の波形を図 8.1(b)，ブロック線図を図 8.1(c) に示す。

いま，**入力 $x(t)$ の振幅 A** を一定（1.0 cm）にして，角周波数 ω （rad/s）のみをいろいろ変えた場合の**出力 $y(t)$** $[B(\omega)\sin(\omega t - \phi(\omega))]$ が**表 8.1** のようになったとする。これらを図で表示したの

---

1) frequency response

79

第8章　周波数応答

が図 8.2 である。この図で，対数目盛の横軸に角周波数 ω [rad/s] をとり，縦軸に振幅比 $\dfrac{B(\omega)}{A}$ [倍] をとって描いた線を**ゲイン線図**[1]という。また，位相角差 $\phi(\omega)$ [(出力の位相角)−(入力の位相角)] をとって描いた線を**位相線図**[2]という。この 2 つの線図を総称して，**周波数応答線図**[3]という。

　一般に，要素の大まかな動特性を知るには，過渡応答がわかりやすい（第 7 章参照）。しかし，実際に要素に入る信号は種々雑多で，急激な入力変化や，緩やかな入力変化に対する応答特性など，実態に近い特性を的確に把握するには，周波数応答法によるほうが，より優れている。

　また，周波数応答法は，正確なデータを容易に求めることができ，周波数応答線図の形状によって，その特性を直観的に理解することができる。そして，どのような補償をすれば，よりよい特性が得られるかが，この線図で判断することができる。機械制御の実務には，周波数応答法が広く用いられているので，本書では，この理解に力点をおいて述べる。

周波数応答測定時の注意事項

（1）　振幅一定の正弦波入力に対し，出力の周波数の周期が，入力の周期と等しいことを確認してから測定すること。[**線形性の確認**]

（2）　出力の振幅値は、定常状態のところで測ること。[**定常状態の確認**]

（3）　出力波形が正しく正弦波であるかを確認のこと。歪んだ波形の場合は，原因を除いてから測ること。[**非線形性の除去**]

（4）　出力波形が三角波形になっている場合，原因を除去してから測定のこと。高周波数域の場合とか，大振幅の場合に発生するのは，供給パワー不足が考えられる。[**供給パワーの確認**]

ボード線図の考案者 Hendrik Wade Bode（1905〜1982）

　フィードバック制御系の安定判別に，ベクトル軌跡を描いて説明している Nyuist の手法は，技術者には難解であった。ベル研究所員 Bode は，同所員 Black が考案したフィードバック増幅器の設計研究を担当し，周波数応答特性を調べるのに，高度な数学を知らないでも，簡単に表示できる周波数応答線図を考案した①。この線図は周波数の広い範囲にわたって，ゲインと位相角の変化をわかりやすく図示することができ，実験値からも容易に描けて，使いやすかったので，多くの制御技術者に利用され，広く普及した。この周波数応答線図を Bode 線図といっている。

　第 2 次世界大戦に入り，大砲や射撃指揮装用レーダに用いているサーボ機構も，フィードバック増幅器と同じ理論が適用できるということで，各種兵器の制御の安定問題の解析に，この周波数応答法が用いられた。これらの研究の中核的役割を果たしたのが，マサチューセッツ工科大学の Radiation Laboratory の研究者達で，彼らによって，制御理論の体系が確立された②。これがいわゆる周波数応答法を中核とした制御理論で，今日古典制御理論と呼ばれているものである。

① H. W. Bode "Relations between Attenuation and Phase in Feedbck Amplifier Design" Bell System Teeh. Jour. 19, 421〜451. July. 1940.
② M.I.T RADIATION LABORATORY SERIES. 全 27 巻の書名は 87 頁「備考」参照。

---

1) gain diagram　　2) phase diagram　　3) frequency response diagram

8.2 周波数伝達関数[1]

要素の伝達関数 $G(S)$ において，S の代りに $j\omega$ とおいた関数 $G(j\omega)$ を，周波数伝達関数という。ここでは，$G(j\omega)$ の意味について説明する。

図 8.3(a) に示す線形の要素に，入力 $x(t)$ として，振幅 1 なる**正弦波** $\sin\omega t$ を与えると，その出力 $y(t)$ は正弦波 $B(\omega)\sin(\omega t - \phi(\omega))$ となる。これをベクトルで表すと**図 8.4** のようになる。

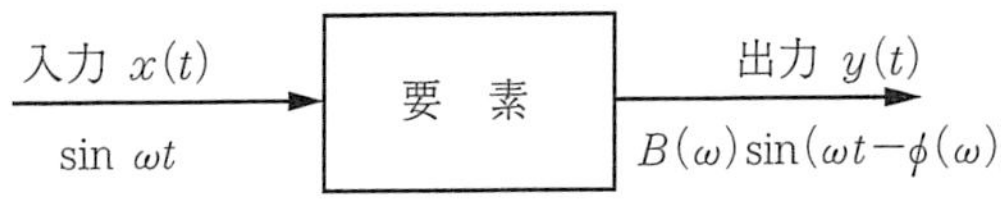

図 8.4 において，正弦波入力は，
$\overrightarrow{OP} = 1 \cdot e^{j\omega t}$ の虚軸の大きさ，

$$j\sin\omega t \equiv X(j\omega) \qquad (8.1)$$

この要素の出力は，
$\overrightarrow{OQ} = B(\omega)e^{j(\omega t - \phi(\omega))}$ の虚軸の大きさ，

$$jB(\omega)\sin(\omega t - \phi(\omega)) \equiv Y(j\omega) \qquad (8.2)$$

(a) t 関数表示

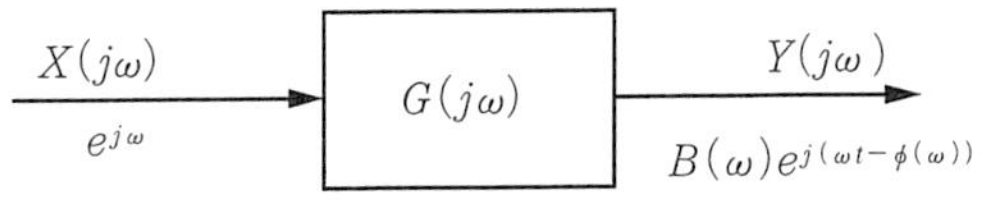

(b) 周波数伝達関数表示

図 8.3 要素のブロック線図

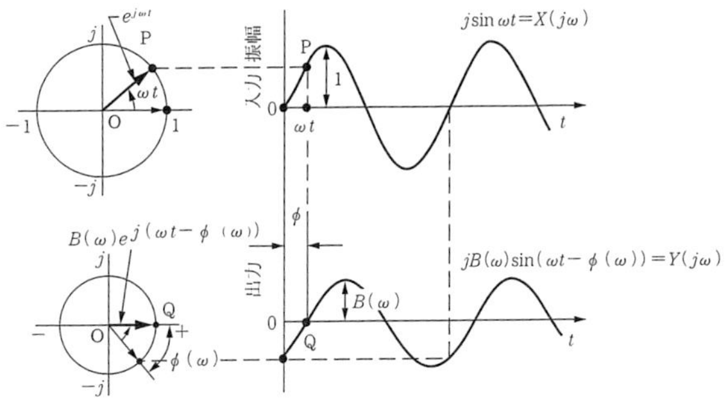

図 8.4 正弦波入力と出力との関係

したがって，

$$\frac{出力}{入力} = \frac{Y(j\omega)}{X(j\omega)} = \frac{B(\omega)e^{j(\omega t - \phi(\omega))}}{1 \cdot e^{j\omega t}} = B(\omega)e^{-j\phi(\omega)} \qquad (8.3)$$

これは，絶対値が $B(\omega)$，偏角が $-\phi(\omega)$ の複素数である。これを $G(j\omega)\left(= \dfrac{Y(j\omega)}{X(j\omega)}\right)$ とおけば，

$$|G(j\omega)| = \frac{B(\omega)}{1} = \frac{出力の振幅}{入力の振幅} = 振幅比 \qquad (8.4)$$

$$\angle G(j\omega) = -\phi(\omega) = (出力の位相角 - 入力の位相角) \qquad (8.5)$$

式 (8.3)，(8.4)，(8.5) より，$\dfrac{Y(j\omega)}{X(j\omega)} = B(\omega)e^{-j\phi(\omega)} \equiv G(j\omega)$ $\qquad (8.6)$

これは，伝達関数 $G(S) = \dfrac{Y(S)}{X(S)}$ において，$S = j\omega$ とおいたものと同じになる。すなわち，**要素 $G(S)$ の周波数応答は，S の代りに $j\omega$ とおいた複素関数 $G(j\omega)$ で表される。**

> **まとめ**
>
> 伝達関数 $G(S)$ の周波数応答は，$G(S)$ の周波数伝達関数 $G(j\omega)$ で表される。

[注] $G(S)$ は複素平面上の値 ($S = \sigma + j\omega$) をとるが，$G(j\omega)$ は複素平面の虚軸上の値のみをとる。したがって，$G(S) \equiv G(j\omega)$ ではない。

---

1) frequency transfer function

第8章　周波数応答

8.3　周波数応答の表し方

要素 $G(S)$ の周波数応答は，$G(j\omega)$ という複素関数で表されることを前節で知った。すなわち，図 8.5(a) に示す要素 $G(S)$ に，入力 $\sin\omega t$ を与えると，出力（周波数応答）は $G(j\omega)$ となる。したがって，この振幅比 $|G(j\omega)|$ と位相角 $\angle G(j\omega)$ は次式で表される（図 8.5(b)）。

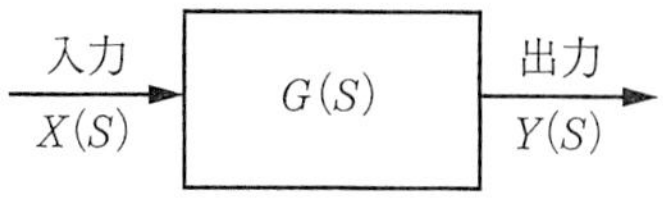

(a)　伝達関数表示

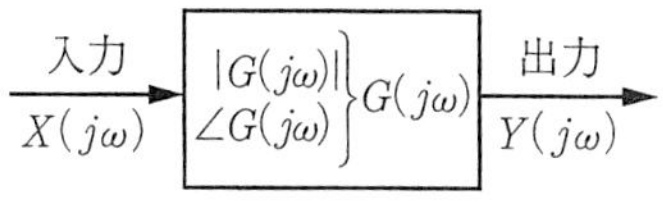

$$\text{振幅比：} |G(j\omega)| = \sqrt{(実数部)^2 + (虚数部)^2} \qquad (8.7)$$

$$\text{位相角：} \angle G(j\omega) = \tan^{-1}\frac{虚数部}{実数部} \qquad (8.8)$$

$$= (出力の位相角) - (入力の位相角) \qquad (8.9)$$

(b)　周波数伝達関数表示

図 8.5　要素のブロック線図

ここで，角周波数 ω に対し，$|G(j\omega)|$ と $\angle G(j\omega)$ がどのように変化するかを表すのに，**ベクトル軌跡**[1]と，**周波数応答線図**[2]等がある[3]。

[1]　ベクトル軌跡（ナイキスト線図）

図 8.6 において，$G(j\omega)$ は 1 つの角周波数 ω_1 に対し，1 つのベクトル $\overrightarrow{OA_1}$（大きさ $|G(j\omega_1)|$，位相角 $\angle G(j\omega_1)$）で表せる。

ここで，ω を ω_1，ω_2，ω_3……と変化させると，このベクトルの先端 A_1，A_2，A_3……は軌跡を描く。これを $G(j\omega)$ の**ベクトル軌跡**という。また，$|G(j\omega_i)|$ を**ゲイン**，$\angle G(j\omega_i)$ を**位相角**といい，角周波数 ω_i をパラメータとして軌跡図に添記している。

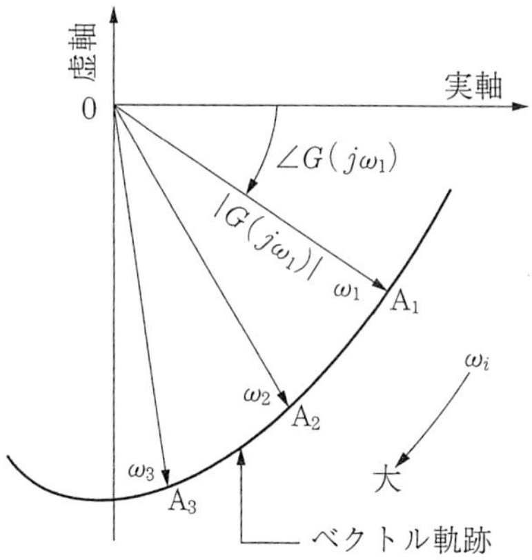

このベクトル軌跡は，米国の Harry Nyquist の創案によるもので，その名をとって，**ナイキスト線図**とも言っている。主な要素のベクトル軌跡を**表 8.2** に示しておく。

図 8.6　$G(j\omega)$ のベクトル軌跡

ベクトル軌跡は閉ループ系の安定判別の説明のため，第 2 次大戦以前の欧米の論文によく用いられていたが，現在は実務に有利な周波数応答線図が広く使われている。本書では，次に述べる周波数応答線図を用いることにする。

---

1) vector locus　　2) frequency response diagram　　3) $G(j\omega)$ の表示法として，ゲイン―位相線図，log-log 線図，逆ベクトル軌跡等もあるが，実務に用いられていないので省略する。

82

8.3 周波数応答の表し方

表8.2 主な要素のベクトル軌跡

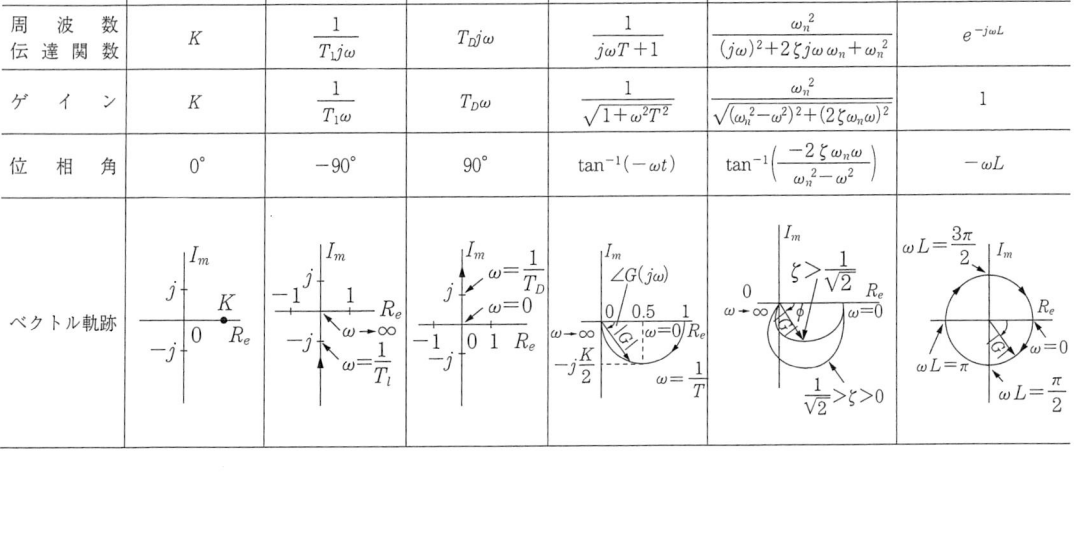

	比例要素	積分要素	微分要素	1次遅れ要素	2次遅れ要素	むだ時間要素
周波数伝達関数	K	$\dfrac{1}{T_l j\omega}$	$T_D j\omega$	$\dfrac{1}{j\omega T+1}$	$\dfrac{\omega_n^2}{(j\omega)^2+2\zeta j\omega\omega_n+\omega_n^2}$	$e^{-j\omega L}$
ゲイン	K	$\dfrac{1}{T_1\omega}$	$T_D\omega$	$\dfrac{1}{\sqrt{1+\omega^2 T^2}}$	$\dfrac{\omega_n^2}{\sqrt{(\omega_n^2-\omega^2)^2+(2\zeta\omega_n\omega)^2}}$	1
位相角	$0°$	$-90°$	$90°$	$\tan^{-1}(-\omega t)$	$\tan^{-1}\left(\dfrac{-2\zeta\omega_n\omega}{\omega_n^2-\omega^2}\right)$	$-\omega L$
ベクトル軌跡						

[2] 周波数応答線図[1]（ボード線図[2]）

要素 $G(S)$ に入力 $\sin\omega t$ を与えると，出力（周波数応答）は周波数伝達関数 $G(j\omega)$ となる（図8.7）。

このG$(j\omega)$を図で示すため，図8.7(b)のように，対数目盛の横軸に**角周波数ω[rad/s]**をとり，縦軸に**ゲイン$|G(j\omega)|$，および位相角$\angle G(j\omega)$**をとって描いた2つの曲線を1組として表示したものを**周波数応答線図**という。ここで，ゲインについて描いた線を**ゲイン線図**[3]といい，ゲインの単位は，通常**デシベル[dB]**[4]を用いている。また位相角について描いた線を**位相線図**[5]といい，位相角の単位は，[°]を用いている。この表示方法は，ベル研究所の **H. W. Bode の考案**によるもので，その名をとって，**Bode 線図**（ボード線図）といっている。

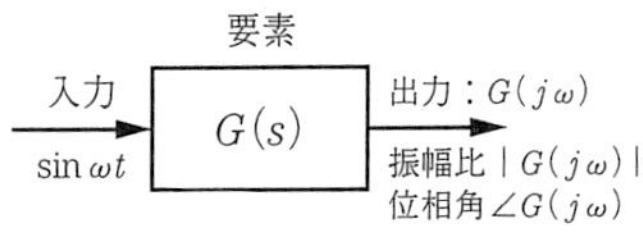

（a）ブロック線図

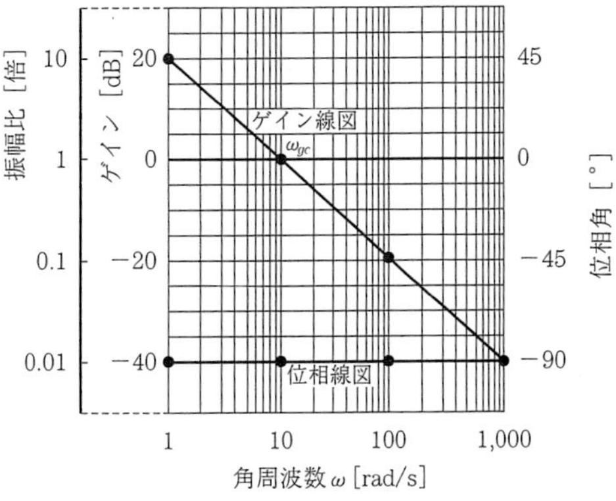

（b）図8.2のボード線図

図8.7 $G(j\omega)$ のボード線図

まとめ

周波数応答の数式表現：周波数伝達関数

周波数応答の図的表現：ボード線図

---

1) frequency responce diagram　　2) Bode diagram, Bode plots.
3) gain diagram, magnitude plot. Log-modulus plot.　　4) decibel　　5) phase diagram, phase angle plot.

第8章　周波数応答

8.4　主な要素のボード線図（周波数応答線図）

ここでは，比例要素，積分要素，微分要素，むだ時間要素，1次遅れ要素，および2次遅れ要素のボード線図の見方，かき方について述べる。

［1］　比例要素[1]　$G(S)=K_P$　　K_P：ゲイン

周波数伝達関数：$G(j\omega)=K_P$　　　　　　　(8.10)

ゲイン：$|G(j\omega)|=K_P=20\log_{10}K_P$　$[\text{dB}]^*$　　(8.11)

位相角：$\angle G(j\omega)=\tan^{-1}\dfrac{0}{K_P}=0$　$[°]$　　　(8.12)

よって，ボード線図は図8.8となる。

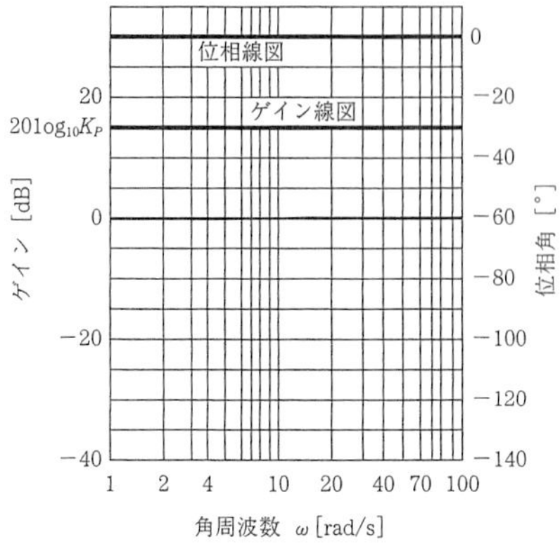

図8.8　比例要素 $G(j\omega)=K_P$ のボード線図

まとめ

比例要素のゲイン線図は，ゲイン一定の直線，位相線図は位相角0$[°]$一定の直線。

［2］　積分要素[2]　$G(S)=\dfrac{1}{T_I S}$　　T_I：積分時間

周波数伝達関数：$G(j\omega)=0-j\dfrac{1}{\omega T_I}$　　　(8.13)

ゲイン：$|G(j\omega)|=\dfrac{1}{\omega T_I}=-20\log_{10}(\omega T_I)$　$[\text{dB}]$

(8.14)

位相角：$\angle G(j\omega)=-\tan^{-1}\left(\dfrac{\frac{1}{\omega T_I}}{0}\right)=-90$　$[°]$　(8.15)

よって，ボード線図は図8.9となる**。

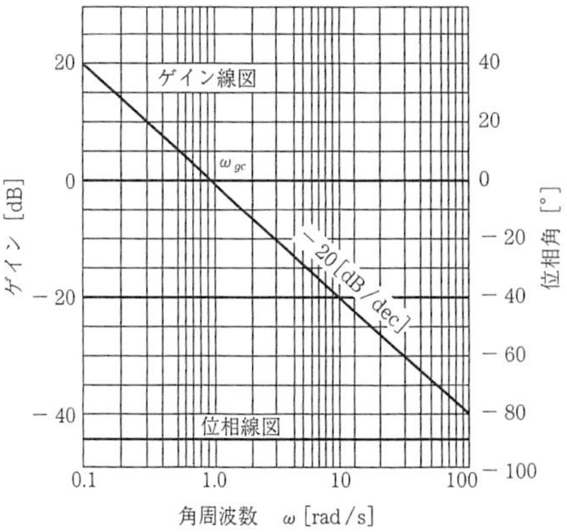

図8.9　積分要素 $G(j\omega)=\dfrac{1}{j\omega T_I}$ のボード線図 $(T_I=1)$

まとめ

積分要素のゲイン線図は，-20 $[\text{dB/dec}]$ の直線，位相線図は-90 $[°]$一定の直線。

*[備考1]　dB単位：電話の受話器の音のエネルギは（電流）^{2}に比例する。これを電話の発明者Bellの名をとって，$1\,\text{Bell}=\log_{10}\left(\dfrac{I}{I_0}\right)^2=2\log_{10}\left(\dfrac{I}{I_0}\right)$とした。実用上，この$\dfrac{1}{10}$のdecibel（デシベル$[\text{dB}]$）を音響測定の単位とした。$1\,[\text{Bell}]=10\,[\text{dB}]=20\log_{10}\left(\dfrac{I}{I_0}\right)[\text{dB}]$

[備考2]　図8.9のゲイン線図は，ωが10倍増すごとに，ゲインは20$[\text{dB}]$ずつ減少する。これを，-20 dB/decの直線という。このゲイン線図が0$[\text{dB}]$の直線と交るところの角周波数ω_{gc}をゲイン交点周波数**といい，応答の速さを示している。

---

1) proportional element　　2) integral element

84

8.4　主な要素のボード線図（周波数応答線図）

[3]　微分要素[1]　$G(s) = T_D S$　　T_D：微分時間

周波数伝達関数：$G(j\omega) = j\omega T_D$　　　　　　(8.16)

ゲイン：$|G(j\omega)| = \omega T_D = 20\log_{10}(\omega T_D)$　[dB]

　　　　　　　　　　　　　　　　　　　　　(8.17)

位相角：$\angle G(j\omega) = \tan^{-1}\left(\dfrac{\omega T_D}{0}\right) = +90$　[°]　(8.18)

よって，ボード線図は**図8.10**となる。

図8.10のゲイン線図は，ω が10倍増すごとに，ゲインは 20 [dB] ずつ増大する。これを+20 [dB/dec] の**直線**という。

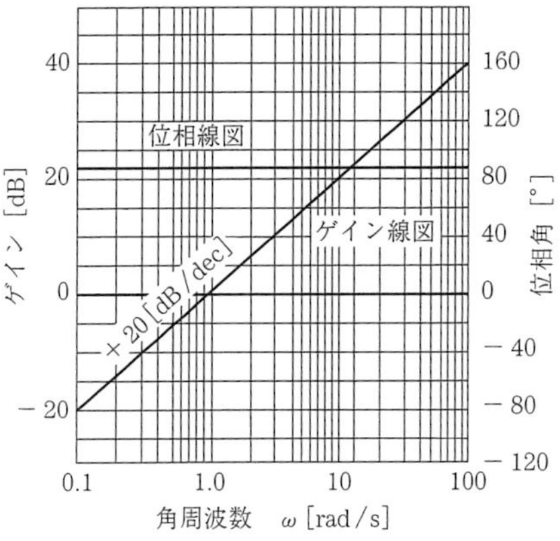

図8.10　微分要素 $G(j\omega) = j\omega T_D$ のボード線図（$T_D = 1$）

まとめ

微分要素のゲイン線図は，+20 [dB/dec] の直線，位相線図は+90 [°] 一定の直線。

---

[4]　むだ時間要素[2]　$G(s) = Ke^{-Ls}$

　　　　　　　　L：むだ時間，　K：ゲイン

周波数伝達関数：$G(j\omega) = Ke^{-j\omega L}$　　　(8.19)

ゲイン：$|G(j\omega)| = K = 20\log_{10}K$　[dB]　(8.20)

位相角：$\angle G(j\omega) = -\omega L$　[rad]

　　　　　　$= \dfrac{-180°}{\pi}\omega L$　[°]　(8.21)

ここで，$K=1$，$L=1$として，角周波数 ω [rad/s] に対するゲイン [dB]，位相角を計算した**表8.3**より，**図8.11**が求まる。

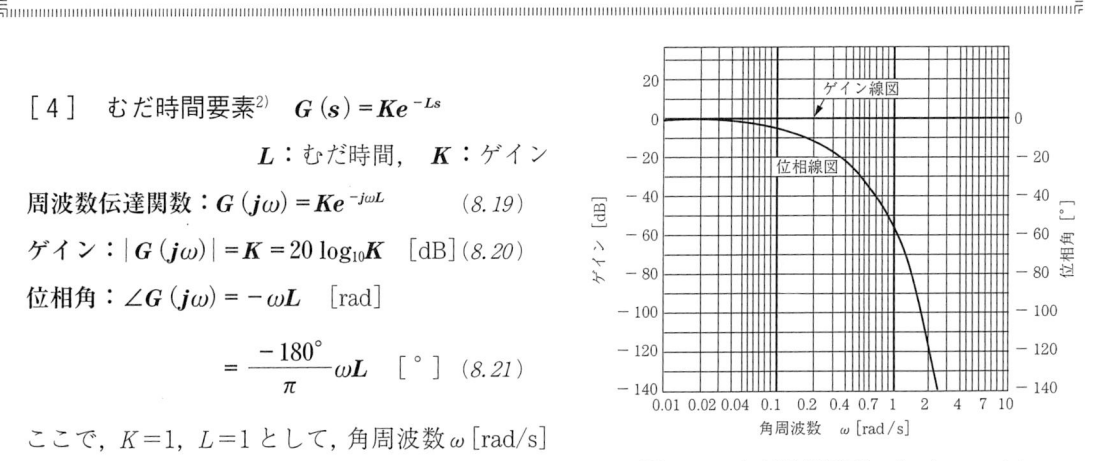

図8.11　むだ時間要素 $G(j\omega) = Ke^{-j\omega L}$ のボード線図（$K=1$，$L=1$）

表8.3　$G(j\omega) = Ke^{-j\omega L}$ の計算値（$K=1$，$L=1$）

ω	$20\log_{10}|G(j\omega)|$	$\angle G(j\omega)$	ω	$20\log_{10}|G(j\omega)|$	$\angle G(j\omega)$
[rad/s]	[dB]	[°]	[rad/s]	[dB]	[°]
0.0	0.0	0.0	2.0	0.0	−114.6
0.1	〃	−5.7	10.0	〃	−573.0
1.0	〃	−57.3	∞	〃	−∞

まとめ

むだ時間要素のゲイン線図は，ゲイン一定の直線，

位相線図は角周波数 ω に対し，$-\omega L$ [rad] となる曲線。

---

1) differential element　　2) dead time element

第8章　周波数応答

[5]　1次遅れ要素[1]　$G(S) = \dfrac{K}{TS+1}$　　K：ゲイン（$K=1$と仮定），　T：時定数。

周波数伝達関数：$G(j\omega) = \dfrac{1}{1+(\omega T)^2} - j\,\dfrac{\omega T}{1+(\omega T)^2}$　　　　　　　　　　　　　　　　(8.22)

ゲイン：$|G(j\omega)| = \dfrac{1}{\sqrt{1+(\omega T)^2}} = -10\log_{10}\{1+(\omega T)^2\}$　[dB]　　　　　　　(8.23)

位相角：$\angle G(j\omega) = -\tan^{-1}(\omega T)$　[°]　　　　　　　　　　　　　　　　　　(8.24)

（1）　ゲイン曲線　表8.4のゲインの値から，図8.12が求まる。

まとめ

1次遅れ要素のゲイン線図は，低周波数域では0[dB/dec]の直線に，高周波数域では
-20[dB/dec]の直線に漸近する。この2つの直線は$\omega T=1$のところで交わる。

この交点の角周波数$\omega_c = \dfrac{1}{T}$をコーナ角周波数といい，応答の性能評価の尺度となっている。

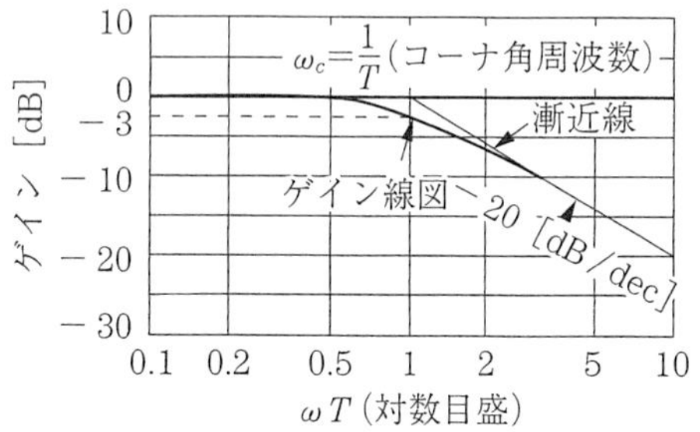

図8.12　1次遅れ要素$G(j\omega) = \dfrac{1}{j\omega T+1}$のゲイン線図[$T=1$]

表8.4　$G(j\omega) = \dfrac{1}{j\omega T+1}$のゲインと漸近線の値

ωT	$20\log_{10}|G(j\omega)|$	漸　近　線
	[dB]	[dB]
0.1	-0.04	0.0
0.5	-0.97	0.0
1.0	-3.01	0.0
5.0	-14.15	-14.0
10.0	-20.04	-20.0

（2）　位相線図　表8.5の位相角の値から，図8.13が求まる。

まとめ

1次遅れ要素の位相線図は，低周波数域では0[°]に漸近し，コーナ角周波数$\omega_c = \dfrac{1}{T}$のところで，-45[°]となる。高周波数域では，-90[°]に漸近する。

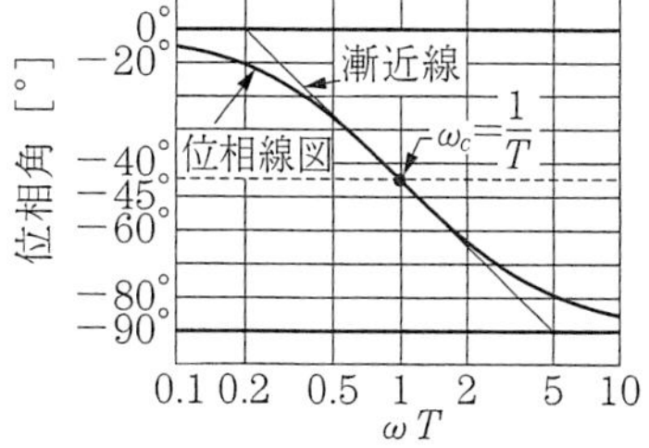

図8.13　1次遅れ要素$G(j\omega) = \dfrac{1}{j\omega T+1}$の位相線図（$T=1$）

表8.5　位相角$\angle G(j\omega)$の値

ωT	$\angle G(j\omega) = -\tan^{-1}(\omega T)$
$\omega T \to 0$	$\angle G(j\omega) \to 0°$
$\omega T = 1$	$\angle G(j\omega) = -45°$
$\omega T \to$大	$\angle G(j\omega) \to -90°$

---

1) first-order log element

（3）　1次遅れ要素のボード線図

　1次遅れ要素のゲイン線図（図8.12）と位相線図（図8.13）とを，同じ横軸の角周波数に対して，ゲインと位相角とを縦軸にとって描いた**図8.14**が，1次遅れ要素のボード線図である。

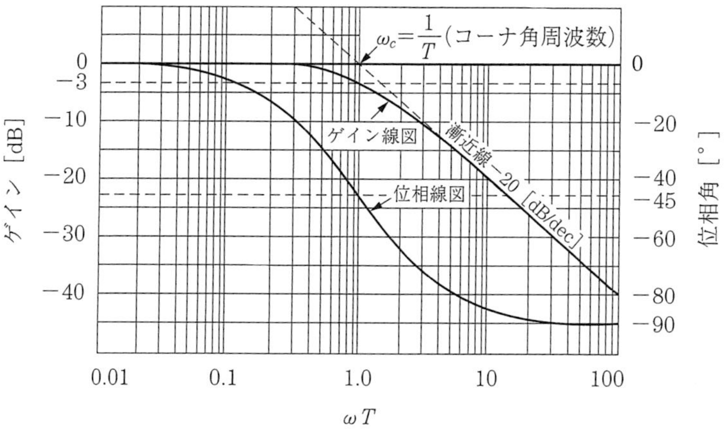

図8.14　1次遅れ要素 $G(j\omega)=\dfrac{1}{j\omega T+1}$ のボード線図

　この図より，**コーナ角周波数ω_c**における**位相遅れは−45〔°〕**，角周波数が高くなり，ゲインが小さくなっても，位相遅れは**−90〔°〕に収斂**することがわかる。また，**コーナ角周波数ω_c**における**ゲインは−3〔dB〕**である。このように，ボード線図は**ゲインと位相との関係**がすぐにわかる。

［備考］*MASSACHUSETTS INSTITUTE OF TECHNOLOGY* "RADIATION LABORATORY SERIES"
編集主任，Louis N. Ridenour，副主任，George B. Collins，

1. Radar System Engineering—*Ridenotir*
2. Radar Aids to Navigation—*Hall*
3. Radar Beacons—*Roberts*
4. Loran—*Pierce, McKenzie, and Woodward*
5. Pulse Generators—*Glasoe and Lebacqz*
6. Microwave Magnetrons—*Collins*
7. Klystrons and Microwave Triodes—*Hamilton, Knipp, and Kuper*
8. Principles of Microwave Circuits—*Montgomery, Dicke, and Purcell*
9. Microwave Transmission Circuits—*Ragan*
10. Waveguide Handbook—*Marcuvitz*
11. Technique of Microwave Measurements—*Montgomery*
12. Microwave Antenna Theory and Design—*Silver*
13. Propagation of Short Radio Waves—*Kerr*
14. Microwave Duplexers—*Smullin and Montgomery*
15. Crystal Rectifiers—*Torrey and Whitmer*
16. Microwave Mixers—*Pound*
17. Components Handbook—*Blackburn*
18. Vacuum Tube Amplifiers—*Valley and Wallman*
19. Waveforms—*Chance, Hughes, MacNichol, Sayre, and Williams*
20. Electronic Time Measurements—*Chance, Hulsizer, MacNichol, and Williams*
21. Electronic Instruments—*Greenwood, Holdam, and MacRae*
22. Cathode Ray Tube Displays—*Soller, Starr, and Valley*
23. Microwave Receivers—*Van Voorhis*
24. Threshold Signals—*Lawson and Uhlenbeck*
25. Theory of Servomechanisms—*James, Nichols, and Phillips*
26. Radar Scanners and Radomes—*Cady, Karelitz, and Turner*
27. Computing Mechanisms and Linkages—*Svoboda*
28. Index—*Linford*

発行年：1940〜1945
発行所：Mc Graw-Hill Book Co, Inc.

第8章　周波数応答

[6]　2次遅れ要素[1]　$G(S) = \dfrac{\omega_n^2}{S^2 + 2\zeta\omega_n S + \omega_n^2}$　　ζ：減衰係数，　ω_n：固有角周波数

周波数伝達関数：$G(j\omega) = \dfrac{\omega_n^2}{(\omega_n^2 - \omega^2) + 2j\zeta\omega_n\omega}$

$$= \dfrac{\omega_n^2(\omega_n^2 - \omega^2)}{(\omega_n^2 - \omega^2) + (2\zeta\omega_n\omega)} - j\dfrac{\omega_n^2(2\zeta\omega_n\omega)}{(\omega_n^2 - \omega^2) + (2\zeta\omega_n\omega)^2} \tag{8.25}$$

ゲイン：$|G(j\omega)| = \dfrac{\omega_n^2}{\sqrt{(\omega_n^2 - \omega^2)^2 + (2\zeta\omega_n\omega)^2}} \tag{8.26}$

デシベルゲイン：$20\log_{10}|G(j\omega)| = 20\log_{10}\omega_n^2 - 10\log_{10}\{(\omega_n^2 - \omega^2)^2 + (2\zeta\omega_n\omega)^2\}$　[dB]　(8.27)

位相角：$\angle G(j\omega) = -\tan^{-1}\dfrac{2\zeta\omega_n\omega}{\omega_n^2 - \omega^2}$　[°] $\tag{8.28}$

したがって，式(8.27)からゲイン線図，式(8.28)から位相線図を，ζをパラメータとして描くと，図8.15となる。

（1）　ゲイン線図（図8.15(a)）

$\omega\longrightarrow$小のとき，　ゲイン$\longrightarrow 0$　[dB]

$\omega = \omega_n$　のとき，　ゲイン$= -20\log_{10}2\zeta$　[dB]

$\omega\longrightarrow$大のとき，　ゲイン$\longrightarrow -40\log_{10}\dfrac{\omega}{\omega_n}$　[dB]

まとめ

ゲイン線図は低周波数域では0 [dB]，高周波数域では-40 [dB/dec] の直線に漸近する。

（2）　位相線図（図8.15(b)）

$\omega\longrightarrow$小のとき，　位相角$\longrightarrow 0$　[°]

$\omega = \omega_n$のとき，　位相角$= -90$　[°]

$\omega\longrightarrow$大　　　位相角$\longrightarrow -180$　[°]

まとめ

位相線図は低周波数域では0 [dB]，高周波数域では-180 [°] に漸近し，$\omega = \omega_n$のところで変曲点となり，その位相角は-90 [°] となる。

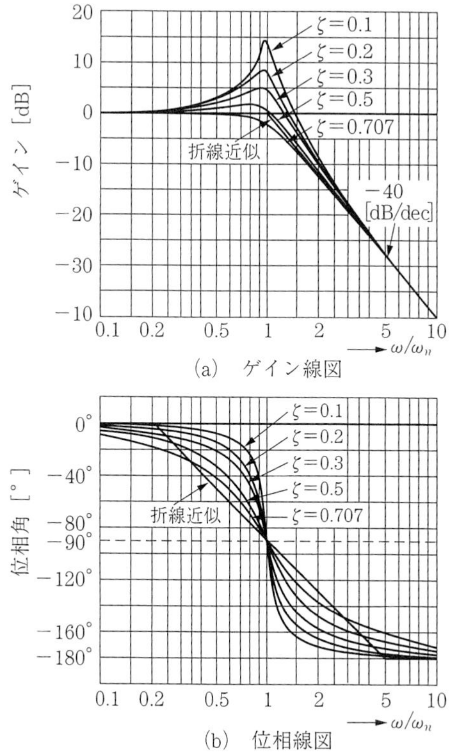

(a)　ゲイン線図

(b)　位相線図

図8.15　2次遅れ要素

$G(j\omega) = \dfrac{\omega_n^2}{(j\omega)^2 + 2\zeta\omega_n(j\omega) + \omega_n^2}$

のボードの線図

---

1) second-order lag element

8.5 過渡応答と周波数応答との関係

ここでは，これまで述べてきた主な要素について，t 関数表示の**過渡応答（単位ステップ応答）**と，周波数関数表示の**周波数応答（ボード線図）**との関係を対比して示している**表8.6**について，特性評価の相互関係を説明している。

表8.6 過渡応答と周波数応答との関係

要素	過渡応答（t関数表示）			周波数応答（周波数関数表示）		
	ブロック線図	過渡応答 （単位ステップ応答）	特性評価	ブロック線図	周波数応答 （ボード線図）	特性評価
積分要素	入力 $x(t)$ → $y(t)=K_I\int_0^t x(t)\cdot dt$ → 出力 $x(t)=u(t)$， K_I：定数 $=\left(\dfrac{1}{T_I}\right)$ T_I：積分時間	$y(t)=\dfrac{t}{T_I}$ $\tan^{-1}\dfrac{1}{T_I}$ 傾き有限	出力： 時間に比例して増大 増大率：積分時間 T_I に反比例	入力 正弦波入力 → $\dfrac{K_I}{j\omega}$ → 出力 ゲイン：$\dfrac{K_I}{\omega}$ 位相角：$-90[°]$	ゲイン線図 -20dB/dec，位相 -90	出力振幅： ω に反比例 K_I： $\omega=1$[rad/s] のときの値 $\left(=\dfrac{1}{T_I}\right)$ ゲイン線図： -20dB/dec 位相線図： $-90°$ 一定 速応性： ω_{gc} で評価
微分要素	入力 $x(t)$ → $y(t)=K_D\dfrac{dx(t)}{dt}$ → 出力 $x(t)=u(t)$ K_D：微分時間	$K_D\delta(t)$ $\delta(t)=0(t\neq0)$ $=\infty(t=0)$ $\int_{-\infty}^{\infty}\delta(t)dt=1$	出力： $t=0$の瞬間無限大 K_D： 微分動作の強さを表す	入力 正弦波入力 → $K_D j\omega$ → 出力 ゲイン：$K_D\omega$ 位相角：$+90[°]$	ゲイン $+20$dB/dec，位相	出力振幅： ω に比例 ゲイン線図： $+20$dB/dec 位相線図： $+90°$ 一定
1次遅れ要素	入力 $x(t)$ → $T\dfrac{dy}{dt}+y=Kx(t)$ → 出力 $x(t)=u(t)$ K：定数 T：時定数	K 小 T 傾き有限	出力： $t\to\infty$のときの値 K 速応性： 時定数 T が小さいほどよい	入力 正弦波入力 → $\dfrac{K}{Tj\omega+1}$ → 出力 ゲイン：$\dfrac{1}{\sqrt{1+(\omega T)^2}}$ 位相角：$-\tan^{-1}(\omega T)$ K：ゲイン T：時定数	ゲイン $\omega_c=\dfrac{1}{T}$，-20dB/dec，位相 $-45°$，$-90°$	出力振幅： $0\sim\omega_c$区間≒K $\omega_c\sim\infty$区間は -20[dB/dec] で減少 ゲインK： $\omega=1$[rad/s] のときの値 速応性： $\omega_c=\dfrac{1}{T}$ で評価
2次遅れ要素	入力 $x(t)$ → $\dfrac{d^2y}{dt^2}+2\zeta\omega_n\dfrac{dy}{dt}+\omega_n^2y(t)=\omega_n^2x(t)$ → 出力 $\omega_n=\sqrt{\dfrac{K_s}{M}}$ 固有角周波数 $\zeta=\dfrac{1}{2}\dfrac{\mu}{\sqrt{MK_s}}$ 減衰係数 $x(t)=u(t)$ M：質量 K_s：ばね定数 μ：粘性係数	$\zeta=0.1$ 0.3 0.5 1 5 10 傾きゼロ	出力： $t\to\infty$のときの値（倍率） 速応性： ω_nとζで評価 過渡特性： ω_nとζで評価	入力 正弦波入力 → $\dfrac{\omega_n^2}{(j\omega)^2+2\zeta\omega_n j\omega+\omega_n^2}$ → 出力 ゲイン：$\dfrac{\omega_n^2}{\sqrt{(\omega_n^2-\omega^2)^2+(2\zeta\omega_n\omega)^2}}$ 位相角：$-\tan^{-1}\dfrac{2\zeta\omega_n\omega}{\omega_n^2-\omega^2}$ ω_n：固有角周波数 ζ：減衰係数	-40dB/dec，$\zeta=0.1,0.3,0.5,1.0$	出力振幅： $\omega\to0$のときの値 ゲインK： $\omega=1$[rad/s] のときの値 ζ： 過渡状態の評価適正値 $\zeta\fallingdotseq0.4\sim0.7$ 適応性と安定性： ゲイン余裕，位相余裕で評価

89

第8章　周波数応答

表8.6において，過渡応答の立上り点（$t=0$）における勾配が有限な場合（積分要素，1次遅れ要素），無限大の場合（微分要素），およびゼロの場合（2次遅れ要素）がある。これらに対応しているボード線図での表示は，ゲイン線図の高周波数域において，負の勾配-20 [dB/dec]（積分要素，1次遅れ要素），正の勾配$+20$ [dB/dec]（微分要素），および負の勾配-40 [dB/dec]（2次遅れ要素）の線が対応している。

　積分要素の過渡応答は時間に比例して増大し，その増加率は積分時間 T_I に反比例している。ボード線図（周波数応答）では，ゲイン線図が0 [dB] を切るところのゲイン交点周波数 ω_{gc} が，応答の速さを表し，角周波数$\omega=1$ [rad/s] のときの振幅 $K_I\left(=\dfrac{1}{T_I}\right)$ が，積分要素のゲインである。すなわち，t—空間における出力の時間に比例した増大率に相当する。

　微分要素の過渡応答は，$t\to0$ の瞬間，出力の振幅が無限大となり，$t\neq0$ の場合，出力が0となる関数で，その動作の強さを微分時間 K_D で表している。ボード線図では，出力振幅（ゲイン）はωに比例して増大（$+20$ [dB/dec]）し，位相は全周波数域にわたり$+90$ [°] 一定である。

　1次遅れ要素の過渡応答は，$t\to\infty$ のときの出力が K（定数）で，時定数 T が小さいほど，応答の早いことを示している。ボード線図（周波数応答）では，$\omega=1$ [rad/s] のときの出力振幅の値 K がゲインで，応答性はコーナ角周波数 $\omega_c=\dfrac{1}{T}$（T：時定数）で評価している。

　2次遅れ要素の過渡応答は，$t\to\infty$ のときの値が出力の定常値（倍率）で，速応性は減衰係数 ζ と，固有角周波数 ω_n で評価している。ボード線図（周波数応答）では，ゲイン線図の低周波数域（$\omega=1$ [rad/s]）の値がゲイン K（図では$K=1$）で，ゲインの共振値 M_P は，減衰係数 ζ によって大きく変わる。サーボ機構の設計の目安としては，通常 $M_P\fallingdotseq1.3$，$\zeta\fallingdotseq0.5\sim0.7$ を用いている。また，追従性は，固有角周波数 ω_n が大きいほど良くなる。

（補　註）　周波数伝達関数の定義「IEC.65.P 1.」

　　　　　　　周波数伝達関数 $G(j\omega)$ とは，線形系における出力信号のフーリエ変換と，それに対応する入力信号のフーリエ変換との比，$\dfrac{Y(j\omega)}{X(j\omega)}=G(j\omega)$。

　ここで，フーリエ変換とは，関数 $f(t)$ を実変数ωの関数 $F(j\omega)$ に変換すること。

　すなわち，$F(j\omega)=\displaystyle\int_0^\infty e^{-j\omega t}f(t)\,dt$。

　ラプラス変換のパラメータ $P=\sigma+j\omega$ とすれば，フーリエ変換のパラメータは$j\omega$（$\sigma=0$ の場合）である。したがって，$F(j\omega)$ は複素平面の虚軸上のみで定義された関数である。

8.6 まとめ

これまで述べてきた要素の過渡応答（t 関数表示と S 関数表示）と，周波数応答（周波数関数表示と S 関数表示）の入力と出力の表し方を，1次遅れ要素について示せば**表 8.7** のようになる。

表 8.7 1次遅れ要素の入力と出力の表し方

t―空間	S―空間
過渡応答　[t関数表示] 入力 $x(t)=1(t>0)=0(t=0)$ → $T\dfrac{dy}{dt}+y=x(t)$ → 出力 $y(t)$ 入力グラフ：1 出力グラフ：$y(t)=1-e^{-\frac{t}{T}}$ 図(a) 単位ステップ入力の応答	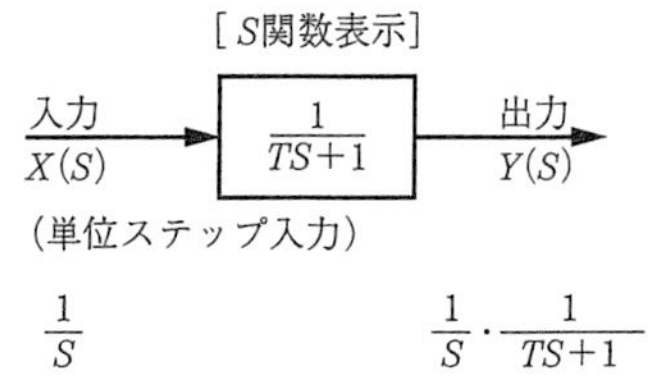 [S関数表示] 入力 $X(S)$ → $\dfrac{1}{TS+1}$ → 出力 $Y(S)$ （単位ステップ入力） $\dfrac{1}{S}$ 　　　 $\dfrac{1}{S}\cdot\dfrac{1}{TS+1}$ 図(b) 単位ステップ入力の応答
周波数応答　[周波数関数表示] 入力 $X(j\omega)$, $A(\omega)\sin\omega t$ → 振幅比$=\dfrac{B(\omega)}{A(\omega)}$, 位相差$=-\phi(\omega)$, $G(j\omega)$ → 出力 $Y(j\omega)$, $B(\omega)\sin(\omega t-\phi(\omega))$ ボード線図（ゲイン[dB]／位相角[°]） 0.01 0.1 1 10 100 ωT 図(c) 正弦波入力の応答	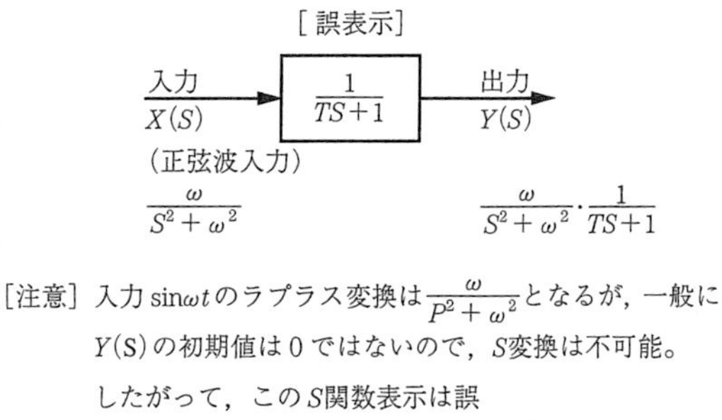 [誤表示] 入力 $X(S)$ → $\dfrac{1}{TS+1}$ → 出力 $Y(S)$ （正弦波入力） $\dfrac{\omega}{S^2+\omega^2}$ 　　 $\dfrac{\omega}{S^2+\omega^2}\cdot\dfrac{1}{TS+1}$ [注意] 入力 $\sin\omega t$ のラプラス変換は $\dfrac{\omega}{P^2+\omega^2}$ となるが，一般に $Y(S)$ の初期値は 0 ではないので，S 変換は不可能。したがって，この S 関数表示は誤 図(d) 正弦波入力の応答

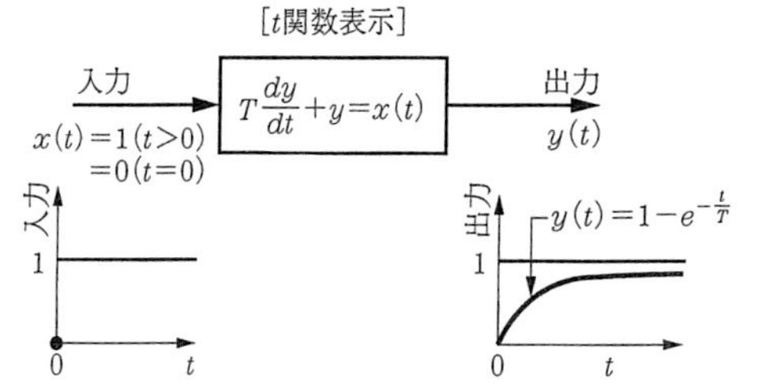

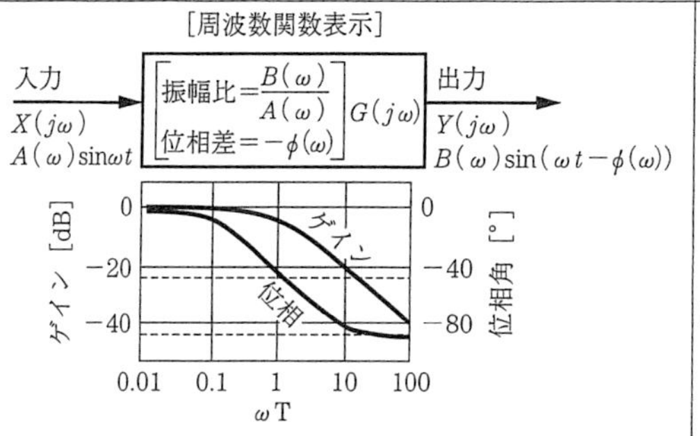

表 8.7 において，単位ステップ入力に対する要素の出力（過渡応答）は，図(a)に示すように，t 関数表示が理解しやすい。しかしながら，一般に微分方程式を解いて，出力 $y(t)$ を求める計算は難しい。図(b)に示すように，S 関数を用いると，単位ステップ入力$=\dfrac{1}{S}$ に対し出力は，$Y(S)=\dfrac{1}{S}\cdot\dfrac{1}{TS+1}$ となる。これを t 関数に逆変換して，$y(t)=1-e^{-\frac{t}{T}}$ とすれば，われわれが認識できる t―空間で，特性の良しあしを判断することができる。

入力が正弦波の場合には，要素 $G(S)$ の周波数応答は，$G(j\omega)$ となる。これをボード線図に描くと，図(c)のようになる。これは，t―空間の周波数入力に対する振幅比 $\left(\dfrac{B(\omega)}{A(\omega)}\right)$ と，位相差 $-\phi(\omega)$ を表示したボード線図となり，われわれの感覚で応答特性の概要を容易に理解することができる。

図(d)において，入力が正弦波（$\sin\omega t$）の場合，$\left.\dfrac{d}{dt}\sin\omega t\right|_{t=0}\neq0$，ゆえに，$S$ 関数に変換できないので，図(d)表示は誤。

第8章　周波数応答

第8章　問　題

1. ある要素の振幅比 $= \dfrac{出力}{入力} = \dfrac{1}{\sqrt{2}}$ である。これを［dB］単位で表した場合，何［dB］か，次の（1）〜（4）の中から選べ。

（1）　10［dB］　　　（2）　3［dB］　　　（3）　−10［dB］　　　（4）　−3［dB］

2. ある要素の振幅比が 100 であった。これを［dB］単位で表すと，何［dB］か。

3. 周波数伝達関数 $G(j\omega) = \dfrac{1}{j\omega T + 1}$ において，$T=2$，$\omega=0.5$ とした場合，$G(0.5j)$ の記述として正しいものに○印，正しくないものに×印で示せ。

（1）　$G(0.5j) = \dfrac{1}{\sqrt{2}} - j\dfrac{1}{\sqrt{2}}$ 　　　　　（2）　$G(0.5j) = 0.707\angle{-45°}$

（3）　$G(0.5j) = \dfrac{1}{\sqrt{2}} e^{-\frac{\pi}{4}j}$ 　　　　　　（4）　$G(0.5j) = 0.707\left(\cos\dfrac{\pi}{4} - j\sin\dfrac{\pi}{4}\right)$

4. 周波数伝達関数 $G(j\omega) = 1/(j\omega T + 1)$ には，いろいろな表現法がある。下記のうちで，正しいものに○印，誤りのものに×印で示せ。

（1）　$G(j\omega) = \dfrac{1}{1+\omega^2 T^2} - j\dfrac{\omega T}{1+\omega^2 T^2}$

（2）　$G(j\omega) = A\angle\Theta$ 　　　ここに，$A = \sqrt{1+\omega^2 T^2}$，　$\Theta = -\tan^{-1}(\omega T)$

（3）　$G(j\omega) = \dfrac{1}{\sqrt{1+\omega^2 T^2}} \exp(-j\tan^{-1}(\omega T))$ 　　　ここに，$\exp x = e^x$

（4）　$G(j\omega) = M(\cos\phi + j\sin\phi)$，
　　　　　ここに，$M = \dfrac{1}{\sqrt{1+\omega^2 T^2}}$，$\phi = -\tan^{-1}(\omega T)$

5. 次の周波数伝達関数について，□ の中に該当する数値を入れよ。

（1）　$G(j\omega) = 10$ 　　　$20\log_{10}|G(j\omega)| = $ □ ［dB］　　　$\angle G(j\omega) = $ □ ［°］

（2）　$G(j\omega) = \dfrac{10}{j\omega}$ 　　　積分時間 $= $ □ ［秒］　　　$\angle G(j\omega) = $ □ ［°］

（3）　$G(j\omega) = 0.1 j\omega$ 　　　微分時間 $= $ □ ［秒］　　　$\angle G(j\omega) = $ □ ［°］

（4）　$G(j\omega) = \dfrac{100}{0.1 j\omega + 1}$ 　　　時定数 $= $ □ ［秒］　　　$|G(j\omega)| = $ □ ［dB］

6. 周波数伝達関数 $G(j\omega) = 10/(5j\omega + 1)$ のボード線図を描け。

92

第9章

フィードバック制御系の特性

自動化機械にフィードバック制御を用いている主な理由は，制御量[1]（出力）を目標値[2]（入力）に確実に一致させることができ，より高精度の位置決めができる特長をもっているからである。

ここでは，これらの理由と，このフィードバック制御系（閉ループ系）の定常特性，過渡応答，周波数応答特性，およびこれらと開ループ系との関係について，事例を用いて説明している。

9.1 フィードバック制御の特徴

フィードバック制御の基本形は，**図 9.1** のブロック線図で表される。この特長は，**高精度**が得られ，**外乱**[3]や**非線形要素**の影響を減らすことができるということである。

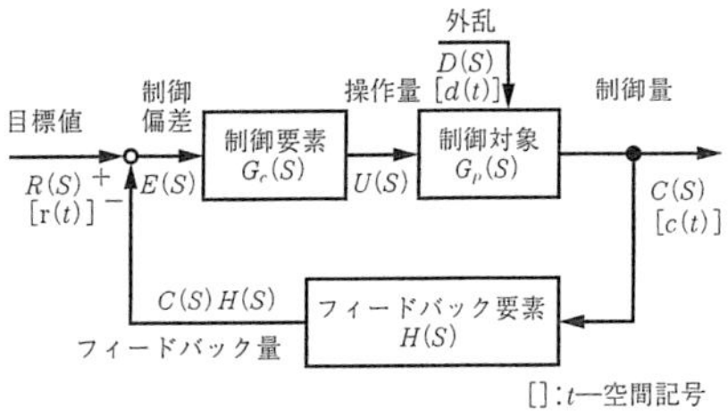

図 9.1 フィードバック制御の基本形[(注)]

[1]：t—空間記号

[1] 高精度[4]

説明をわかりやすくするため，図 9.1 において，外乱 $D(S)=0$ とし，等価変換した**図 9.2** について説明する。

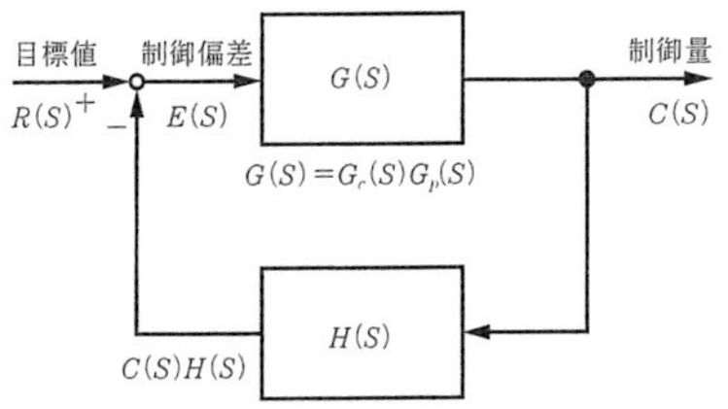

制御偏差 $\quad E(S)=R(S)-C(S)H(S) \qquad (9.1)$

制御量 $\quad C(S)=E(S)G(S) \qquad\qquad (9.2)$

ゆえに， $\quad \dfrac{\boldsymbol{E(S)}}{\boldsymbol{R(S)}} = \dfrac{1}{1+\boldsymbol{G(S)H(S)}} \qquad (9.3)$

ここで， $\quad |\boldsymbol{G(S)H(S)}| \gg 1$ の場合，$\dfrac{\boldsymbol{E(S)}}{\boldsymbol{R(S)}} \fallingdotseq 0$

ゆえに， $\quad \boldsymbol{R(S)} \fallingdotseq \boldsymbol{C(S)H(S)} \qquad (9.4)$

図 9.2 図 9.1 と等価なブロック線図 $(D(s)=0)$

したがって，目標値 $R(S)$ に対し，制御量 $C(S)$ は検出器[5] $H(S)$ の精度まで高めることができる。

このことは，要素 $G(S)$ の中に，ロストモーション[6]などの伝達誤差があっても，

$|\boldsymbol{G(S)H(S)}|$ の値を十分大きくとることができれば，制御量 $\boldsymbol{C(S)}$ は検出器 $\boldsymbol{H(S)}$ の精度まで高めることができる。

---

1) controlled variable 2) desired value 3) disturbance 4) high accuracy 5) sensor 6) lost motion
(注) 1つのブロック線図に，t—空間表示とS—空間表示を併記することは原則として誤り。参考として，[　]を付し，添記する程度。

第9章　フィードバック制御系の特性

［2］　外乱の影響除去

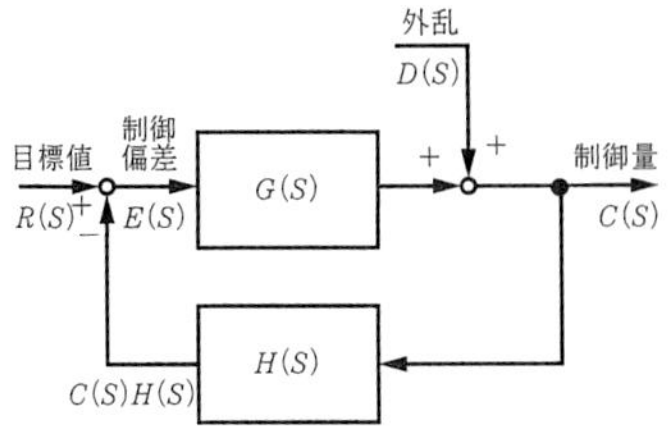

図9.3において，要素 $G(S)$ の出力側に換算して，外乱 $D(S)$ が加わったとすれば，制御量 $C(S)$ の変動量は次式で与えられる。

$$C(S) = \frac{1}{1 + G(S)H(S)} \cdot D(S) \qquad (9.5)$$

図9.3　外乱のあるフィードバック制御系

いま，外乱が単位ステップ状 $\left(D(S) = \dfrac{1}{S}\right)$ に加わったとすれば，制御量 $C(S)$ の定常値は，最終値の定理（付録II，No. 8）により，

$$\lim_{t \to \infty} C(t) = \lim_{s \to 0} SC(S) = \lim_{s \to 0} \frac{S}{1 + G(S)H(S)} \cdot \frac{1}{S} = \lim_{s \to 0} \frac{1}{1 + G(S)H(S)} \qquad (9.6)$$

$$\lim_{s \to 0} |G(S)H(S)| \gg 1 \quad \text{ならば，} \quad \lim_{t \to \infty} C(t) \doteqdot 0 \qquad (9.7)$$

したがって，

> 一巡伝達関数の定常状態時のゲインを大きくとることができれば，外乱による制御量の影響は小さくなる。

［3］　非線形要素の影響除去

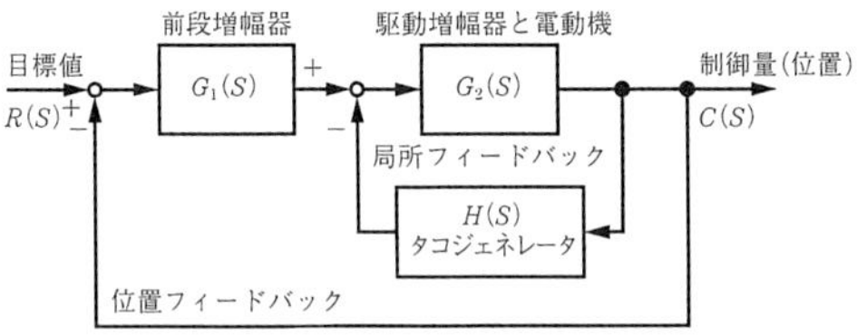

図9.4に示すフィードバック補償した位置決め制御系と等価なブロック線図は，図9.5となる。図9.4に示す制御系の一巡伝達関数 $G_0(s)$ は，図9.5より

$$G_0(S) = \frac{G_1(S)G_2(S)}{1 + G_2(S)H(S)} \qquad (9.8)$$

図9.4　フィードバック補填した位置決め制御系

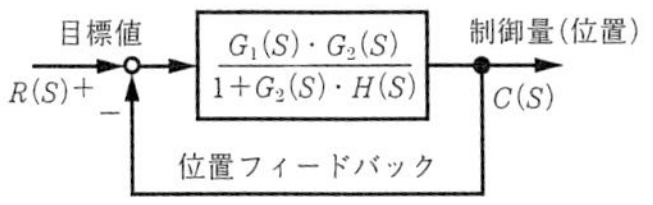

（1）　$|G_2(S)H(S)| \ll 1$ のとき：位置決め停止の瞬間で，$|H(S)| \to 0$ となるから，

$$G_0(S) \doteqdot G_1(S)G_2(S) \qquad (9.9)$$

したがって，

図9.5　図9.4と等価な直結フィードバック制御系

> $|G_1(s)G_2(s)|$ を大きくとることができれば，高精度の位置決めが得られる。

（2）　$|G_2(S)H(S)| \gg 1$ のとき：移動中のときで，$H(S) \to$ 大となるから，$G_0(S) \doteqdot \dfrac{G_1(S)}{H(S)}$ 　(9.10)

したがって，

> フィードバック要素 $H(S)$ に線形性の良い速度センサ $(H(S)=K_T S)$ を用い，$|G_2(S)H(S)|$ $\gg 1$ なるようにとれば，要素 $G_2(S)$ に多小非線性があっても，移動中 $G_0(S)$ に影響を与えない。

9.1 フィードバック制御の特徴

［4］ 事例：NC旋盤の位置決め装置

　従来の手操作による旋盤の刃物台の位置決め精度は，送りねじの精度と，操作員の熟練に依存していたので，その加工精度は10［μm］程度が限界であった。**刃物台の位置決めに，フィードバック制御を適用すると，従来方式では考えられない1〜0.1［μm］といった高精度の位置決めが得られる**（図9.6，図9.7）。

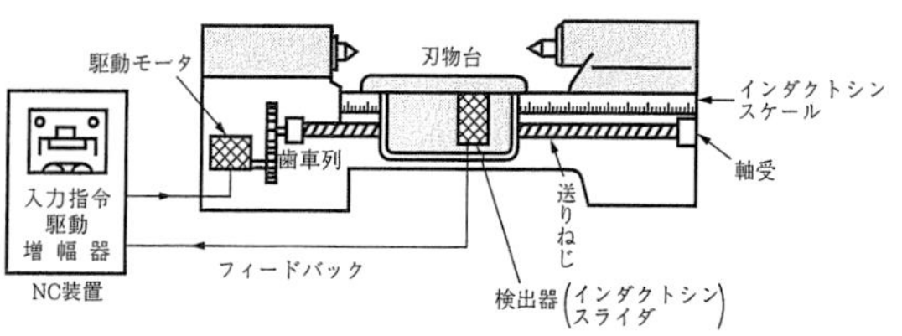

図9.6 閉ループNC旋盤の位置決め装置

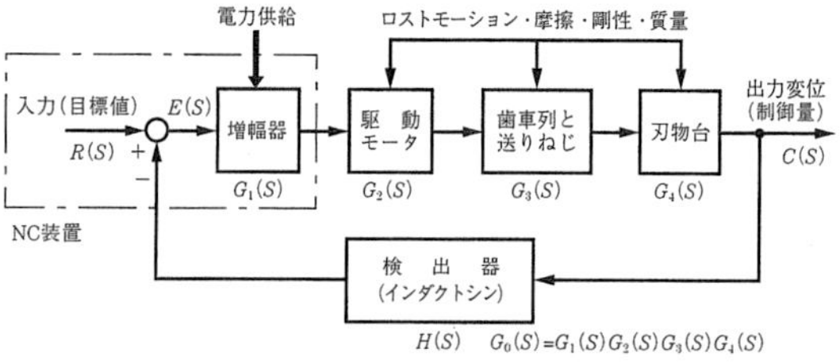

図9.7 図9.6のブロック線図

　図9.7において，NC装置から1パルス1［μm］の指令10パルス（目標値）を増幅器へ入力すると，増幅器→駆動モータ→歯車列と送りねじ→刃物台が駆動される。刃物台の変位置（制御量）は検出器（インダクトシン[1]）で検出し，入力（目標値）にフィードバックしている。フィードバック量が入力指令10パルスに相当する変位10［μm］に達すると刃物台は停止する。

　いま，入力指令1パルスに対し，確実に1［μm］動くフィードバック制御系を構築することができれば，位置決め精度1［μm］のNC旋盤が実現できる。そこで，検出器として，インダクトシン，磁気スケール，レーザスケールなど，1［μm］以下の高精度のものを用い，制御すべき可動部の変位を直接検出すれば，閉ループ系内の**ロストモーション**[2]などによる誤差 Δ は，$\dfrac{\Delta}{|G_0(S)|}$ となる。ここで，一巡伝達関数のゲイン $|G_0(S)|$ を大きくとることができれば，誤差は無視できるほど小さくなる。したがって，刃物台の位置決め精度は，検出器の精度まで高めることが可能となる。

［5］ フィードバック制御系の問題点

　これまで述べてきたように，フィードバック制御を適用すると，**外乱や非線形要素の影響を除去して，高精度が得られ，制御量を目標値に確実に一致**させることができるという利点があることを知った。

　しかしながら，実際の閉ループ系内には，**剛性，質量，固有振動，摩擦力，ロストモーション**などが存在するために，**一巡伝達関数のゲインをいくらでも大きくとれるというわけにゆかない**。

---

1) inductsyn　　2) lost motion［11.7参照］

第9章　フィードバック制御系の特性

また，系内には増幅器とか，駆動モータやサーボ弁など，外部からパワーを取り入れている要素，いわゆる**能動要素**[1]が入っているため，**自励振動**[2]とか，**発振**[3]といった不安定な現象を発生し，装置を破損させるといった問題を起すことがある。

　フィードバック制御では，**系の安定化**に大きな関心を払わなければならない。しかし，極端に**安定化**させると，系の**応答が鈍重**となり，目標値の速い変化に追従できなくなり，**大きな偏差**を生ずる。このような偏差を**動的偏差**[4]といっている。

　フィードバック制御系の特徴である高精度を発揮させ，しかも系が安定で，動的偏差を小さくするには，いかにすればよいかを説明しようとしているのが，本書の主な目的で，第11章に述べておく。

本書の記述のねらい

　わが国では，1960年代に普及した大量生産技術の流れの中で，多くの企業が，NC工作機械の開発をはじめた。工作機械メーカーは従来の手動操作による工作機械の被加工物や工具の位置決めに，一部改造して，フィードバック制御を適用すれば，より高精度な加工が得られるだろうという考えをもっていた。一方NC装置メーカーは，機械を操作する所用の指令をディジタル信号で出すいわゆるNC装置を工作機械メーカーに提供すれば，自動操作で，高精度加工が得られるという思いこみで，NC製品化とそのPRに走った。しかしながら，フィードバック位置決め方式のNC工作機械の多くが，高精度加工機能を発揮させることができず，フィードバック式（閉ループ式）NC工作機械の製品化を断念した。

　結論として，機械の制御にフィードバック方式を用いるには，機械と制御装置のマッチングが重要であることがわかった。従来の制御理論は駆動エネルギ無限大という前提のもとに，信号の伝達のみに着目して論じていた。機械制御系の設計には，制御の基礎理論の理解に加えて，制御系の構成要素の剛性，質量，固有振動数，および駆動力等が，精度，安定性や速応性等にどのようにかかわっているかを理解しておくことが必要である。

　従来の制御工学の本は，機械が与えられており，これをうまく制御するために，どのような制御装置を設計したらよいかに関心が向けられていた。最近機械として要求する性能がきびしくなるに従い，制御装置とともに，制御からみた機械の設計はいかにしたらよいかといった追求が必要となってきた。筆者は，これら実務の要求に応えて，現場的に解決してきた経験結果をもとに，実験やシミュレーション手法で確認し，機械制御を体系化しようと試みたのが，第11章である。

---

1) active element　　2) self excited oscilation　　3) hunting　　4) dynamic error

9.2 定常特性とその評価

ここでは，0形，1形，2形制御系（要素）の直結フィードバック系に，ステップ入力，定速度入力，定加速度入力を与えた場合の定常偏差について述べる。

［1］ 定常偏差[1]

一般に，**図9.8** に示す安定なフィードバック制御系では，目標値 $r(t)$ が単位ステップ状に変化すると，制御量 $C(t)$ は過渡状態からある時間後には定常状態に落ちつく（**図9.9**）。このときの値を**定常値**[2]という。この値は目標値 $r(t)$ と一致するとは限らない。この**目標値と定常値との差を定常偏差**（e_P）といい，定常特性を評価する尺度としている。

図9.10 に示すフィードバック制御系において，t—空間の偏差を $e(t)$，S—空間の偏差を $E(S)$ とすれば，

t—空間の定常偏差 $e_P = \lim_{t \to \infty} e(t)$

$$(9.11)$$

S—空間の偏差 $E(S) = \dfrac{R(S)}{1 + G(S)H(S)}$

$$(9.12)$$

最終値の定理（付録Ⅱ）により

定常偏差 $e_p = \lim_{t \to \infty} e(t) = \lim_{S \to 0} SE(S)$

$$= \lim_{s \to 0} \frac{SR(S)}{1 + G(S)H(S)}$$

$$(9.13)$$

まとめ

定常偏差は目標値 $R(S)$ と，一巡伝達関数 $G(S)H(S)$ によって決まる。

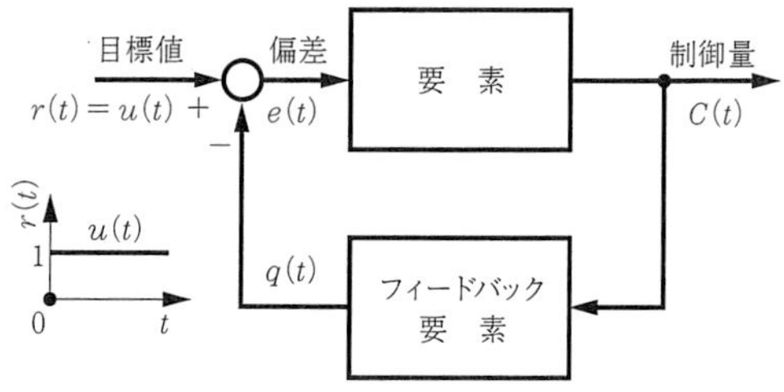

図9.8 フィードバック制御系

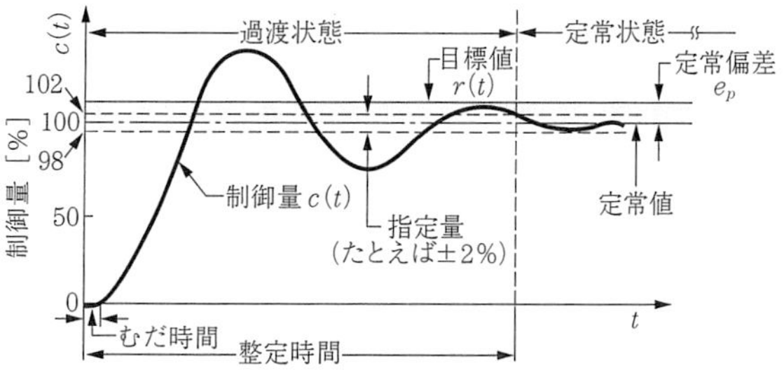

図9.9 定常偏差の説明図

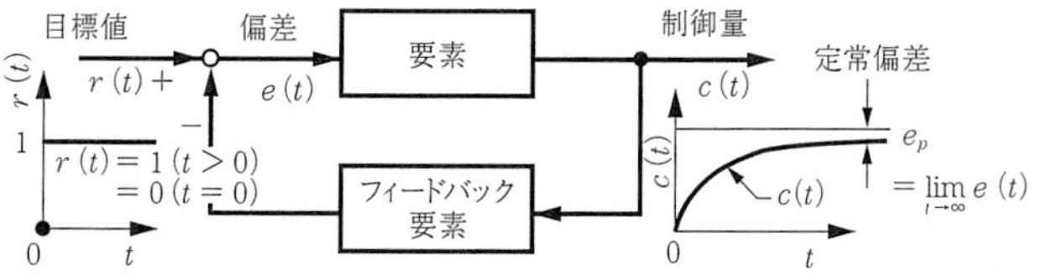

(a) t—空間

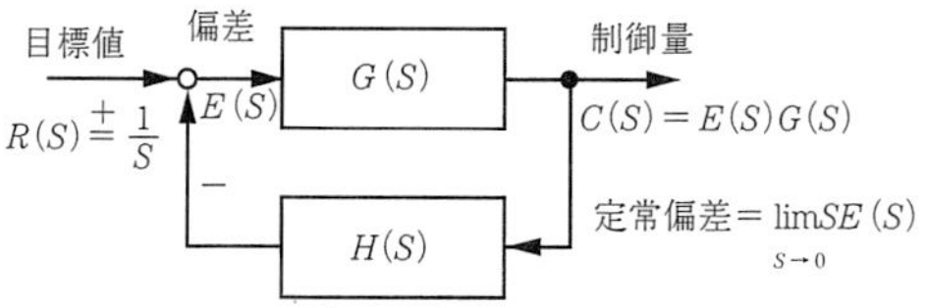

(b) S—空間

図9.10 フィードバック制御系のブロック線図

---

1) steady state deviation, steady state error　　2) steady state value

第9章　フィードバック制御系の特性

［2］　定常偏差に及ぼす目標値と一巡伝達関数〔制御系（要素）の形〕との関係

図9.11 に示す安定な閉ループ制御系は，**図9.12** のように，一巡伝達関数 $G(S)H(S)$ の直結フィードバック制御系と，フィードバック伝達関数の逆数 $\dfrac{1}{H(S)}$ とを結合した形になる。図9.11 に示す系の定常偏差は目標値 $[R(S)]$ と一巡伝達関数 $[G(S)\cdot H(S)]$ に関係していることを知った。したがって，**図9.13** に示す直結フィードバック系について検討すれば，一般性が得られる。そこで，説明をわかりやすくするために，ここでは，図9.13 に示す直結フィードバック系について，**定常偏差に及ぼす目標値 $[R(S)]$ と，制御系（要素）$[G(S)]$ との関係**について調べてみる。

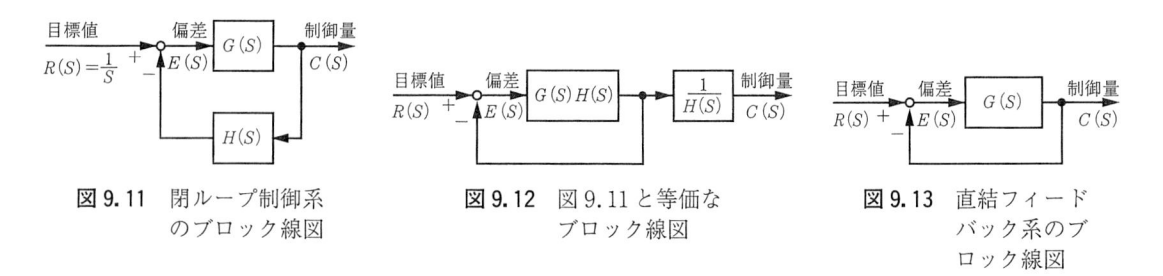

図 9.11　閉ループ制御系のブロック線図

図 9.12　図9.11と等価なブロック線図

図 9.13　直結フィードバック系のブロック線図

定常偏差としては，よく用いられている次の3つについて考察する（表6.1）。

（1）　**定常位置偏差**[1]（オフセット）……ステップ入力を与えた場合の定常偏差 $[\boldsymbol{e_P}]$

（2）　**定常速度偏差**[2]（ドループ）………ランプ入力を与えた場合の定常偏差　　$[\boldsymbol{e_v}]$

（3）　**定常加速度偏差**[3] ………………………定加速度入力を与えた場合の定常偏差 $[\boldsymbol{e_a}]$

図9.14 に示す要素 $G(S)$ の直結フィードバック系の目標値を $r(t)[R(S)]$ として，**①ステップ入力，②ランプ入力，③定加速度入力**を与えた場合の定常偏差を求めてみよう。

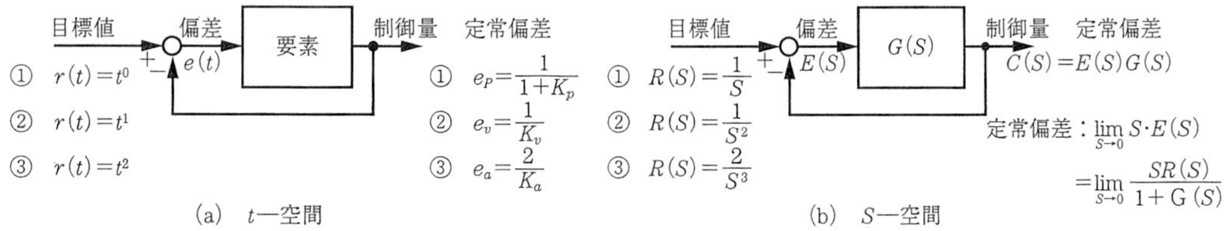

(a)　t—空間　　　　　　　　　　　　　　　　　　(b)　S—空間

図 9.14　直結フィードバック制御系のブロック線図

---

1) static position error, off set, step error.　　2) static velocity error, velocity–lag error, droop, ramp error

3) static acceleration error.

① ステップ入力　$r(t)=1$　$t>0$
　　　　　　　　$=0$　$t=0$　$\Big\}$　印加の場合：$R(S)=\dfrac{1}{S}$

式(9.13)より，**定常位置偏差** $e_p=\lim\limits_{S\to 0}\dfrac{S\cdot\dfrac{1}{S}}{1+G(S)}=\dfrac{1}{1+\lim\limits_{S\to 0}G(S)}=\dfrac{1}{1+K_P}$　　　　　(9.14)

ここで，$K_p=\lim\limits_{S\to 0}G(S)$ を**位置偏差定数**という。

② ランプ入力　　$r(t)=t$　$t\geqq 0$　印加の場合：$R(S)=\dfrac{1}{S^2}$

　　　　定常速度偏差 $e_v=\lim\limits_{S\to 0}\dfrac{S\cdot\left(\dfrac{1}{S^2}\right)}{1+G(S)}=\lim\limits_{S\to 0}\dfrac{1}{SG(S)}=\dfrac{1}{K_v}$　　　　　(9.15)

　　ここで，$K_v=\lim\limits_{S\to 0}SG(S)$ を**速度偏差定数**という。

③ 定加速度入力　$r(t)=t^2$　$t\geqq 0$ 印加の場合：$R(S)=\dfrac{2}{S^3}$

　　　　定常加速度偏差 $e_a=\lim\limits_{S\to 0}\dfrac{S\cdot\left(\dfrac{2}{S^3}\right)}{1+G(S)}=\lim\limits_{S\to 0}\dfrac{2}{S^2G(S)}=\dfrac{2}{K_a}$　　　　　(9.16)

　　ここで，$K_a=\lim\limits_{S\to 0}S^2G(S)$ を**加速度偏差定数**という。

　以上の結果，定常偏差は一巡伝達関数 $G(S)H(S)$（ここでは $H(S)=1$）の形によって決まる。一般に，伝達関数 $G(S)$ の直結フィードバック系に，目標値として，t^0, t^1, t^2, $\cdots\cdots t^n$, $\left[\dfrac{1}{S}, \dfrac{1}{S^2},\right.$ $\dfrac{2}{S^3}, \cdots\cdots, \left.\dfrac{(n-1)!}{S^n}\right]$ に比例する値を与えた場合，その制御量の定常偏差が一定値となる制御系を，それぞれ **0形，1形，2形，……n形制御系**という。

[3]　制御系（要素）の形と定常偏差との関係

（1）　0形制御系[1]

$G(S)=\dfrac{K}{TS+1}$ の直結フィードバック系にステップ入力 $r(t)=t^0\left[\dfrac{1}{S}\right]$，ランプ入力 $r(t)=t^1$

$\left[\dfrac{1}{S^2}\right]$，**定加速度入力** $r(t)=t^2\left[\dfrac{2}{S^3}\right]$ を与えたときの定常偏差は，**図9.15** となる。

この図より，ステップ入力 $r(t)=t^0\left[\dfrac{1}{S}\right]$ のとき，定常位置偏差 $\left(e_P=\dfrac{1}{1+K}\right)$ が一定値となる。したがって，

> $\dfrac{K}{TS+1}$ の直結フィードバック系は0形制御系である。

0形制御系の定常位置偏差は $\dfrac{1}{1+K}$ となる。したがって，ゲイン K を大きくすれば，定常位置偏差は K に反比例して小さくなる。すなわち，静止している目標には高精度で位置決めができるが，動いている目標には追いつくことができない。

---
1) type zero control system

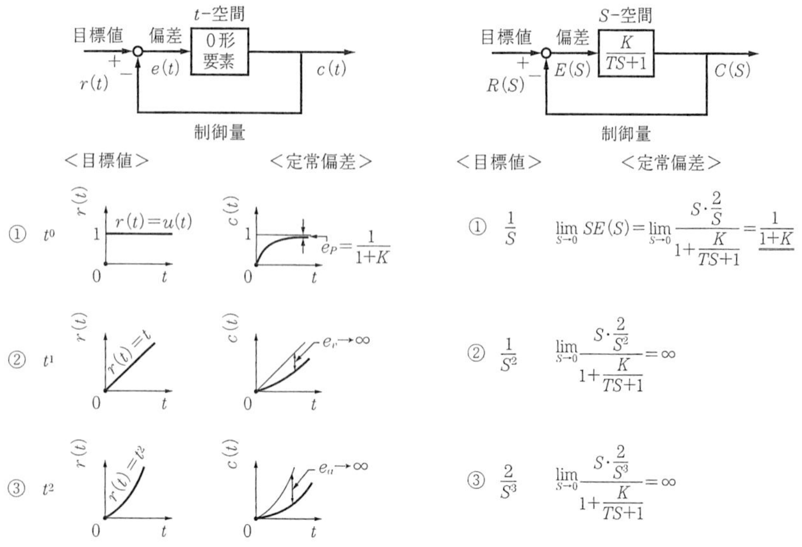

第9章　フィードバック制御系の特性

<目標値>　　　　<定常偏差>　　　　　　　　<目標値>　　　　<定常偏差>

① t^0

② t^1

③ t^2

① $\dfrac{1}{S}$　　$\displaystyle\lim_{S\to 0} SE(S)=\lim_{S\to 0}\dfrac{S\cdot\dfrac{2}{S}}{1+\dfrac{K}{TS+1}}=\dfrac{1}{1+K}$

② $\dfrac{1}{S^2}$　　$\displaystyle\lim_{S\to 0}\dfrac{S\cdot\dfrac{2}{S^2}}{1+\dfrac{K}{TS+1}}=\infty$

③ $\dfrac{2}{S^3}$　　$\displaystyle\lim_{S\to 0}\dfrac{S\cdot\dfrac{2}{S^3}}{1+\dfrac{K}{TS+1}}=\infty$

図 9.15　0 形制御系の目標
値と定常偏差

（2）　1 形制御系[1]

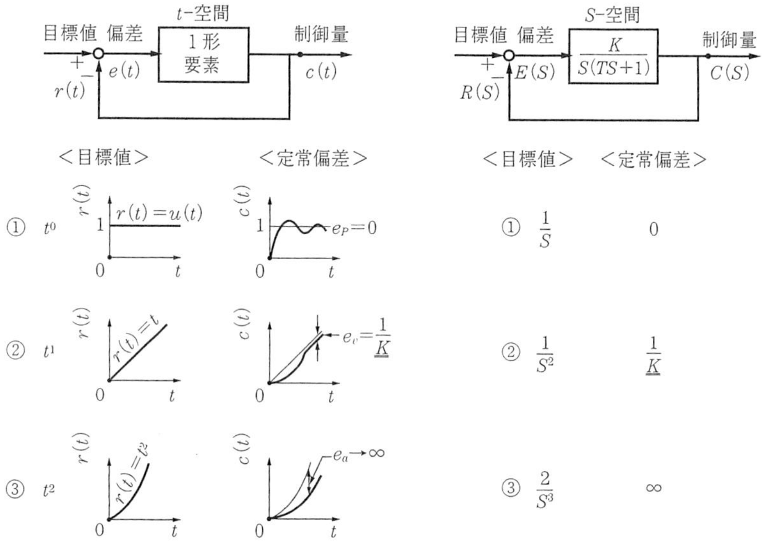

<目標値>　　　　<定常偏差>　　　　　<目標値>　　<定常偏差>

① t^0　　　　　　　　　　　　　　　① $\dfrac{1}{S}$　　　　0

② t^1　　　　　　　　　　　　　　　② $\dfrac{1}{S^2}$　　　$\dfrac{1}{K}$

③ t^2　　　　　　　　　　　　　　　③ $\dfrac{2}{S^3}$　　　∞

図 9.16　1 形制御系の目標値
と定常偏差

$G(S)=\dfrac{K}{S(TS+1)}$ の直結フィードバック系にステップ入力 $r(t)=t^0\left[\dfrac{1}{S}\right]$，ランプ入力 $r(t)=t^1\left[\dfrac{1}{S^2}\right]$，定加速度入力 $r(t)=t^2\left[\dfrac{2}{S^3}\right]$ を与えたときの定常偏差は，**図 9.16** となる。この図より，定常偏差が一定となるのは，定速度入力 $r(t)=t^1\left[\dfrac{1}{S^2}\right]$ のときである。したがって，

$\dfrac{K}{S(TS+1)}$ **の直結フィードバック系は 1 形制御系である。**

---

1 形制御系は定速度で動いている目標には，$\dfrac{1}{K}$ の偏差で追従するが，加速度をだして動いている目標を追従することはできない。

---

1) type one control system

9.2 定常特性とその評価

（3） 2形制御系[1]

$G(S) = \dfrac{K}{S^2(TS+1)}$ の直結フィードバック系にステップ入力 $r(t)=t^0\left[\dfrac{1}{S}\right]$、ランプ入力 $r(t)=t\left[\dfrac{1}{S^2}\right]$、定加速度入力 $r(t)=t^2\left[\dfrac{2}{S^3}\right]$ を与えたときの定常偏差は図 9.17 となる。

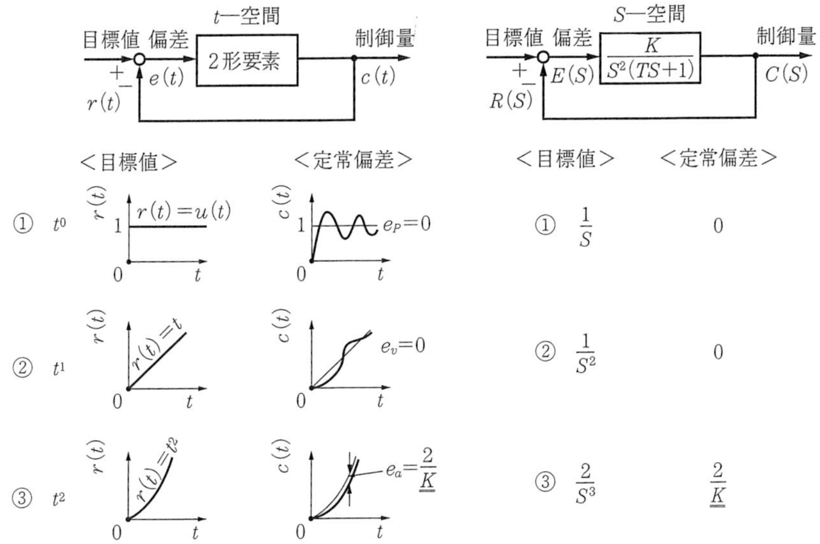

図 9.17 2形制御系の目標値と定常偏差

この図より、定常偏差が一定となるのは、定加速度入力 $r(t)=t^2\left[\dfrac{2}{S^3}\right]$ のときである。したがって、

$\boxed{\dfrac{K}{S^2(TS+1)}\text{ の直結フィードバック系は 2 形制御系である。}}$

2形制御系は静止、定速度で動いている目標には、絶えず近づこうとする修正動作をする。加速度で動いている目標には、$\dfrac{2}{K}$ の偏差で追従することができる。

以上より、加速度を出して逃げる戦闘機を追撃するミサイルの制御系は、2形制御系以上の系にしないと命中させることができない。

以上の結果をまとめたものが表 9.1 である。

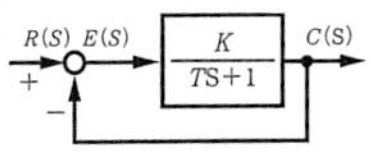

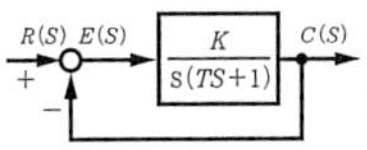

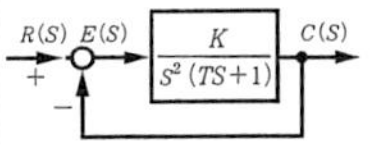

表 9.1 0形、1形、2形制御系と定常偏差

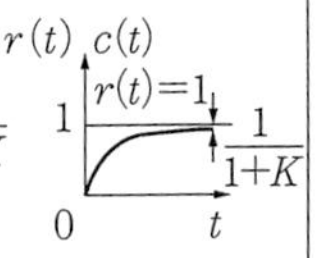

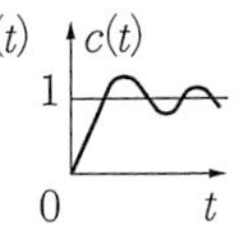

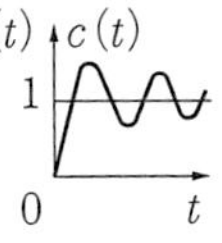

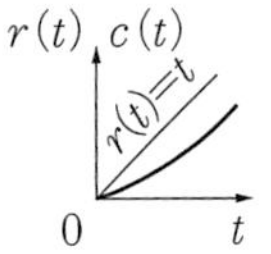

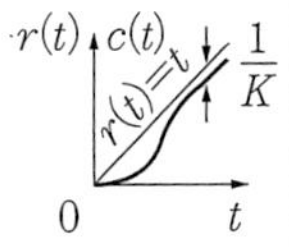

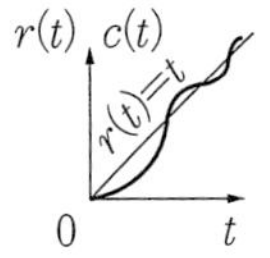

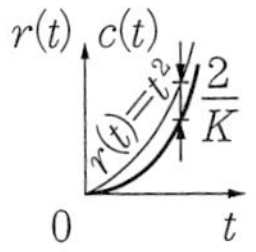

1) type two control system

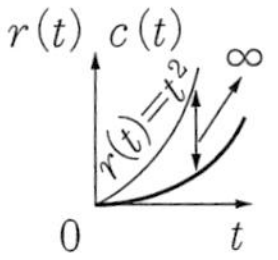

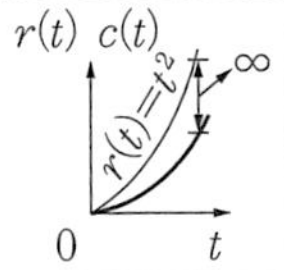

第9章　フィードバック制御系の特性

9.3　閉ループ制御系の過渡応答

図9.18(a)において，目標値を $R(S)$，制御量を $C(S)$ とした閉ループ伝達関数 $W(S)$ は，

$$W(S) = \frac{C(S)}{R(S)} = \frac{G(S)}{1+G(S)H(S)} \quad (9.17)$$

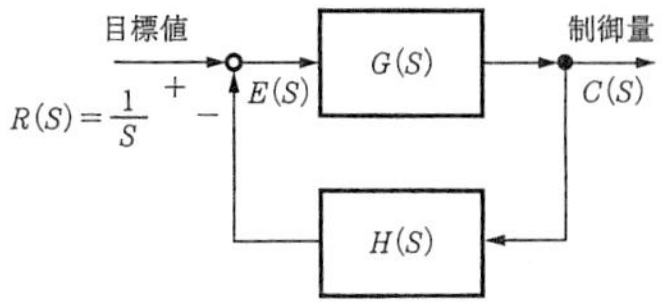

一般に安定な閉ループ制御系 $W(S)$ に，単位ステップ入力を与えると，制御量 $C(t)$ は，図9.18(b)のような2次遅れ系に似た形となる。

この図において，制御量 $C(t)$ の**定常値**[1]（100%）から行過ぎた最大値を**行過ぎ量**[2] θ_0，そのときの時間を**行過ぎ時間**[3] T_0 という。また制御量 $C(t)$ が定常値の 10% から 90% に達するまでの時間

(a) 閉ループ制御系のブロック線図

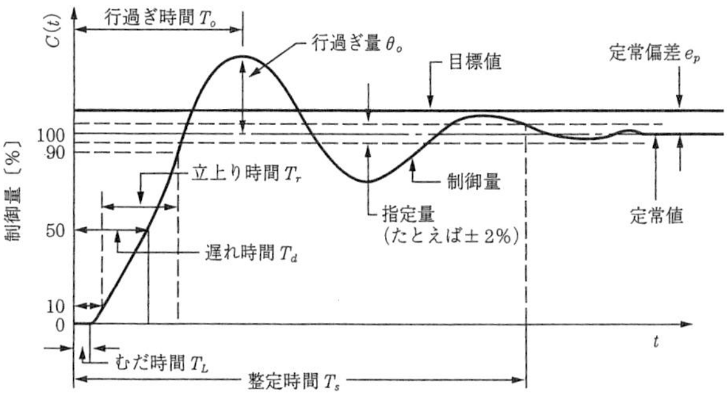

(b) 目標値の単位ステップ変化に対する応答

図9.18　閉ループ制御系のステップ応答

を**立上り時間**[4] T_r，0% から 50% に達するまでの時間を**遅れ時間**[5] T_d，応答が現れない時間を**むだ時間**[6] T_L，制御量 $C(t)$ が定常値から指定した値,たとえば±2% の範囲内に落ちつくまでの時間を**整定時間**[7] T_s と定めている。ここで，**目標値（入力）と定常値との差が定常偏差**[8] e_P である。これらの諸量は，系の性能をステップ応答で評価する場合の尺度として用いているもので，**表9.2** に表記しておく。

表9.2　ステップ応答の性能評価の尺度（IEC/TC 65　p. 1–2, JIS–Z–8116）

No.	呼 び 名	文字記号	評価の内容	評 価 の 尺 度
1	整 定 時 間	T_S	速応性	短いほどよい。
2	行 過 ぎ 時 間	T_0	速応性，動的偏差	短いほどよい。短くすると，行過ぎ量が大となる。
3	立 上 り 時 間	T_r	速応性，動的偏差	同上。
4	遅 れ 時 間	T_d	速応性	短いほどよい。
5	む だ 時 間	T_L	速応性，精度	同上。
6	行 過 ぎ 量	θ_0	安定性，動的偏差	小さいほどよい。
7	定 常 偏 差	e_P	速応性，精度	同上。
8	減 衰 率	ζ	安定性	速く減衰するほどよい。

---

1) steady state value　2) overshoot　3) overshoot time　4) rise time　5) delay time　6) dead time

7) settling time　8) steady–state deviation

9.4 閉ループ制御系の周波数応答

図9.19(a)に示すブロック線図において，閉ループ周波数伝達関数 $W(j\omega)$ は，

$$W(j\omega) = \frac{G(j\omega)}{1+G(j\omega)H(j\omega)} \qquad (9.18)$$

ここでは，この周波数応答線図（**ボード線図**）を描いて，その曲線の形状から特性を調べてみる。

一般に，閉ループ位置決め制御系の一巡周波数伝達関数 $G(j\omega)H(j\omega)$ は，低周波数域ではゲインを大きく（位置決め精度向上），高周波数域ではゲインが小さく（耐ノイズ強化）なるように設計している。

説明をわかりやすくするため，ここでは，図9.19(a)のフィードバック要素 $H(j\omega)=1$ として考える。

この閉ループ系が安定であれば，式(9.18)は，

低周波数域：$\displaystyle\lim_{\omega\to 0}|W(j\omega)| \fallingdotseq 1$,

$\displaystyle\lim_{\omega\to 0}\angle W(j\omega) \fallingdotseq 0 \quad [°] \qquad (9.19)$

高周波数域：$\displaystyle\lim_{\omega\to\infty}|W(j\omega)| \fallingdotseq 0$,

$\displaystyle\lim_{\omega\to\infty}\angle W(j\omega) \fallingdotseq \angle G(j\omega) \quad [°] \quad (9.20)$

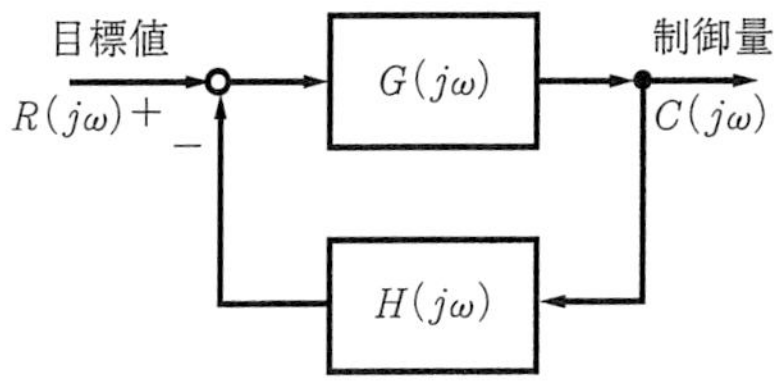

(a) 閉ループ制御系のブロック線図

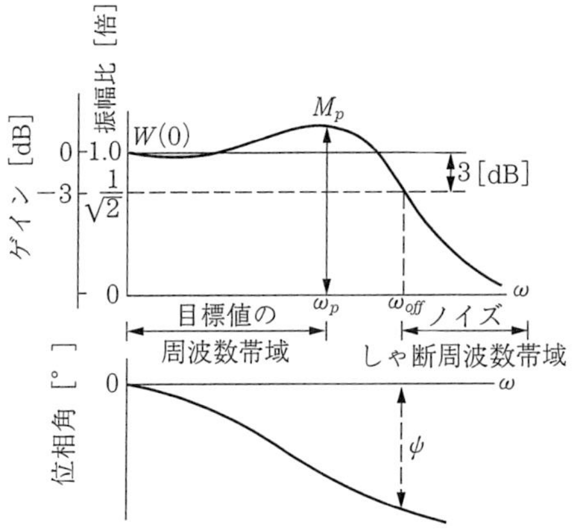

(b) ボード線図

図9.19 閉ループ制御系の周波数応答

したがって，図9.19(b)に示すように，2次遅れ要素に似た形となる。

ここで，**ゲイン** $|W(j\omega)|$ **の最大値** M_P **を共振値**[1]，このときの**角周波数** ω_P **を共振角周波数**[2]という。機械制御では，**共振値** M_P は，**1.3程度以下に抑える**ことが望ましい。

角周波数 ω が ω_p を超えると，ゲイン $|W(j\omega)|$ は次第に減少し，$|W(j\omega)| = \dfrac{1}{\sqrt{2}} \fallingdotseq -3\,[\text{dB}]$ になるときの角周波数 ω_{off} を**しゃ断角周波数**[3]という。これは，入力信号に ω_{off} より高い周波数のノイズが混入しても，出力側では大きく減衰し，ノイズをしゃ断してしまう周波数を意味している。

---

1) resonance value　　2) resonance angular frequency　　3) cutt-off angular frequency

第9章　フィードバック制御系の特性

9.5　開ループ系とその閉ループ系の周波数応答

図 9.20(a), (b) に示す開ループ周波数伝達関数 $G(j\omega)$ と，対応する閉ループ周波数伝達関数 $W(j\omega) = \dfrac{G(j\omega)}{1+G(j\omega)H(j\omega)}$ との関係を，ボード線図上で調べてみよう。

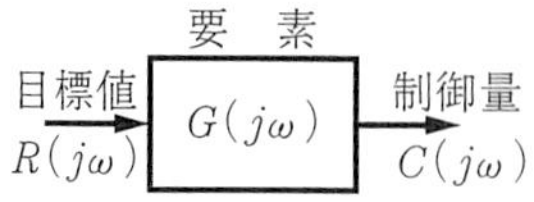

$W(j\omega)$ のボード線図を近似的に描くには，大体の目安として，次の手法を用いると便利である。

低周波数域：$|G(j\omega)H(j\omega)| \gg 1$ のとき，

$$|W(j\omega)| \fallingdotseq \left| \frac{1}{H(j\omega)} \right| \qquad (9.21)$$

高周波数域：$|G(j\omega)H(j\omega)| \ll 1$ のとき，

$$|W(j\omega)| \fallingdotseq |G(j\omega)| \qquad (9.22)$$

ここで，わかりやすく説明するため，

$$\boldsymbol{G(j\omega)} = \frac{10}{j\omega} \qquad (9.23)$$

$\boldsymbol{H(j\omega)} = 1$ とすれば，$\boldsymbol{W(j\omega)} = \dfrac{1}{0.1j\omega+1}$　(9.24)

したがって，$\omega = 1, 10, 100$ [rad/s] における $G(j\omega)$，$W(j\omega)$ の値を求めれば，**表 9.3** のようになる。この表より，開ループ系のゲイン $|G(j\omega)| = \left| \dfrac{10}{j\omega} \right|$ のボード線図は，**図 9.21** に示すように，-20 [dB/dec] の直線となる。

また，閉ループ系 $W(j\omega) = \dfrac{1}{0.1j\omega+1}$ において，

低周波数域：$|G(j\omega) \cdot 1| \gg 1$ のとき，

$$|W(j\omega)| \fallingdotseq 1$$

高周波数域：$|G(j\omega) \cdot 1| \ll 1$ のとき，

$$|W(j\omega)| \fallingdotseq \left| \frac{10}{j\omega} \right|$$

したがって，$W(j\omega)$ のゲインは**低周波数域では 0[dB]** に近づき，**高周波数域では $\boldsymbol{G(j\omega)}$ のゲインに漸近**し，図 9.21 のようになる。

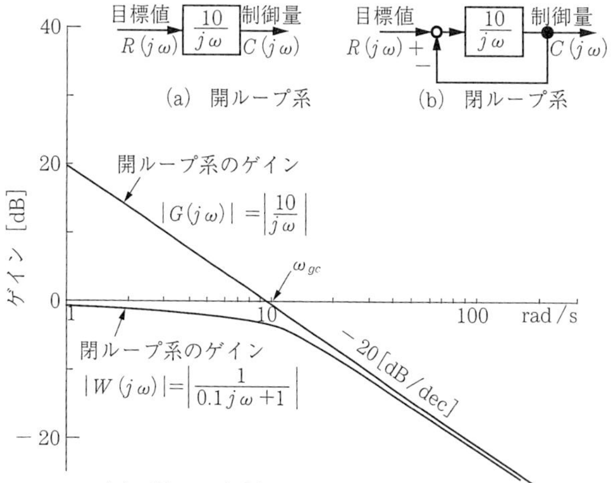

ここで，**ゲイン交点角周波数** $\omega_{gc} = 10$ [rad/s]，**コーナ角周波数** $\omega_c = 10$ [rad/s] となる。また，**位相線図**は，1 次遅れ要素 $\dfrac{1}{0.1j\omega+1}$ の位相線図となる。

(a) 開ループ系 $G(j\omega)$ のブロック線図

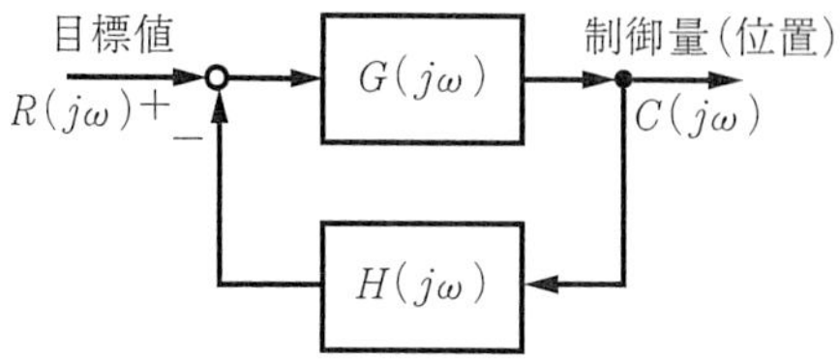

(b) $G(j\omega)$ を閉ループ系にしたブロック線図

図 9.20　開ループ系と閉ループ系の
ブロック線図

表 9.3　$G(j\omega)$ と $W(j\omega)$ の計算値

ω	$G(j\omega) = \dfrac{10}{j\omega}$	$W(j\omega) = \dfrac{1}{0.1j\omega+1}$
	$20\log_{10}|G(j\omega)|$	$20\log_{10}|W(j\omega)| =$ $20\log_{10}\dfrac{1}{\sqrt{1+(0.1\omega)^2}}$
1	20 [dB]	-0.043
10	0	-3.010
100	-20	-20.043

図 9.21　開ループ系と閉ループ系のボード線図（ゲイン線図）

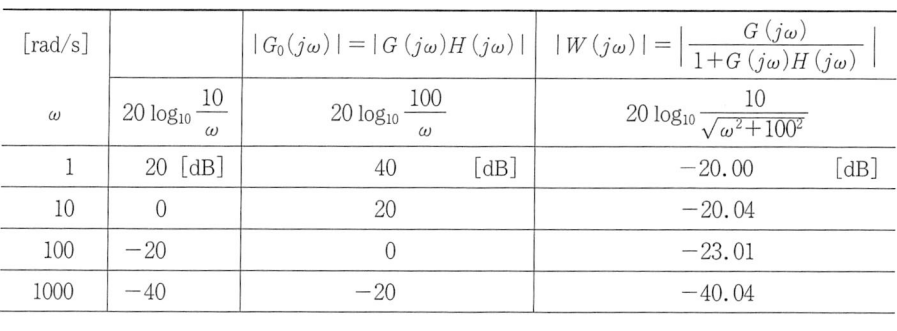

9.5 開ループ系とその閉ループ系の周波数応答

例題 1 図9.20(b)において，$G(j\omega) = \dfrac{10}{j\omega}$，$H(j\omega) = 10$ としたとき，前向き周波数伝達関数 $G(j\omega)$ と，一巡周波数伝達関数 $G_0(j\omega)$，および，その閉ループ周波数伝達関数 $W(j\omega)$ の周波数応答のゲイン線図を描け。

[解] $|G(j\omega)| = \left|\dfrac{10}{j\omega}\right| = \dfrac{10}{\omega}$ $|G_0(j\omega)| = \left|\dfrac{10 \times 10}{j\omega}\right| = \dfrac{100}{\omega}$

$$W(j\omega) = \frac{G(j\omega)}{1 + G(j\omega)H(j\omega)} = \frac{10}{j\omega + 100} = \frac{1000}{\omega^2 + 100^2} - j\frac{10\,\omega}{\omega^2 + 100^2}$$

$$\therefore \quad |W(j\omega)| = \frac{10}{\sqrt{\omega^2 + 100^2}}$$

表9.4 $|G(j\omega)|$，$|G_0(j\omega)|$，$|W(j\omega)|$ の計算値

[rad/s] ω	$20\log_{10}\dfrac{10}{\omega}$	$\left\| G_0(j\omega)\right\| = \left\| G(j\omega)H(j\omega)\right\|$ $20\log_{10}\dfrac{100}{\omega}$	$\left\| W(j\omega)\right\| = \left\|\dfrac{G(j\omega)}{1 + G(j\omega)H(j\omega)}\right\|$ $20\log_{10}\dfrac{10}{\sqrt{\omega^2 + 100^2}}$
1	20 [dB]	40 [dB]	-20.00 [dB]
10	0	20	-20.04
100	-20	0	-23.01
1000	-40	-20	-40.04

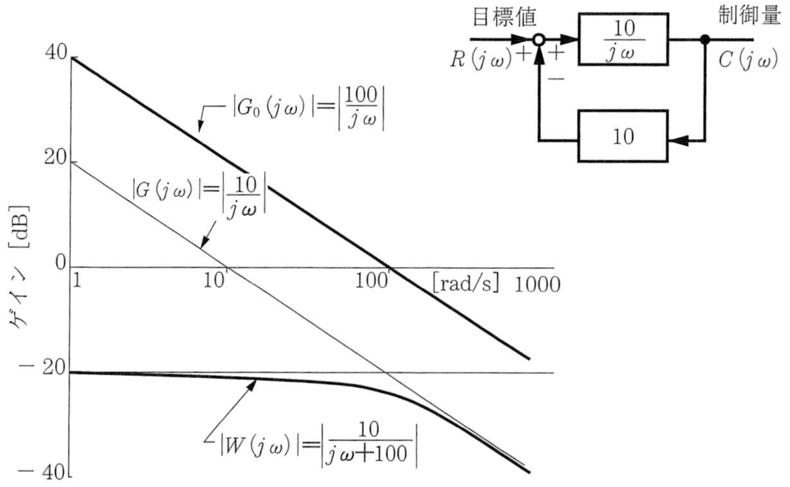

図9.22 $G(j\omega) = \dfrac{10}{j\omega}$，$G_0(j\omega) = \dfrac{100}{j\omega}$，$W(j\omega) = \dfrac{G(j\omega)}{1 + G_0(j\omega)}$ のボード線図

105

第9章　フィードバック制御系の特性

9.6　開ループ系とその閉ループ装置の周波数応答

前節では開ループ系と閉ループ系の周波数応答の理論について述べてきた。ここでは，制御装置のシステム設計に，ボード線図がどのように用いられているか，機械テーブル駆動装置を事例として採り上げ，具体的に説明している。

[1]　装置—1（開ループ系）

図9.23(a)は，偏心円板を定速度で回転させると，それに接触して動く案内弁により，油流量を制御して，機械テーブルを左右に駆動している開ループ系駆動装置である（8.1節参照）。

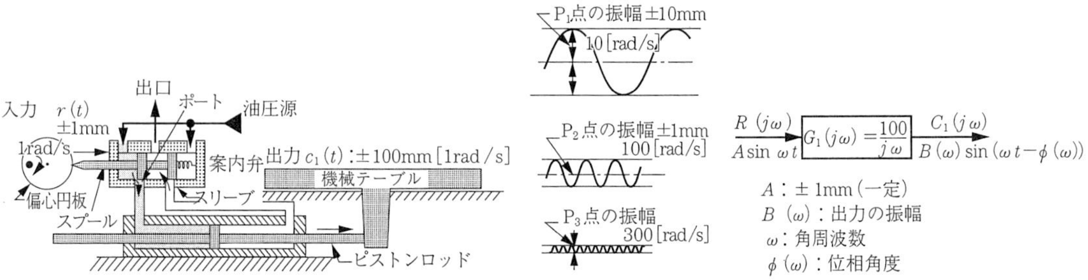

(a)　装置—1の構成（開ループ系）　　(b)　機械テーブルの動き　　(c)　装置—1のブロック線図

図9.23　装置—1（開ループ駆動装置）

いま，偏心円板の回転速度，すなわち，案内弁のスプールの動き$r(t)$（±1 [mm] 一定）を速くすると，機械テーブルの振幅$c_1(t)$は，角周波数ωの増大に伴い，図9.23(b)に示すように減少する。その測定値が**表9.5**である。この関係をボード線図で表示したものが**図9.24**である。

表9.5　テーブルの正弦波運動の速さと振幅

テーブルの振幅の速さ [rad/s]	テーブルの振幅 $c_1(t)$
1	±100　　[mm]
10	± 10
100	± 1
1000	± 0.1

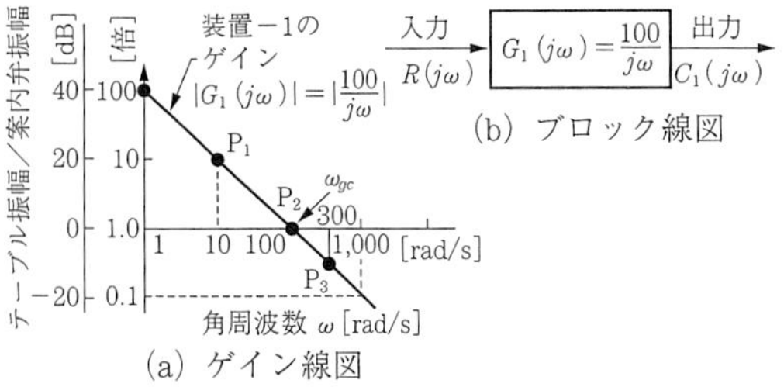

図9.24　装置—1（開ループ系）のボード線図

以上のデータより，**装置—1の周波数伝達関数**　$G_1(j\omega) = \dfrac{100}{j\omega}$　　　　　　(9.25)

したがって，　　　**装置—1の伝達関数**　　$G_1(S) = \dfrac{100}{S}$　　　　　　(9.26)

すなわち，**装置—1は積分要素**の特性をもつ。

また，実験データ**図9.24**のゲイン線図は，－20 [dB/dec] の直線であるから，積分要素の特性を持っていることが直ぐにわかる。

106

9.6　開ループ系とその閉ループ装置の周波数応答

［2］　装置—2（閉ループ系：直結フィードバック）

図9.23(a)に示す装置—1の機械テーブルを案内弁のスリーブに直結して，閉ループ系にした装置が図 **9.25**(a)で，そのブロック線図が図9.25(b)である。

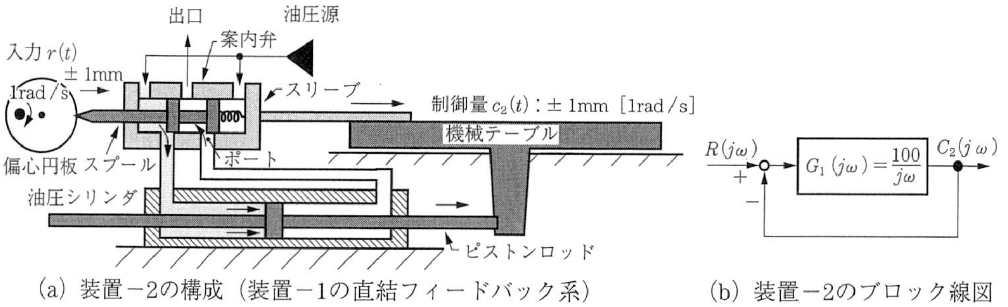

(a) 装置—2の構成（装置—1の直結フィードバック系）　　(b) 装置—2のブロック線図

図9.25　装置—2（閉ループ系：直結フィードバック）

図9.25(a)において，案内弁のスプールが偏心円板の回転に応じて動くと，作動油が油圧シリンダの左側に流入し，ピストンロッドを→印方向に動かす。ピストンロッドに直結している機械テーブルは，案内弁のスリーブと一緒にポートを閉じる方向に動き，油路を閉じきったところでテーブルを停止させるという閉ループ系を構成している。これは，図9.23(c)に示す開ループ系のブロック線図に，直結フィードバックをとったブロック線図を示す図9.25(b)となる。

この閉ループ周波数伝達関数：$W_2(j\omega) = \dfrac{C_2(j\omega)}{R(j\omega)} = \dfrac{1}{\dfrac{1}{100}j\omega + 1}$　　　　(9.27)

したがって，この装置の伝達関数：$W_2(S) = \dfrac{1}{\dfrac{1}{100}S + 1}$　　　　(9.28)

図9.23に示す装置—1 $\left(G_1(j\omega) = \dfrac{100}{j\omega}\right)$ と，図9.25に示す装置—2 $\left(W_2(j\omega) = \dfrac{1}{\dfrac{1}{100}j\omega + 1}\right)$ のボード線図（ゲイン）を同じ座標軸に描くと，**図9.26** のようになる。

これらのゲイン線図より，**積分要素の装置**（装置—1）に，直結フィードバックをとって，**閉ループ系にした装置**（装置—2）は，**1次遅れ要素の特性**を示すことがわかる。そして，装置—2の出力振幅が，入力振幅に対して減衰することなく追従する角周波数の値は，装置—1（閉ループ系）の**ゲイン交点角周波数**（ω_{gc}）にほぼ近いことがわかる。

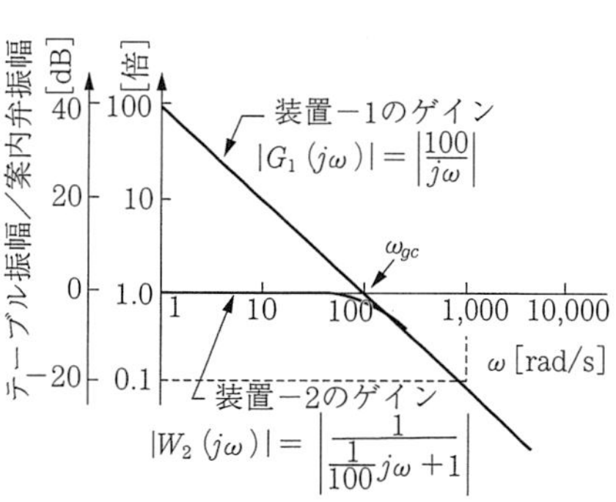

図9.26　装置—1と装置—2のボード線図

107

第 9 章　フィードバック制御系の特性

［3］　装置—3（閉ループ系：フィードバック要素，$\frac{1}{4}$）

図9.25(a)に示す機械テーブルの制御量 $c_2(t)$ は，案内弁スプールの変位量 $r(t)$ と等しいので，機械テーブルの移動量が小さくて実用にならない。そこで，**図9.27**(a)のように，フィードバックリンク比を 1：4 にすれば，テーブル変位量 $c_3(t)$ は案内弁スプール変位量 $r(t)$ の4倍となる。このブロック線図を図9.27(b)に示す。

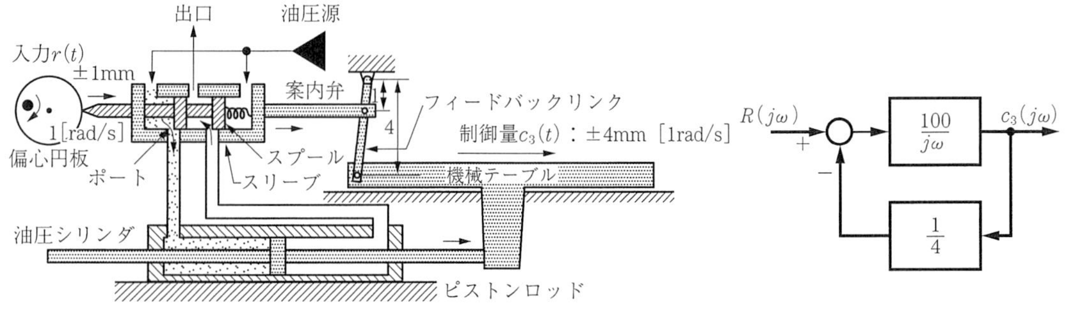

(a)　装置−3の構成（フィードバックリンク比，1：4）　　　(b)　装置−3のブロック線図

図9.27　装置—3（閉ループ系：フィードバックリンク比，1：4）

この装置—3 の閉ループ周波数伝達関数 $W_3(j\omega) = \dfrac{c_3(j\omega)}{R(j\omega)}$ は次式となる。

$$W_3(j\omega) = \frac{4}{\dfrac{1}{25}j\omega + 1} \qquad (9.29)$$

$W_3(j\omega)$ のボード線図は，**図9.28** となる。この図より，ゲイン，すなわち，**機械テーブルの移動量は4倍大きくなる**が，**コーナ角周波数 ω_c は，25 [rad/s] と，1/4 遅くなってしまう。**

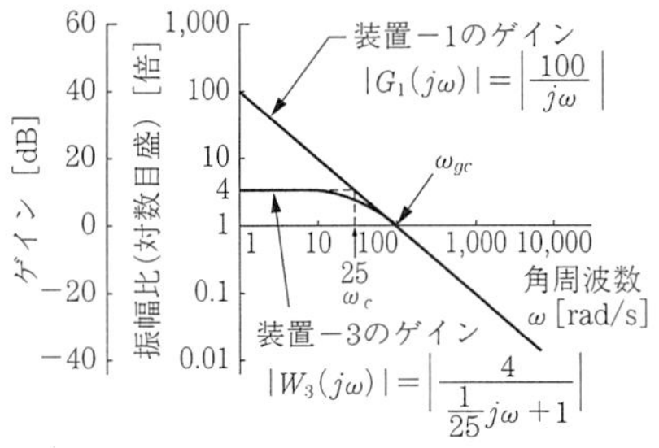

図9.28　装置—3 のボード線図（ゲイン曲線）

［4］　装置—4［装置—3 の（前向き要素のゲイン）×4］

装置—3 のコーナ角周波数 $\omega_c = 25$ [rad/s] を装置—2 のコーナ角周波数 100 [rad/s] と同じにするには，**図9.29** の実線で示すように，$|G_1(j\omega)| = \left|\dfrac{100}{j\omega}\right|$ を4倍にして，

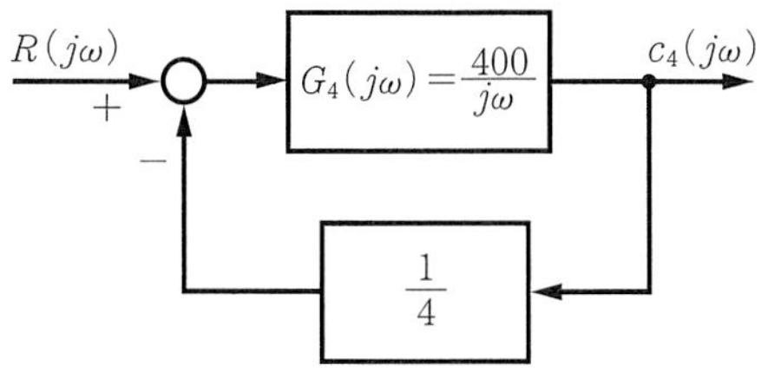

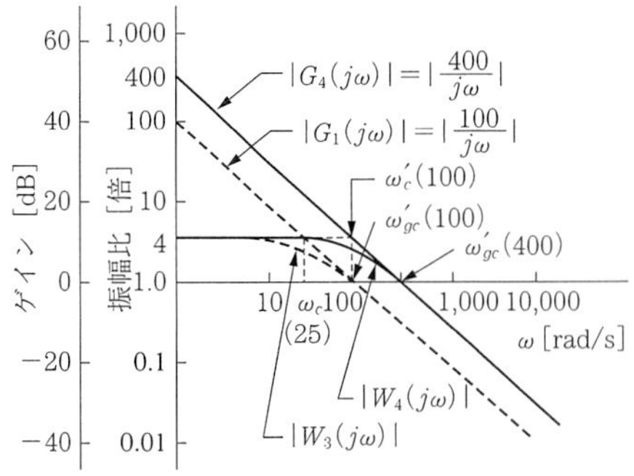

図9.29　装置—4 のボード線図

$$\left(W_4(j\omega) = \frac{4}{\dfrac{1}{100}j\omega + 1}\right)$$

図9.30　装置—4 のブロック線図

108

9.6 開ループ系とその閉ループ装置の周波数応答

$|G_4(j\omega)| = \left| \dfrac{400}{j\omega} \right|$ とすればよい。このように装置—3のゲインを調整したものを装置—4とすれば，このブロック線図は**図9.30**となる。

したがって，装置—4の閉ループ周波数伝達関数 $W_4(j\omega) = \dfrac{C_4(j\omega)}{R(j\omega)}$ は次式となる。

$$W_4(j\omega) = \frac{4}{\dfrac{1}{100}j\omega + 1} \tag{9.30}$$

　以上の考察には，案内弁に流入する油圧力や，最大流量等，油圧供給装置の容量を無視して，信号の伝達のみについて考えてきたものである。装置—2（図9.25）の周波数応答特性を満たしている油圧供給装置や，案内弁の最大制御流量を変えないで，装置—3（図9.27）に示す応答振幅と速さとを出させるためには，油圧シリンダの受圧面積を1/4小さくすればよい。しかし，駆動負荷の面から，油圧シリンダの受圧面積を変更できない場合は，油圧供給装置と案内弁の定格流量を4倍大きく変更するか，油圧供給装置および関連機器の供給圧力を4倍高める対策が必要である。

　制御装置を設計する実務に際しては，これまで述べてきた制御工学的考察とともに，動力供給装置としての圧力や流量の仕様，負荷条件，保守，運転，価格，市販部品の有無，工期などについて総合的に検討し，それらの最適な値を求めることが重要である。

（例題）　図(a)に示す位置決め制御系において，出力（変位量）の大きさは変えずに，動特性（時定数）のみを10倍の速さにするためには，図(b)の要素 $\boxed{1}$，$\boxed{2}$ の周波数伝達関数をどのようにすればよいか。

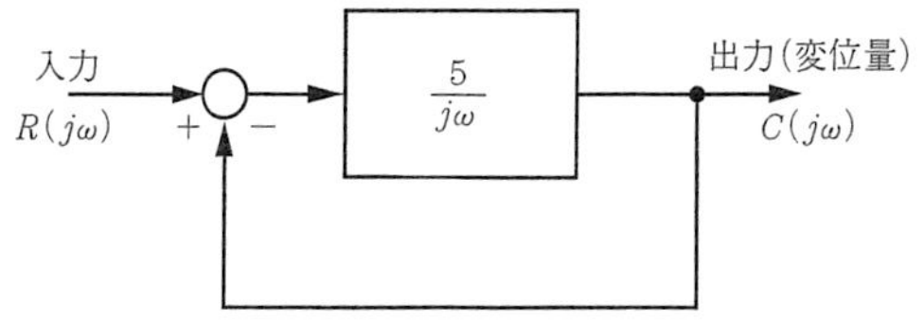

図(a) 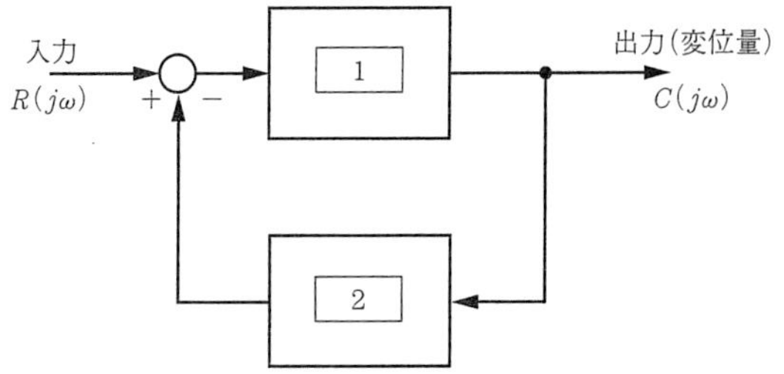　　　　　　　　　　　　　　図(b)

[解答]　出力の大きさ（変位量）を変えないためには，図(b)の要素 $\boxed{2}$ は1にする必要がある。動特性（時定数）のみを10倍速くするには，一巡周波数伝達関数のゲインのみを10倍すればよい。したがって，

$$\frac{5}{j\omega} \times 10 = \frac{50}{j\omega}$$

答　$\boxed{1}$　$\underline{\dfrac{50}{j\omega}}$，　$\boxed{2}$　$\underline{\underline{1}}$

109

第9章 フィードバック制御系の特性

9.7 まとめ

まとめ

（1） 機械の位置決めにフィードバック制御を適用すると，**高精度**が得られ，**外乱や非線形要素の影響を減らす**ことができる。

（2） フィードバック制御系の**定常偏差**は，**入力と系の一巡伝達関数に関係**する。一般に，**定常偏差は系の一巡伝達関数のゲインが大きいほど小さくなる**。しかし，**ゲインを大きくすると安定性は低下**の傾向をとる。したがって，いくらでも大きくすることができるとは限らない。

（3） フィードバック制御系の**偏差と安定性**，および**速応性は互いに相反する特性**をもっている。これらの**最適値を求めること**が，**制御システム設計の主な目的**である。しかし，これらと密接な関係にある被制御対象の**機械の構造や特性を無視しては，良い機械制御系の設計はできない**。

（4） 実際の設計では，上記のほか，動力源の質とその容量，環境条件，保守，運転コスト，装置の価格，工期などについて，**総合的に検討**する必要がある。

機械制御設計の目標

　フィードバック制御系は，安定で速応性がよく，静的精度の良いことが望ましい。また，変化する目標値に対しては，動的精度の小さいことが要求される。このためには，制御装置と制御される機械はどのような特性をもっていなければならないかを検討することが，機械制御設計者の仕事である。

　従来は制御される機械が与えられており，これをうまく制御するために，どのような制御装置を設計したらよいかに力点がおかれていた。

　最近機械系に要求する性能がきびしくなるに従い，制御装置とともに制御からみた機械の設計は如何にしたらよいかといった追求が必要となってきている。このように，設計当初から積極的に制御技術をとり入れる手法を ACT（Active control technology）といっている。この ACT の活用が機械制御設計の狙いである。

　これらについては第11章で述べる。

第9章　問　題

1. 図(a)に示す1次遅れ要素の直結フィードバック系において，入力を単位ステップ状に印加した場合の応答を求めよ。また，図(b)のようにフィードバックをかけない場合，どのような違いがあるか。

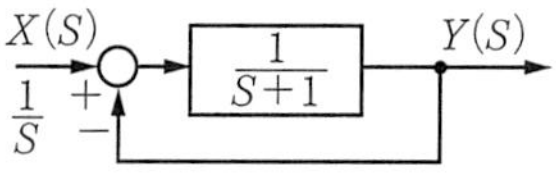

X(S)
1/S
+
−
1/(S+1)
Y(S)

図(a)

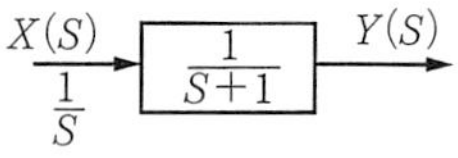

X(S)
1/S
1/(S+1)
Y(S)

図(b)

2. 右図のフィードバック制御系において，次の各問に答えよ。

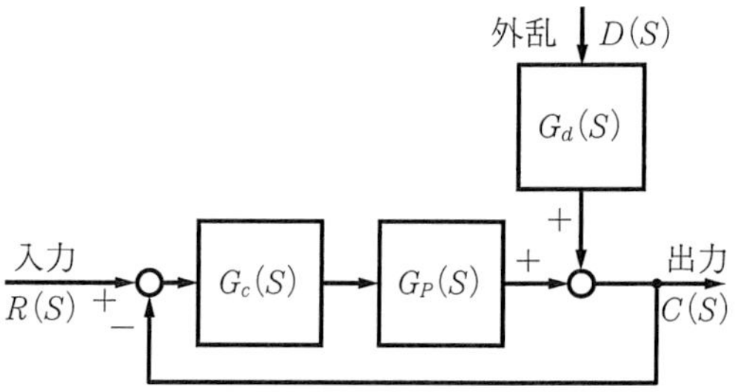

外乱
D(S)
Gd(S)
+
入力
R(S)
+
−
Gc(S)
GP(S)
+
出力
C(S)

（1） 入力$R(S)$，外乱$D(S)$が同時に加わる場合の出力$C(S)$を求めよ。

（2） $D(S)=0$，$G_c(S)=K$，$G_p(S)=\dfrac{1}{S+1}$としたとき，出力$C(S)$を求めよ。

また，$R(S)$を単位ステップ入力$\dfrac{1}{S}$とした場合のt—空間の定常偏差を求めよ。

（3） $D(S)=0$，$G_c(S)=\dfrac{K}{S}$，$G_p(S)=\dfrac{1}{S+1}$としたとき，出力$C(S)$を求めよ。

また，$R(S)=\dfrac{1}{S}$としたとき，t—空間における出力の定常偏差を求めよ。

（4） $R(S)=0$，$G_c(S)=K$，$G_p(S)=\dfrac{1}{S+1}$，$G_d(S)=K$としたとき，出力$C(S)$を求めよ。

また，$D(S)=\dfrac{1}{S}$としたとき，時間空間における出力の定常値を求めよ。

（5） $R(S)=0$，$G_c(S)=\dfrac{K}{S}$，$G_p(S)=\dfrac{1}{S+1}$，$G_d(S)=K$としたとき，出力$C(S)$を求めよ。

また，$D(S)=\dfrac{1}{S}$としたとき，t—空間における出力$C(S)$の定常値を求めよ。

3. 右図の位置決め制御系において，タコジェネレータを用いている理由を，（1）～（4）の中から選んで，○で囲め。

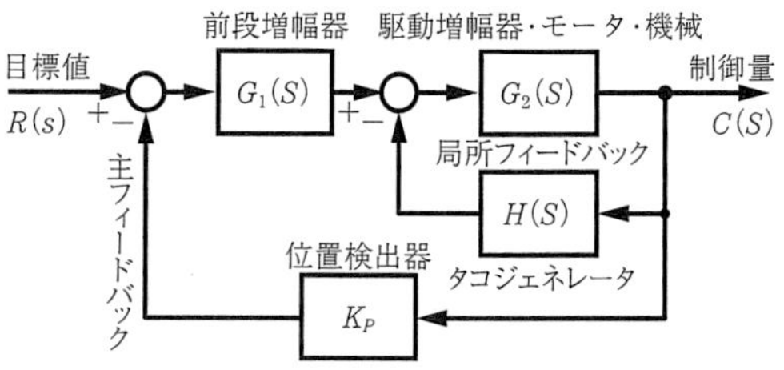

前段増幅器
駆動増幅器・モータ・機械
目標値
R(s)
+
−
G1(S)
+
−
G2(S)
制御量
C(S)
局所フィードバック
H(S)
タコジェネレータ
位置検出器
KP
主フィードバック

（1） 速度制御の検出器として使用。

（2） $G_2(S)$の非線形要素を線形化するため。

（3） 主フィードバックループのゲインを大きくとるため。

（4） 立上り時の行き過ぎ量を押さえるため。

第9章 フィードバック制御系の特性

4. サーボ機構の特性改善を目的として，タコジェネレータを制御対象 $[K_m/S(T_mS+1)]$ に並列に挿入した場合，次の記述の正しいものに○印，誤りに×印をつけよ。

（1） 行き過ぎ量を押さえることができる。

（2） 応答の振動周波数が減少する。

（3） 減衰係数が増加する。

5. 伝達関数 $G(S) = \dfrac{K}{TS+1}$ なる1次遅れ要素の直結フィードバック系に，単位ステップ入力を印加したときの定常偏差を求めよ。

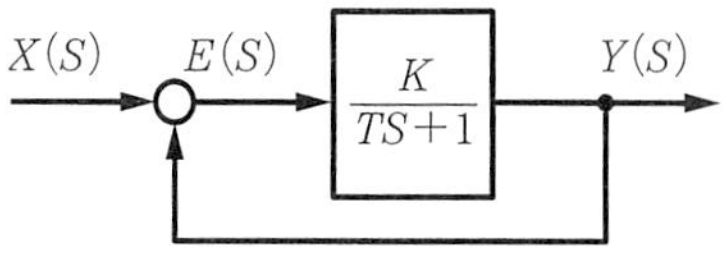

6. 問5において，$G(S) = \dfrac{K}{0.1S+1}$ の場合，定常偏差を5%以下にするための K の値を求めよ。

7. 伝達関数 $G(S) = \dfrac{1}{TS}$ なる積分要素の直結フィードバック系に単位ステップ入力を印加したときの定常偏差を求めよ。

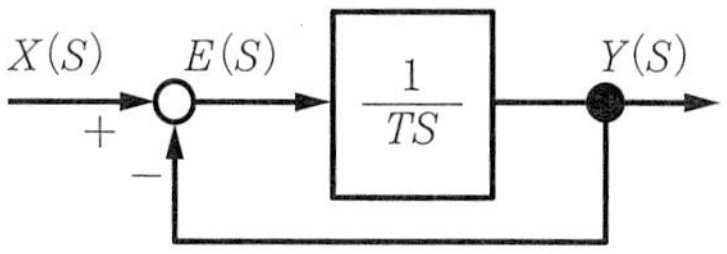

8. 伝達関数 $G(S) = \dfrac{1}{TS}$ なる積分要素の直結フィードバック系に，単位ランプ入力を印加したときの定常偏差を求めよ。

9. 次の伝達関数 $G_0(S)$，$G_1(S)$ の直結フィードバック制御系の定常位置偏差，定常速度偏差を求めよ。

（1） $G_0(S) = \dfrac{20}{(1+0.5S)(1+2S)}$
（2） $G_1(S) = \dfrac{5}{S(1+S)(1+0.2S)}$

10. 右図において，前向き周波数伝達関数 $G(j\omega)$，一巡周波数伝達関数 $G_0(j\omega)$，閉ループ周波数伝達関数 $W(j\omega)$ のゲイン曲線を描け。

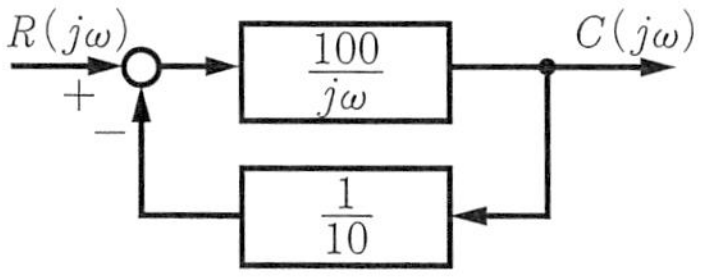

フィードバック制御系のブロック線図

第10章
フィードバック制御系の特性評価とその改善方法

フィードバック制御系の特性としては，安定した動作をすることが，まず第一に必要な条件である。ここでは，系の安定と不安定の判別法と，安定の度合いを示す評価方法について述べる。また，特性を改善する手段としての補償方式と，代表的な補償要素について説明している。

10.1 まえがき

図10.1(a)のフィードバック制御系に，単位ステップ入力 $r(t)$ を与えたとき，制御量 $c(t)$ が，①，②のような経過で，目標値に近づく場合，その系は**安定**[1]であるという。③のように**持続振動**[2]をする場合は，安定と不安定のわかれ目で，**安定限界**[3]という。また，④のように，振動が次第に大きくなって発散してゆく場合，系は**不安定**[4]という。

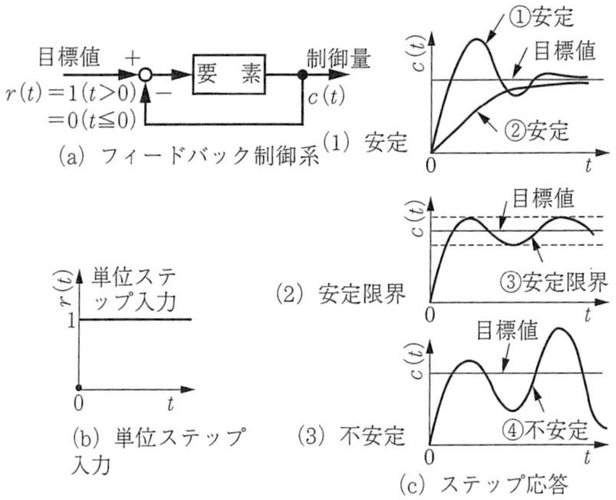

実際には，系はただ安定であればよいというものではない。**図10.2**は，ステップ入力に対し，いずれも安定な応答を示しているが，①は慣性の大きい被制御系の制御によく用いている。

一般に，応答は②に示すように，できるだけ安定で，速やかに目標値に整定することが望ましい。しかしながら，NCフライス加工のように，絶対に行き過ぎないように追従させなければならない場合には，速応性を犠牲にしても，安定性の良い③を用いている。そして，速応性の問題は，入力指令をソフト的に解決するという方法を採っている。

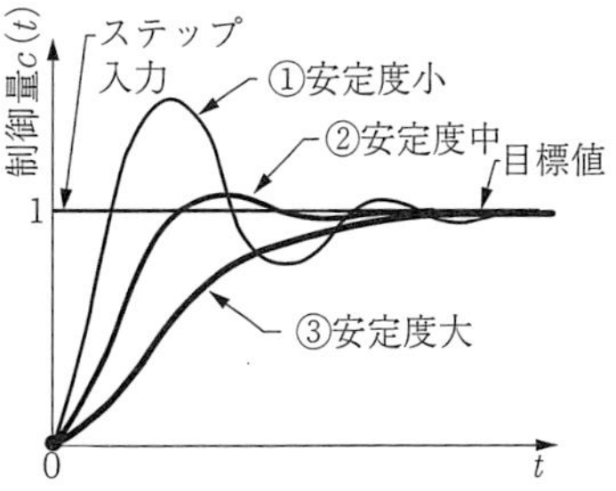

図10.1 フィードバック制御系のステップ応答

図10.2 ステップ応答の安定度

これまで述べてきたように，フィードバック制御系は，その一巡伝達関数のゲイン（**ループゲイン**と呼称）**を大きくするほど，高い精度が得られる。反面，振動的な応答となる**。このように，**フィードバック制御系の精度と安定性と速応性とは互いに相反する特性をもっている**。この章では，**フィードバック制御系の安定と不安定の限界，および安定の度合について述べる**。

---

1) stable　　2) sustained oscillation, self-excited vibration　　3) stability limit　　4) unstable

第 10 章　フィードバック制御系の特性評価とその改善方法

10.2　安定限界[1]

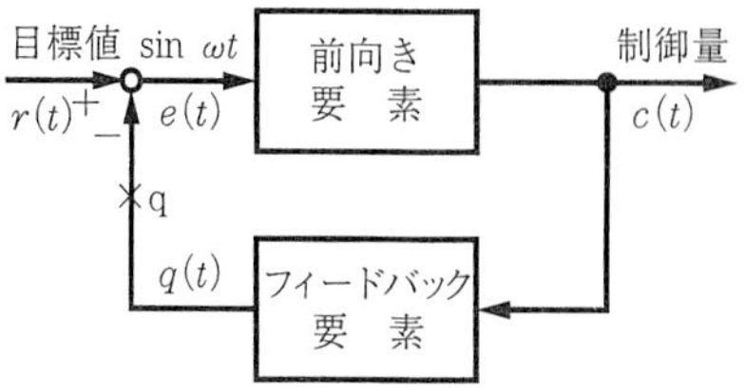

図 10.3(a) において，目標値 $r(t) = 0$ のとき，前向き要素の入力側に，偏差信号 $e(t) = \sin\omega t$ がでていて，これが**前向き要素とフィードバック要素を経て，q点に達したときの信号の振幅と位相角とを調べてみよう。**

　一巡周波数伝達関数 $G(j\omega)H(j\omega) = G_0(j\omega)$ とおけば，Q点での振幅は $|G_0(j\omega)|$，位相角は $\angle G_0(j\omega)$ となる。

　したがって，図 10.3(a) のq点での信号 $q(t)$ は，

$$q(t) = |G_0(j\omega)| \sin(\omega t - \angle G_0(j\omega)) \qquad (10.1)$$

もし，

$$\left.\begin{array}{l} |G_0(j\omega)| = 1 \\ \angle G_0(j\omega) = -180° \end{array}\right\} \qquad (10.2)$$

とすれば，式(10.1) より

$$q(t) = \sin(\omega t + 180°) = -\sin\omega t = -e(t) \qquad (10.3)$$

　すなわち，**フィードバック信号** $q(t) = -e(t)$ **が加え合わせ点を経て前向き要素に入るときは** $\sin\omega t$ となり，最初と同じ偏差信号となる。ゆえに，この**フィードバック系は** $\sin\omega t$ **の持続振動**となる。

　式(10.2)をかきかえると，$G_0(j\omega) = G(j\omega)H(j\omega) = -1$

$$\qquad (10.4)$$

これを複素平面上に示せば，**図 10.4** となり，次のことが言える。

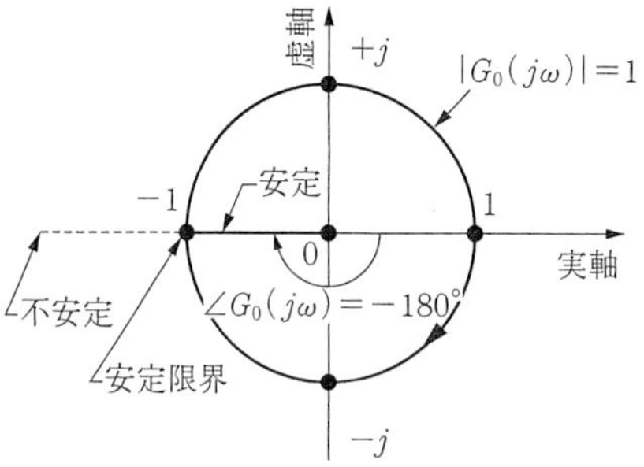

(a)　t 関数のブロック線図

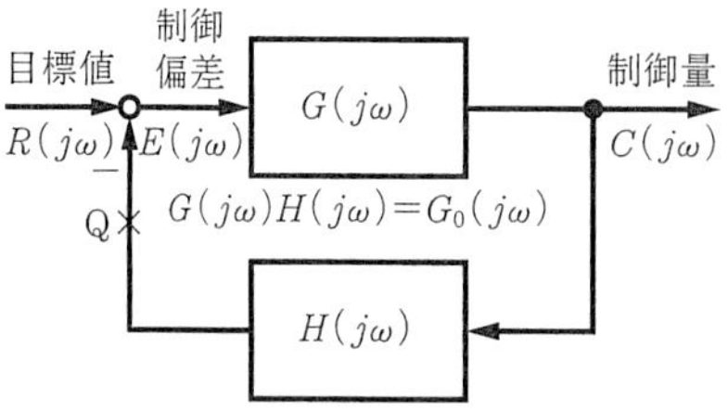

(b)　周波数関数のブロック線図

図 10.3　フィードバック制御系の
　　　　ブロック線図

図 10.4　一巡周波数伝達関数 $G_0(j\omega)$
　　　　$= -1$ の複素平面表示

まとめ

　一巡周波数伝達関数 $G_0(j\omega)$ の位相角が $-180°$ になる ω に対し，

① $|G_0(j\omega)| < 1$ のとき，この閉ループ系は安定

② $|G_0(j\omega)| = 1$ のとき，この閉ループ系は持続振動

③ $|G_0(j\omega)| > 1$ のとき，この閉ループ系は不安定

---

1) stability limit

10.2　安定限界

このように，$G_0(j\omega) = -1$ のとき，このループを閉じた系は，安定と不安定の境界となる。これを**安定限界の条件**[1]といっている。また，このときの**角周波数** ω_n を，この閉ループ系の**固有角周波数**[2]という。

例　題　図 10.5 に示す閉ループ系は，ゲイン K がいくつのとき，持続振動を起こすか。また，そのときの角周波数 ω を求めよ。

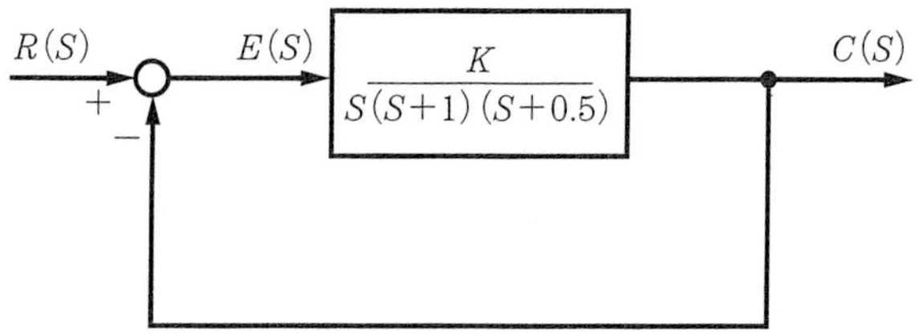

$R(S)$　$E(S)$　$\dfrac{K}{S(S+1)(S+0.5)}$　$C(S)$

図 10.5　閉ループ系のブロック線図

[**解答**]　この系の安定限界では，次式が成立する。

$$\frac{K}{j\omega(j\omega+1)(j\omega+0.5)} = -1$$

$$j\omega(j\omega+1)(j\omega+0.5) + K = 0$$

左辺の実数部＝0 とおけば，　$K - 1.5\omega^2 = 0$

左辺の虚数部＝0 とおけば，　$-\omega^2 + 0.5\omega = 0$

ゆえに，

角周波数　$\underline{\omega = \sqrt{0.5}}$　　[rad/s]

ゲ イ ン　$\underline{K = 0.75}$

---

1) the condition to determine the stability limit　　2) natural angular frequency

第10章　フィードバック制御系の特性評価とその改善方法

10.3　安定評価[1]

[1]　ベクトル軌跡による安定評価（ナイキストの安定判別[2]）

図 10.6(a) に示す閉ループ系において，3 つの一巡周波数伝達関数 $G_{0i}(j\omega)$（$i=1, 2, 3$）を式 (10.5）のように定め，それらのベクトル軌跡が図 10.6(b) であったとする。

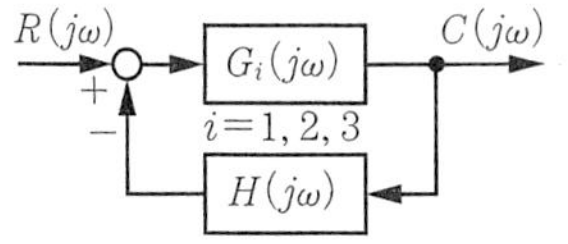

(a)　閉ループ系のブロック線図

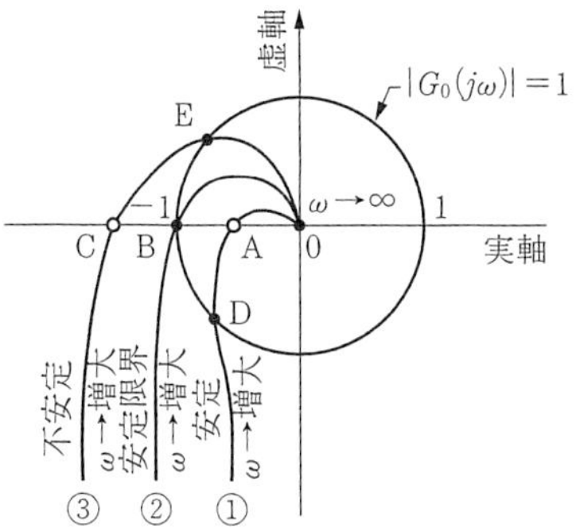

$$
\left.\begin{array}{lll}
① & G_{01}(j\omega) = G_1(j\omega)H(j\omega) \\
② & G_{02}(j\omega) = G_2(j\omega)H(j\omega) \\
③ & G_{03}(j\omega) = G_3(j\omega)H(j\omega)
\end{array}\right\} \qquad (10.5)
$$

いま，3 つの一巡周波数伝達関数 $G_{0i}(j\omega)$ の位相角が $-180°$ になるときのゲインをみると，

ベクトル軌跡①：$G_{01}(j\omega)|<1$ ゆえに，閉ループ系は**安定**（A 点）。

ベクトル軌跡②：$G_{02}(j\omega)|=1$ ゆえに，閉ループ系は**安定限界**（B 点）。

ベクトル軌跡③：$G_{03}(j\omega)|>1$ ゆえに，閉ループ系は**不安定**（C 点）。

$$
\left.\vphantom{\begin{array}{c}1\\1\\1\\1\\1\\1\end{array}}\right\} \quad (10.6)
$$

(b)　一巡周波数伝達関数 $G_{0i}(j\omega)$ のベクトル軌跡

図 10.6　ベクトル軌跡による安定評価

以上のように，ベクトル軌跡は，その閉ループ系が安定か，不安定かを容易に判別することができる。

この方法は，米国 A. T. T. の研究員 Harry Nyquist の考案によるもので，その名をとって，**ナイキストの安定判別法**といっている。

ここで，一巡周波数伝達関数 $G_0(j\omega)(=G(j\omega)H(j\omega))$ の位相角 $\angle G_0(j\omega) = -180°$ になるときの**角周波数 ω_p を位相交点角周波数**[3]，$|G_0(j\omega)|=1$ となるときの**角周波数 ω_{gc} をゲイン交点角周波数**[4]という。

したがって，図 10.6(a) に示す**閉ループ系が安定**であるためには，図 9.6(b) のベクトル軌跡が，$|G_0(j\omega_p)|<1$，または，$\angle G_0(j\omega_{ge}) > -180°$ であればよいことがわかる。

---

1) the criteria for stability　　2) Nyquist stability criterion　　3) phase crossover angular frequency
4) gain crossover angular frequency

116

[2] ボード線図による安定評価

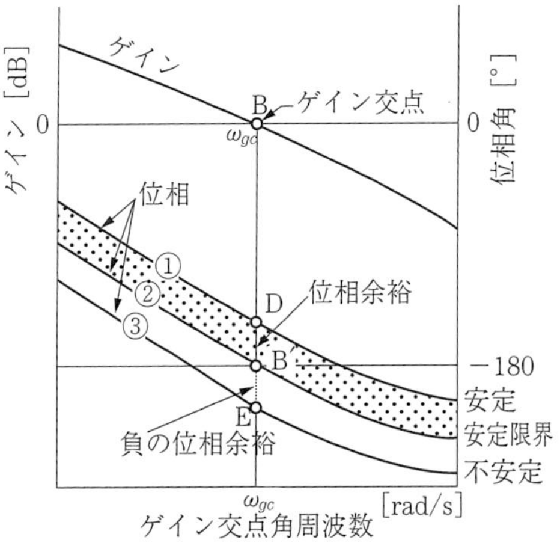

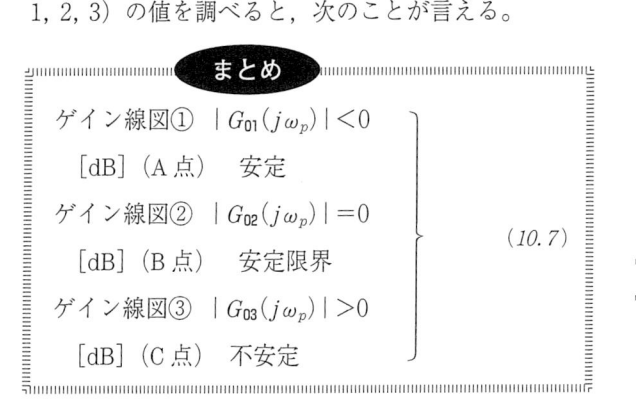

図10.6(b)のベクトル軌跡①，②，③に対応するボード線図のゲイン線図は，**図10.7**(a)のようになる。このゲイン線図①，②，③は，図10.6(a)の一巡周波数伝達関数 $G_0(j\omega)$ のゲインのみを変えたものとする。

図10.7(a)において，位相線図が位相角$-180°$の横軸と交わる点B′のところの角周波数，すなわち**位相交点角周波数**[1] ω_p における**ゲイン** $|G_{0i}(j\omega)|$ $(i=1, 2, 3)$ の値を調べると，次のことが言える。

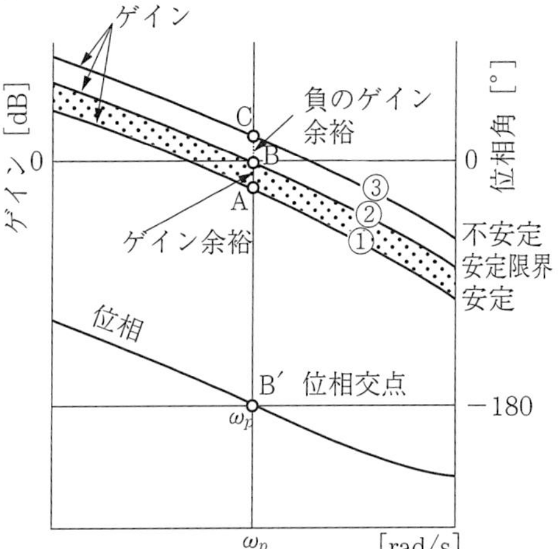

> **まとめ**
>
> ゲイン線図① $|G_{01}(j\omega_p)| < 0$
>   [dB]（A点） 安定
>
> ゲイン線図② $|G_{02}(j\omega_p)| = 0$
>   [dB]（B点） 安定限界 　　　　　 (10.7)
>
> ゲイン線図③ $|G_{03}(j\omega_p)| > 0$
>   [dB]（C点） 不安定

ここで，ゲイン線図①は，A点からB点の近くまでゲインを増大しても，この閉ループ系は安定である。このように，系を安定に維持したまま，ゲインを上げられる余裕がある。この余裕のあるゲインの値を**ゲイン余裕**[2]という。

ゲイン線図③は，C点からB点までゲインを減らさないと安定にならない。この場合，**負のゲイン余裕**という。

図10.7 ボード線図による安定評価

同じように，図10.7(b)において，**ゲイン交点角周波数**[3] ω_{gc} における**位相角** $\angle G_0(j\omega_{gc})$ の値を調べると，次のことがいえる。

> **まとめ**
>
> 位相線図① $\angle G_{01}(j\omega_{gc}) > -180$ [°]（D点） 安定
>
> 位相線図② $\angle G_{02}(j\omega_{gc}) = -180$ [°]（B′点） 安定限界 　　 (10.8)
>
> 位相線図③ $\angle G_{03}(j\omega_{gc}) < -180$ [°]（E点） 不安定

---

1) angular frequency of phase crossover 　 2) gain margin 　 3) angular frequency of gain crossover

第10章　フィードバック制御系の特性評価とその改善方法

　ここで，位相線図①は，D 点から B′点近くまで位相を遅らせても，閉ループ系は安定である。このように，系を安定に維持したまま，位相角 $\angle G_0(j\omega_{gc})$ は -180［°］に達するまで遅らせる余裕がある。この余裕を示している位相角（$\overline{\mathrm{DB}'}$相当角）の値を**位相余裕**[1]という。

　位相線図③は，E 点から B′まで位相遅れを減らさないと安定にならない。この場合，**負の位相余裕**という。

　以上のように，**ゲイン余裕と位相余裕は，閉ループ制御系の安定度を評価する目安**を示している。これらの値は，両者とも余裕値の大きいほど，系の安定度は増すが，速応性は低下し，精度も落ちる。どの位の値が適正か，米国 Bell 研の Ferrel が提案している値を**表10.1**に挙げておく。

表10.1　ゲイン余裕と位相余裕の適正値[2]

	ゲイン余裕［dB］	位相余裕［°］
機 械 制 御	10〜20	40〜60
プロセス制御	3〜10	20 以上

補　註　　Purdue 大学 Prof. Rufus Oldenburger は，ASME 委員会で，ゲイン余裕≧8［dB］，位相余裕≧30［°］と発表。高橋安人著「システムと制御」下巻，1987，岩波書店。

ロバスト制御のさきがけ──ゲイン余裕と位相余裕──

　サーボ機構の設計には，安定性に関する考察が重要である。安定問題は Nyquist の理論[①]が基本である。これは，電気通信の問題解決のために考え出されたもので，**信号伝達に関する理論**であった。サーボ機構は負フィードバック増幅器に比べ力学的なので，"**Nyquist の安定判別**"では十分でなかった。それは，負荷によってループゲインが変化するので，ぎりぎりの安定域でテストに合格する程度では実用に不十分である。サーボ機構の調整には，ある程度の余裕（margin）を持せる必要がある。

　1940 年，Bell 研究所の **H. W. Bode** は安定性の尺度として，**ゲイン余裕と位相余裕**の概念を提案し，理論的に考察した[②]。これは正しく**ロバスト制御の概念**そのもので，ロバスト制御のさきがけと言える。

　Bell 研究所の **E. B. Ferrell** は Bode の論文を突込んで研究し，dB-$\log\omega$ 線図（**ボード線図**）から，ただ安定であるというのみでなく，実際のサーボ系の設計においては，**ゲイン余裕は 10〜20［dB］，位相余裕は 40〜60［°］**程度が適性であると提案した。

　また，**H. W. Bode** はフィードバック増幅器の設計では，振幅と位相とは相関関係にあるから，一方がわかれば，他方は計算で求まると述べている。この証明は多くの数学者達によって発表されている[③]。

　一般にゲイン線図は測定によって，比較的正確に求まるが，位相線図は測定値のばらつきの大きいのが実情である。

①　H. Nyquist "Regeneration Theory" Bell System Tech. Jour. Jan. 1932. p. 126〜147
②　H. W. Bode "Relations between Attenuation and Phase in Feedback Amplifier Design.", Bell System Tech. Jour. 19, July, 1940. p.p. 421〜451.
③　Y. W. Lee "Synthesis of Electric Networks by Fourie Transformation of Laguerr's Function." Jour. Math and Phygics. 11. June 1932. p.p. 83〜113.

---

1) phase margin
2) E. B. Ferrell "The Servo Problem as a Transmision Problem." Proc. IRE. '33. 763〜767. Nov. 1945.

10.4 特性改善方法

　制御系の特性改善を行うための補償方式としては，フィードフォワード補償方式とフィードバック補償方式とに大別される。

［1］ フィードフォワード補償方式

　これは，図10.8に示すように，外部からの入力，ここでは目標値をある補償要素を通して特定の箇所に加え，その入力に対する出力の応答特性を改善する方式である。

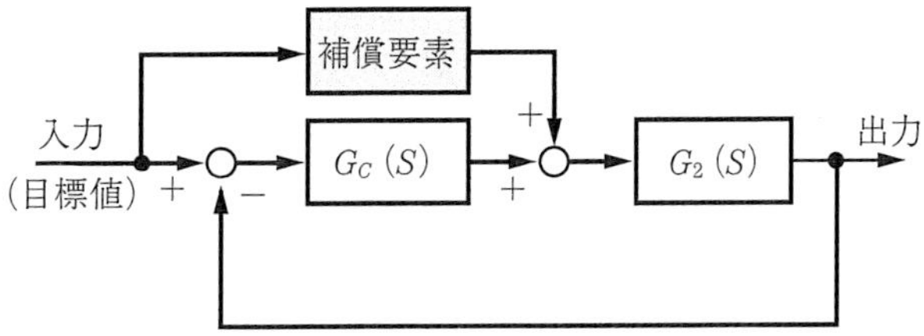

図10.8 フィードフォワード補償方式

　この補償方式は系の安定性に影響を与えないので，局部の特性改善によく用いられている。この代表的な事例を次に述べておく。

（1） NC工作機械のサーボ系改善の適用例

　図10.9はフィードフォワード補償によって，NC工作機械のサーボ系の追従特性を改善している事例のブロック線図である。

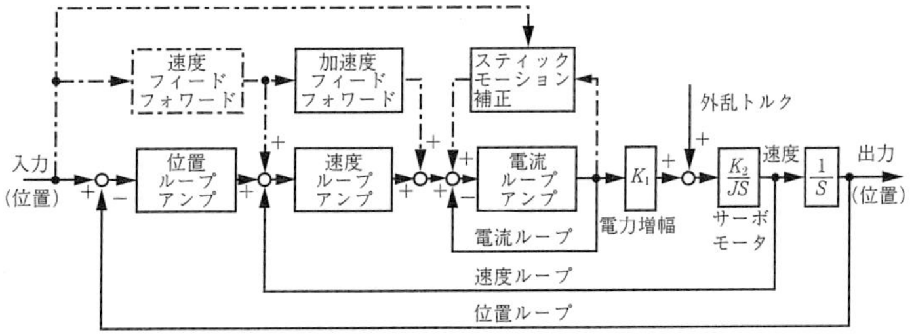

図10.9 代表的なNCサーボ系の構成

　(a) **加速度フィードフォワード補償**[1]　これは，速度ループの追従遅れ分を補償し，速度ループ特性を理想に近づける働きをしている。ここで，モータ電流は一般にモータ出力トルクに比例し，出力トルクは加速度に比例（慣性負荷のみの場合）するので，電流指令を加速度指令とみなしている。

　(b) **速度フィードフォワード補償**[2]　これは位置ループの追従遅れ分を補償し，位置ループ特性を理想に近づける働きをしている。

　(c) **スティックモーション補正**[3]　図10.10において，機械をX—Y平面で矢印方向に円弧補間をさせた場合，機械端の半径誤差軌跡は，各象限の切り替え点で突起が生ずる。

　これは，主として，運動方向が反転する軸のモータ出力トルクが，負荷の摩擦トルクに打ち勝つまで，その軸の運動が停止するためである。この現象は，速度ループゲインと位置ループゲインを大きくすることによって改善されるが，それにも限界がある。そこで，図10.9に示すように，位置入力

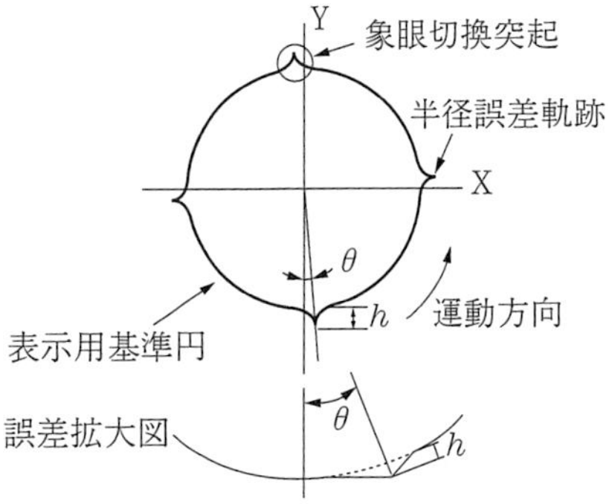

図10.10 スティックモーションによる形状誤差

1）accelerating feed foward compensation　　2）velocity feed foward compensation　　3）compentate of sticking motion

第10章 フィードバック制御系の特性評価とその改善方法

指令とモータ電流（負荷トルク）情報により，負荷の摩擦トルクに対応する補正値を方向反転時は，電流指令に加算することにより，その軸の運動の遅れを減らしている。これは，最適なサーボ調整を実施した後，付加的に適用するもので，スティックモーション補正と呼んでいる。以上のように，きめ細かな調整や補正によって，高精度で，滑らかな動きを実現している。

［2］ フィードバック補償方式

フィードバック補償方式には，直列補償法，フィードバック補償法，状態フィードバック補償法などがある。これらの補償方式は，いずれも開ループゲインが変化するので，系の安定性に影響を与える。

（1）直列補償法

これは，図10.11に示すように，制御系の前向き経路に適当な補償要素を挿入して，特性改善をはかる方法で，次のようなものがある。

① 位相遅れ補償（図10.11①，図10.12）

② 位相進み補償（図10.11②，図10.13）

③ 位相遅れ進み補償（図10.14）

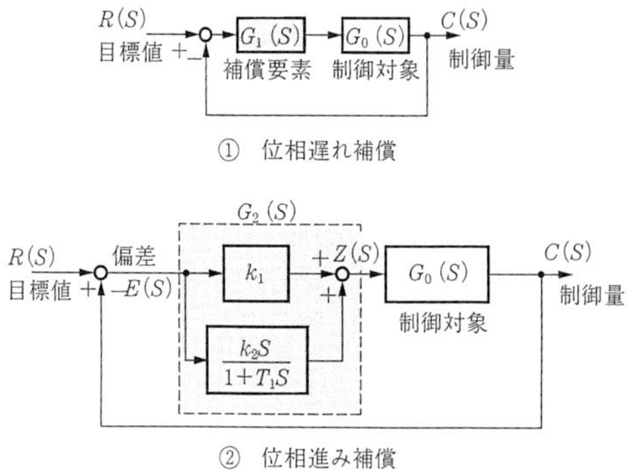

① 位相遅れ補償（図10.12）

一般に，この伝達関数は次式で表される。

$$G_1(S) = \frac{1 + T_1 S}{1 + \beta T_1 S} \qquad (\beta > 1) \qquad (10.9)$$

たとえば，電気回路によって位相遅れを表せば，図10.12(a)のようになる。ここで，入力を $E_1(S)$，出力を $E_2(S)$ とした伝達関数を $G_a(S)$ とすれば，

$$G_a(S) = \frac{E_2(S)}{E_1(S)} = \frac{1 + R_1 C_1 S}{1 + (R_1 + R_2) C_1 S} \qquad (10.10)$$

したがって，式(10.10)において，

$\beta = \dfrac{R_1 + R_2}{R_1}$，$T_1 = R_1 C_1$，とすれば，式(10.10)は，式(10.9)と同じになる。すなわち，$G_a(S) = G_1(S)$。したがって，図10.11①は，図10.12(b)となる。

このボード線図を示す図10.12(c)において，低周波数域におけるゲイン線図は，β の値に関係なく，0 dB，高周

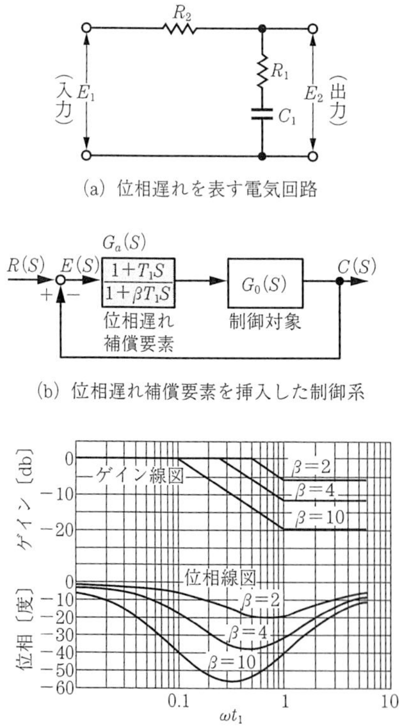

① 位相遅れ補償

② 位相進み補償

図10.11 直列補償の制御系

(a) 位相遅れを表す電気回路

(b) 位相遅れ補償要素を挿入した制御系

(c) 位相遅れ補償要素 $\dfrac{1 + T_1 S}{1 + \beta T_1 S}$ のボード線図

図10.12 位相遅れ要素 $G_a(S)$ を挿入した制御系

120

波数域では，一様に $20 \log_{10} \beta$ ［dB］だけ下がる。この中間の周波数では，-20 dB/dec の勾配でゲインが下がり，同時に位相遅れを生ずる。この位相遅れは，補償前に比べ，低い周波数域で生ずるが，その他の周波数帯域では生じない。ゆえに，系の安定性を損ねることなく，低周波数域のゲインを $20 \log_{10} \beta$ ［dB］だけ大きくとることができる。したがって，定常偏差はゲインに反比例して小さくなる。

②　位相進み補償（図10.13）

この制御系を示す図 10.11② より，

$$G_2(S) = k_1 + \frac{k_2 S}{1 + T_1 S} = k_1 \left(\frac{1 + \alpha' T_1 S}{1 + T_1 S} \right) \quad (10.11)$$

ここで，$\alpha' T_1 = T_1 + \dfrac{k_2}{k_1} \quad (\alpha' > 1)$　　　(10.12)

電気回路によって位相進み要素を表せば，図 10.13(a) のようになる。ここで，入力を $E_1(S)$，出力を $E_2(S)$ とした伝達関数を $G_b(S)$ とすれば，

$$G_b(S) = \frac{E_2(S)}{E_1(S)} = \frac{R_1}{\dfrac{1}{\dfrac{1}{R_1} + C_2 S} + R_1} = \alpha \cdot \frac{1 + T_D S}{1 + \alpha T_D S}$$

$$(10.13)$$

ここで，$\alpha = \dfrac{R_1}{R_1 + R_2}$，$T_D = R_2 C_2$ とすれば，式(10.13)と式(10.11)とは同じになる。

すなわち，$G_b(S) = G_2(S)$。

図 10.13(b) は，この位相進み補償要素を挿入したときの制御系で，このボード線図を図 10.13(c) に示す。

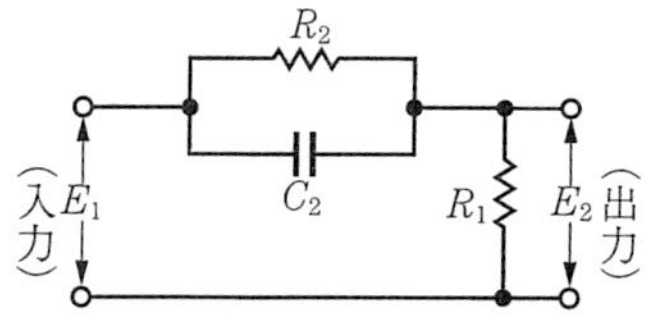

(a) 位相進みを表す電気回路

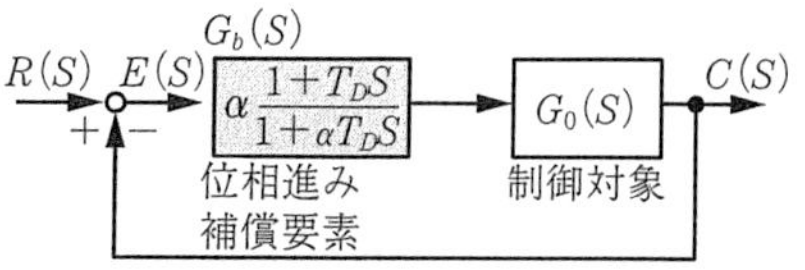

(b) 位相進み補償要素を挿入した制御系

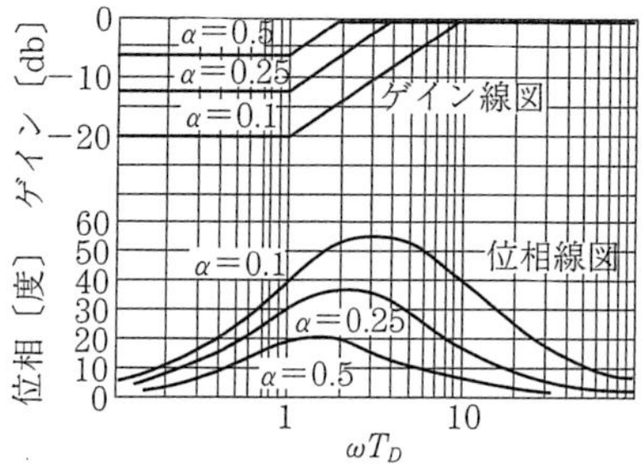

(c) 位相遅れ補償要素 $\alpha \dfrac{1 + T_D S}{1 + \alpha T_D S}$ のボード線図

図10.13　位相進み要素を挿入した制御系

このボード線図より，高周波数域でのゲインは，0 ［dB］で，低周波数域では，一様に $20 \log_{10} \dfrac{1}{\alpha}$ ［dB］だけ低下し，この中間の周波数域では，20 dB/dec の勾配で増大している。この周波数域では位相が進んでいる。α が小さいほど，位相進みは大きくなるが，周波数が遅くなると，ゲインが小さくなるので，その選定には限度がある。普通 $\alpha = 0.25 \sim 0.005$ にとっている。このボード線図からも明らかなように，**位相進み補償は，速応性を向上させている**ことがわかる。

第10章 フィードバック制御系の特性評価とその改善方法

③ 位相遅れ進み補償

系の安定性と定常偏差とをよくするため，位相遅れ進み補償要素が用いられる。この場合，低周波数域では位相遅れ要素として働き，高周波数域では位相進み要素として働くように計画する。

直列補償法において，位相遅れ，位相進み，位相遅れ進み補償をしたときの過度応答を比較したものを図10.14に示す。

これらの図から明らかなように，位相遅れ進み補償した制御系は，遅れ補償，または，進み補償を単独で使用したときに比べ，応答特性が改善されることがわかる。

しかしながら工業製品として考える場合，補償要素部品数の増大に伴う製品としての信頼性の低下，調整箇所の増加に伴う組立，調整時間の増加や，調整技術者の教育等を考慮して，最適な製品の機能をもたせる考察が必要である。筆者の経験によれば，大量生産に適し，故障なく稼動する製品は，結果的に Simple and Compact なものが望ましい。

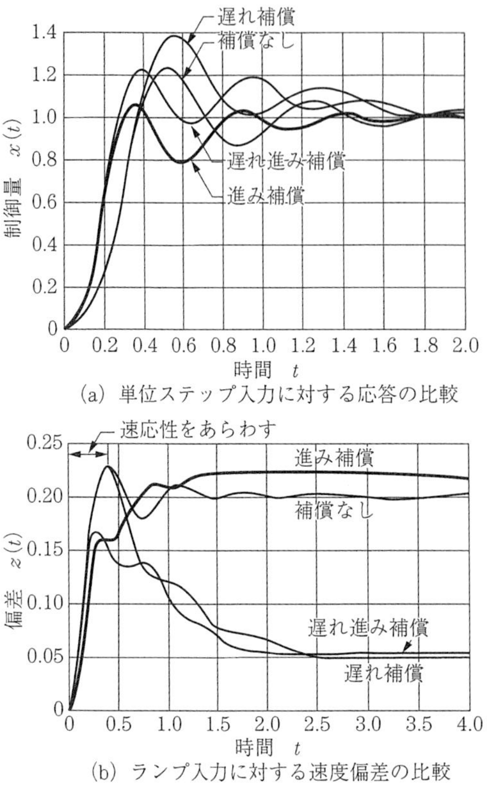

(a) 単位ステップ入力に対する応答の比較

(b) ランプ入力に対する速度偏差の比較

図10.14 各種の補償に対する過度応答の比較

まとめ

位相遅れ補償は，低周波数域でのゲインのみを大きくすることができるもので，定常速度偏差を著しく改善する。

位相進み補償は，速応性の場合，補償なしの場合とほとんど変らない。速応性をよくする方法は，ゲインを大きくとることである。この場合，位相曲線がそのままでは，位相余裕が減少し不安定になる。そこで，位相をあらかじめ進めて，位相余裕を大きくとっておけば，ゲインを大きくとることができる。これが位相進み補償の特長である。

10.4 特性改善方法

（2） フィードバック補償法

図10.15 に示すように，主フィードバック以外に補償のためのフィードバックをとり，そこに補償要素を挿入して，系全体の特性を改善する方法である。

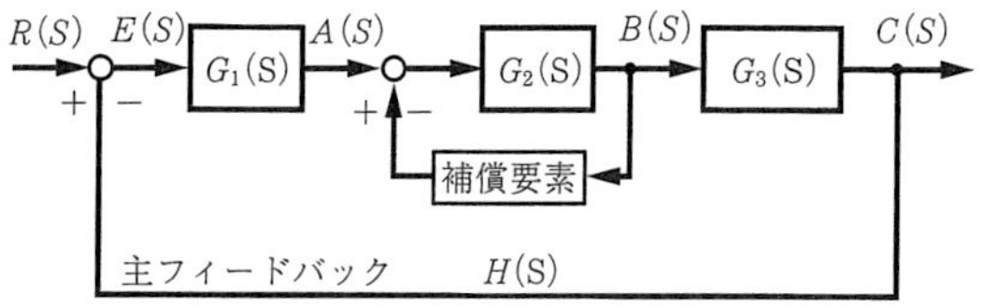

図10.15 フィードバック補償の制御系

　一般にフィードバック補償は，エネルギレベルの高い出力側から信号を得て，エネルギレベルの低い入力側へ伝えるので，補償要素に特別の増幅を必要としないで簡単に目的を達成することが多い。しかし，設計は直列補償の場合ほど容易ではない。機械系や油空圧サーボ制御系は直接補償が困難なので，フィードバック補償法がよく用いられている。

① 「比例＋積分」要素

図10.16 より，フィードバック要素の伝達関数 $H_1(S)$ は，

$$H_1(S) = \frac{TS}{1+TS} \tag{10.14}$$

閉ループ伝達関数 $W_1(S)$ は，

$$W_1(S) = \frac{C(S)}{R(S)} = \frac{K(1+TS)}{1+TS(1+K)} \tag{10.15}$$

ここで，K が十分大きいときは，

$$W_1(S) \fallingdotseq 1 + \frac{1}{TS} \tag{10.16}$$

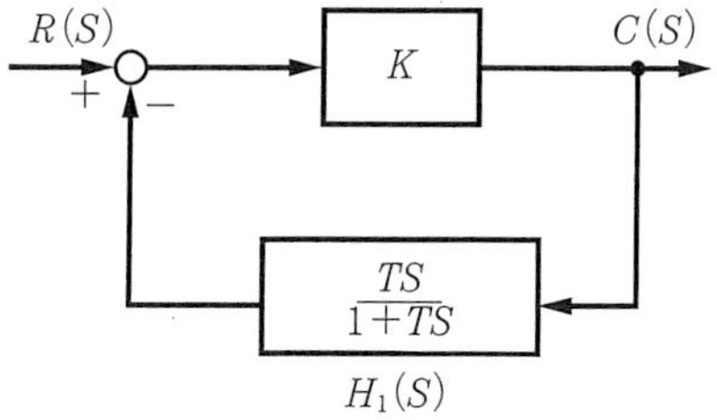

図10.16 比例要素 K を1次進み要素 $H_1(S)$ でフィードバック補償

これは，図10.11①において，「**比例＋積分**」の補償要素を**直列補償**したものと同じになる。

② 「比例＋微分」要素

図10.17 より，フィードバック要素の伝達関数 $H_2(S)$ は，

$$H_2(S) = \frac{1}{1+TS} \tag{10.17}$$

閉ループ伝達関数 $W_2(S)$ は，

$$W_2(S) = \frac{C(S)}{R(S)} = \frac{(1+TS)K}{1+K+TS} \tag{10.18}$$

ここで，K が十分大きいときは，

$$W_2(S) = \frac{1+TS}{\dfrac{1}{K}+1+\dfrac{TS}{K}} \fallingdotseq 1+TS \tag{10.19}$$

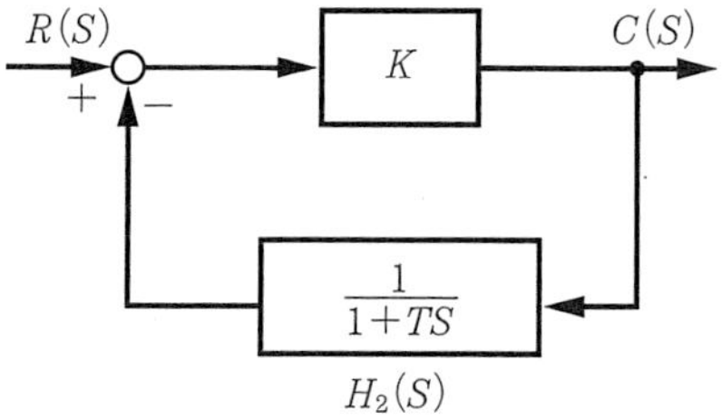

図10.17 比例要素 K を1次遅れ要素 $H_2(S)$ でフィードバック補償

これは，図10.11①において「**比例＋微分**」の補償要素を**直列補償**したものと同じになる。

123

第 10 章　フィードバック制御系の特性評価とその改善方法

［3］　状態変数フィードバック補償方式

図 10.18 に示すように，機械系の状態を検出・観測し，パラメータを推定・評価し，それに見合った変数をフィードバックして補償する方法をいう。

ここで，状態変数を直接検出できない場合は，制御対象モデルを利用して操作指令とする方法を用いている。

このような制御の考え方を発展させ，体系化したものがいわゆる現代制御理論である。

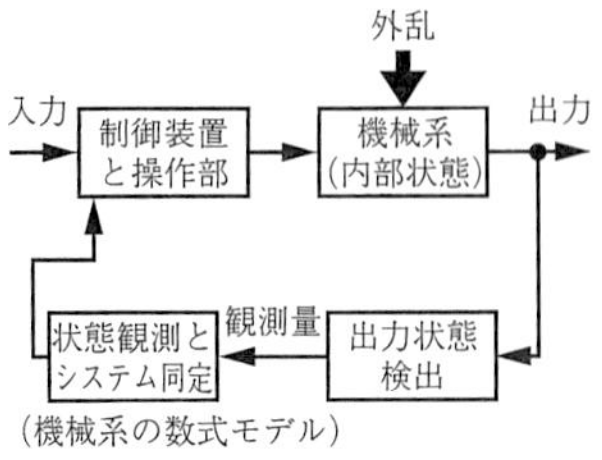

図 10.18　状態変数フィードバック補償

この発展の契機は，1969 年宇宙船を月に送り，無事帰還させるために，もっとも少ないエネルギで，最短時間で達成させるための開発過程の中から生れたものである。

現代制御理論は制御対象の内容が完全にわかっていれば，すばらしい制御ができるが，実際の制御対象は，非線形要素が複雑にからみ合っている場合が多いので，この適用事例はごく限られている。古典制御よりも現代制御の方が優れているというのではなく，制御対象の考え方が異った方式ということである。いわゆる古典制御理論は 1940～50 年代に体系化され，現代制御理論は 1960～70 年代に体系化された。両者の大まかな比較を**表 10.2** に挙げておく。

表 10.2　古典制御理論と現代制御理論の比較

	古　典　制　御　理　論	現　代　制　御　理　論
体 系 化 年 代	1940 年～1950 年代	1960 年～1970 年代
特　　　　色	1 入力　　　　　　　1 出力 	多入力　　　　　　　多出力 
対 　象 　空 　間	S 関数空間，周波数空間	時間空間
制御対象の考え方	不完全な知識（ブラックボックス）	完全な知識
制御装置の考え方	出力フィードバック，部分補償	状態フィードバック，完全な補償
解　析　手　法	伝達関数（S 関数） ボード線図による手法	状態方程式 マトリックスの計算（コンピュータによる計算）
発 　展 　の 　動 　機	1930 年代に電気通信の問題解決のために考え出されたフィードバック理論から発展	1960 年代に宇宙船をもっとも少ないエネルギと最短時間で月に送り，帰還させる制御技術から発展
定　　　　義	要素（システム）への入力に対し，出力を希望する精度で，安定に，より速やかに応答させる制御理論	制御対象の状態を観測し，状態変数を正しく推定評価し，それに見合った操作を行う制御理論

第10章　問　題

1. 右図の閉ループ系において，$C(S)$ が持続振動を起こすときの K の値を求めよ。また，そのときの角振動数 ω_n はいくらか。

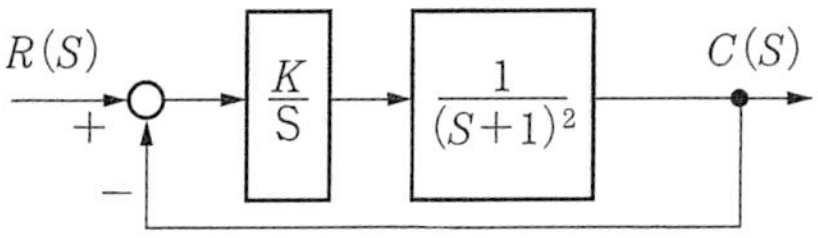

2. 右図において，K にどのような条件があれば安定となるか。次の中から正しい K の範囲を選べ。

（1）　$K < 10$ 　　　　　　（2）　$K > \dfrac{1}{10}$

（3）　$K > 10$ 　　　　　　（4）　$K < \dfrac{1}{10}$

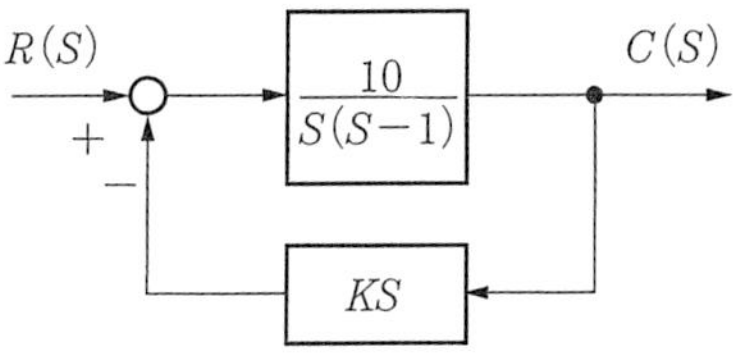

3. 右図において，インパルス入力を与えたとき，出力 $C(S)$ が持続振動を起こすときの振動数 ω_n と α の値を求めよ。

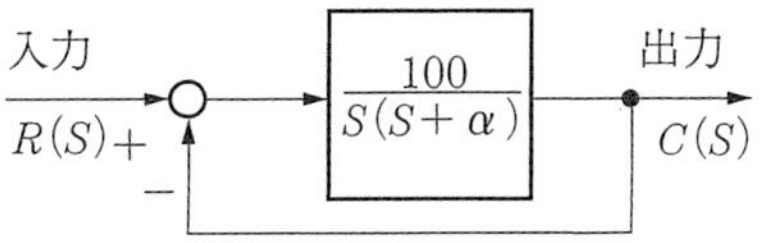

4. 右図のフィードバック制御系が安定なための K の範囲を求めよ。

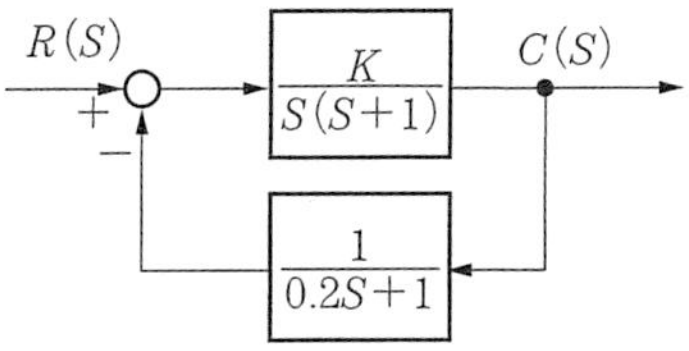

5. 右図のフィードバック制御系において，安定限界における K の値を求めよ。そのときの振動周波数はいくらか。

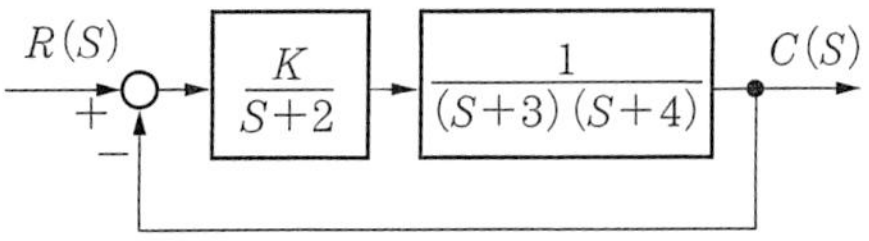

6. 右図に示す制御系のゲイン余裕と位相余裕を求めよ。

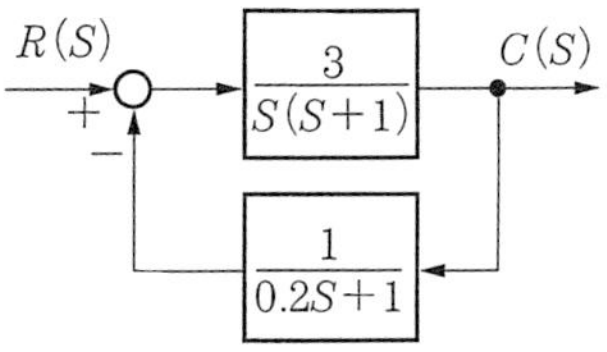

第11章
制御からみた機械の設計

　ここでは，駆動部と機械部との相互関係が，系全体の特性にどのようにかかわっているかについて述べている。とくに，制御からみた機械力学的設計の基本事項について，理論と実験から体系化し，実務に役立つ内容に絞って説明している。

11.1　まえがき

　これまで，制御系（制御装置と制御対象の総称）の解析は，その**入力と出力との信号伝達のみ**について考察してきた。たとえば，**図11.1**において，1次遅れ要素 $G(S) = \dfrac{1}{TS+1}$ に，単位ステップ入力 $u(t)$ を与えると，出力 $y(t)$ **が**0.632に到達する時間 T が，理論的には要素 $\dfrac{1}{TS+1}$ の T （時定数）に相当することを知った。

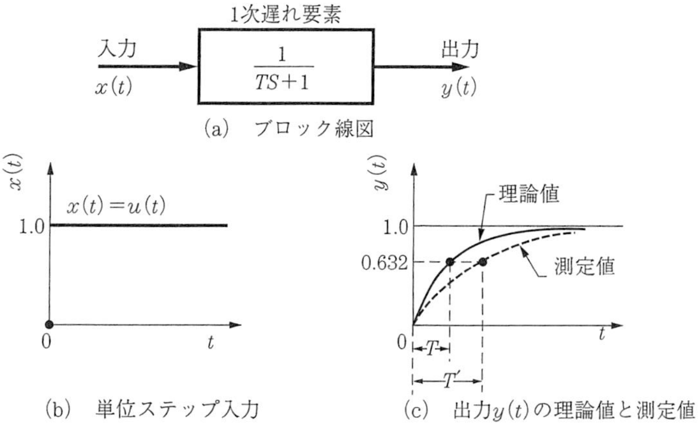

(a)　ブロック線図

(b)　単位ステップ入力

(c)　出力 $y(t)$ の理論値と測定値

図11.1　1次遅れ要素の単位ステップ応答

　実際に出力 $y(t)$ を測定すると，図11.1(c)の破線のようになり，**実測の時定数 T' は理論値 T** より大きい場合が多い。これは，立上り瞬間時の駆動エネルギ不足などが原因している場合が多い。

　また，**フィードバック制御系の精度向上**には，高精度の検出器を用い，一巡伝達関数のゲインを大きくとればよいことを知った（第9章）。しかし，実際には，系を構成している機械は有限な剛性，質量，慣性，摩擦などによる負荷力，ロストモーションや駆動力などをもっているので，閉ループにして**精度を高め**ようとして，ループゲインを大きくすると，自励振動とか，発振を起こし**不安定**となる。この対策として駆動力を減らせば，発振は止まるが，力不足となって，**速応性が低下**する。別な対策として，軽くて高剛性の材料を用い，被駆動部を軽くして，負荷力やロストモーションを小さくすれば，高精度は得られるが，**コスト上昇**の問題が発生する（**図11.2**）。

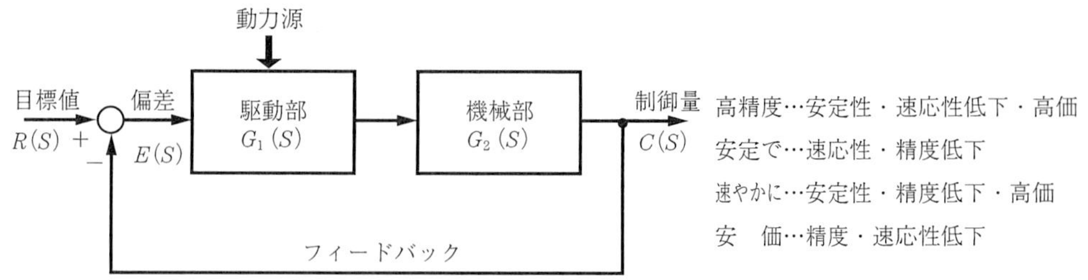

第11章　制御からみた機械の設計

```
                          動力源
                            ↓
目標値    偏差    ┌─────────┐    ┌─────────┐   制御量    高精度…安定性・速応性低下・高価
R(S)  + ○───→   │  駆動部  │──→ │  機械部  │ ──→        安定で…速応性・精度低下
       − │ E(S)  │ G₁(S)   │    │ G₂(S)   │   C(S)     速やかに…安定性・精度低下・高価
         │       └─────────┘    └─────────┘            安　価…精度・速応性低下
         │                                   │
         └───────────────フィードバック───────┘
```

図 11.2　フィードバック制御系の構成

　安定をよくするためにループゲインを小さくすると**精度と速応性が低下**し，フィードバック制御の高精度が得られるという特色がなくなってしまう。

　また，**速応性**をよくするために，駆動出力を大きくすると，製作費が高くなる。**安価**にまとめようとすると，**精度と速応性が犠牲**になる（図 11.2）。

　このように，**フィードバック制御系**では，**精度・安定性・速応性および価格**は互いに相反する関係にある。最近，NC 工作機械，ロボット，磁気記録装置やプリンタなどの機械制御系に要求する性能がきびしくなるに従い，**制御装置と制御対象の両面から，システムとしての性能極限の追求**が必要となってきている。ここでは，制御対象としての機械のどのような機能が，フィードバック制御系の**精度と安定性，**および**速応性に関係**しているか，**経済性**に関係のある**駆動パワーと精度**とはどうかかわっているか，これらの**マッチングの適性値**を追求し，より良い性能を発揮させる設計方法について述べる。

┌─ 機械制御系設計の目的 ─────────────────────────────┐
│ 目標値に対し，制御量を希望する精度に，安定で，速やかに応答する系を，より安くまとめる │
│ こと。   │
└──┘

11.2 制御系の剛性

制御系の解析において，これまでは信号伝達に要する駆動力と剛性は無限大という前提で考えてきた。実際の機械制御系に伝わる信号は，駆動力が有限で，伝達機構にたわみが生ずる状態で駆動されている。ここでは，制御系の設計に重要な役割をもっている**サーボ剛性**[1]について考えてみる。

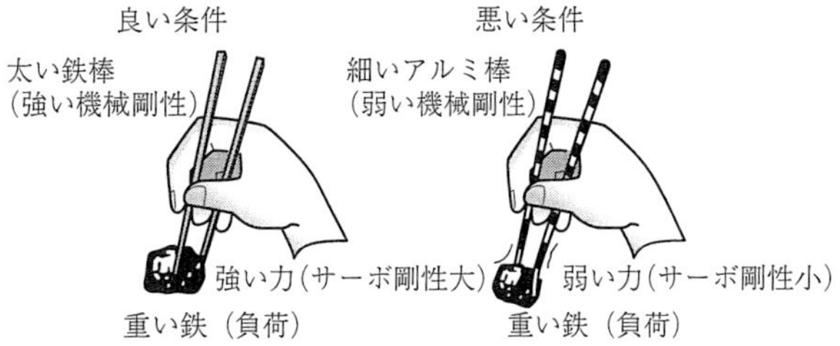

良い条件　　　　　悪い条件
太い鉄棒　　　　　細いアルミ棒
（強い機械剛性）　（弱い機械剛性）

強い力(サーボ剛性大)　弱い力(サーボ剛性小)
重い鉄（負荷）　　　　重い鉄（負荷）

重い鉄塊も剛性の強いはしなら確実につかめるが，弱いはしではつかみにくく，不安定。

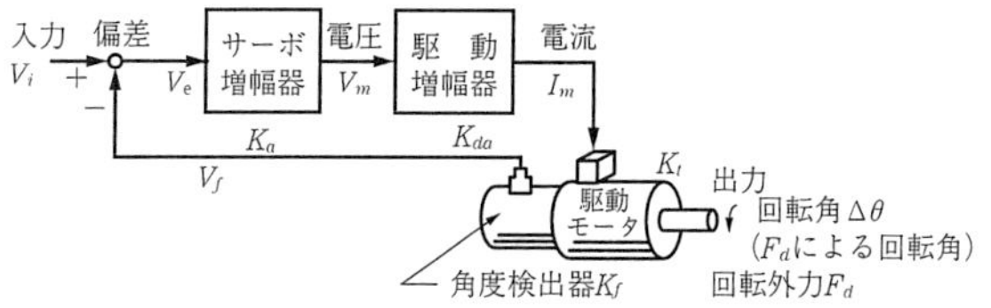

図 11.3　閉ループ駆動部の構成

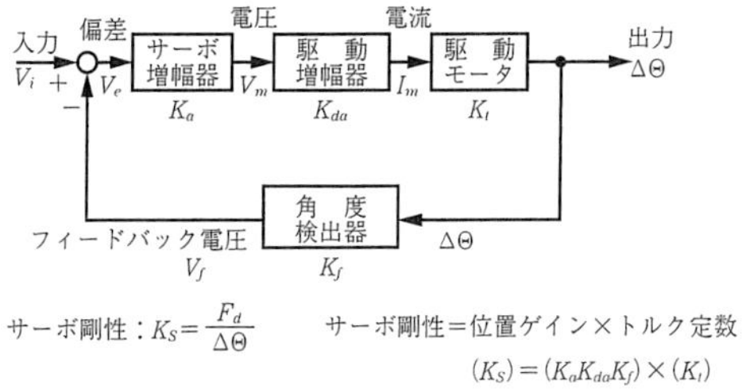

図 11.4　図 11.3 のブロック線図

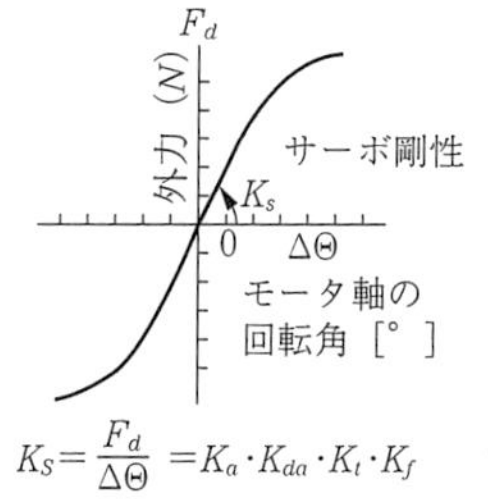

サーボ剛性 : $K_S = \dfrac{F_d}{\Delta \Theta}$

サーボ剛性＝位置ゲイン×トルク定数

$(K_S) = (K_a K_{da} K_f) \times (K_t)$

$$K_S = \frac{F_d}{\Delta \Theta} = K_a \cdot K_{da} \cdot K_t \cdot K_f$$

F_d	：回転外力	[N–m]
$\Delta \Theta$	：F_d による駆動モータ軸の回転角	[°]
K_a	：サーボ増幅器ゲイン	[V/V]
K_{da}	：駆動増幅器ゲイン	[A/V]
K_t	：駆動モータトルク定数	[°/A]
K_f	：角度検出器ゲイン	[V/°]

図 11.5　駆動部のサーボ剛性

図 11.3 に示す閉ループ駆動系において，モータ軸に回転外力 F_d を加えると，モータ軸の停止力に抗して $\Delta \Theta$ だけ回わされる。外力を取り去ると，もとの停止位置に戻る。このように，閉ループ系はばねのような特性をもっている。これを制御系の**剛性**，通常**サーボ剛性**とか，**トルクゲイン**[2]（位置ゲイン×トルク定数）といっている。**図 11.4**，**図 11.5** より，**サーボ剛性 K_S** は次式で表される。

$$K_S = \frac{F_d}{\Delta \Theta} = K_a K_{da} K_t K_f \tag{11.1}$$

まとめ

サーボ剛性は大きいほど，位置決め精度の外力による影響は小さくなる。

---

1) servo stiffness　　2) torque gain

第11章　制御からみた機械の設計

11.3　剛性からみた駆動部と機械部との関係

位置決め制御において，安定な制御系を設計するには，駆動部と機械部の剛性はどのような関係であればよいかについて調べてみる。

図11.6において，駆動部の剛性K_1と，機械部の剛性K_2とを結合した総剛性K_Tとの間には，次式が成立する。

$$\frac{1}{K_T} = \frac{1}{K_1} + \frac{1}{K_2} \qquad (11.2)$$

K_1はサーボ増幅器や電力増幅器のゲインを調整することにより，容易に変えることができる。しかし，K_2は一度機械を作ってしまうと，変更が困難である。したがって，K_2は設計段階でよく検討して決めなければならない。

図11.7は，機械部の固有角周波数ω_2を駆動部の固有角周波数ω_1の3倍に固定したとき，**剛性比K** $\left(\frac{K_2}{K_1}\right)$が位置制御系の**安定性**にどのように関係しているかを示している。この図より，ゲイン余裕を安定度の尺度としてみれば，**剛性比Kが大きいほど安定**な傾向を示していることがわかる。

図11.8は同じ実験装置で，慣性モーメント比，$J = \dfrac{J_2}{J_1} = 1$に固定したとき，**剛性比K**の値によって，過渡応答が変化する状況を示している。この図より，**剛性比Kが大きくなるほど安定化の傾向を示している**ことが認められる。

以上より，機械部の剛性は駆動部の剛性の3倍以上にすることが必要である。**表11.1**に主な機械要素の剛性を求める計算式をあげておく。

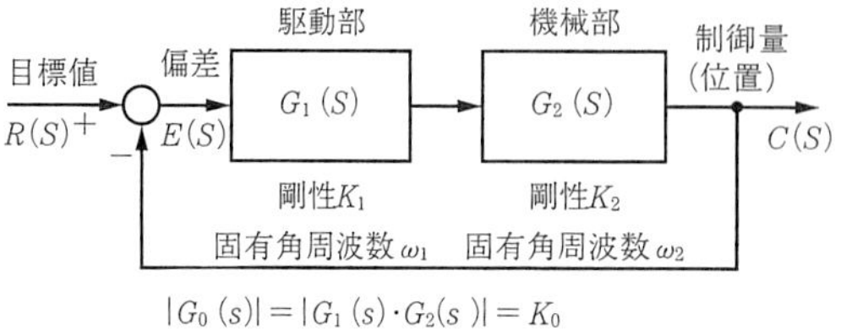

図11.6　位置制御系のブロック線図

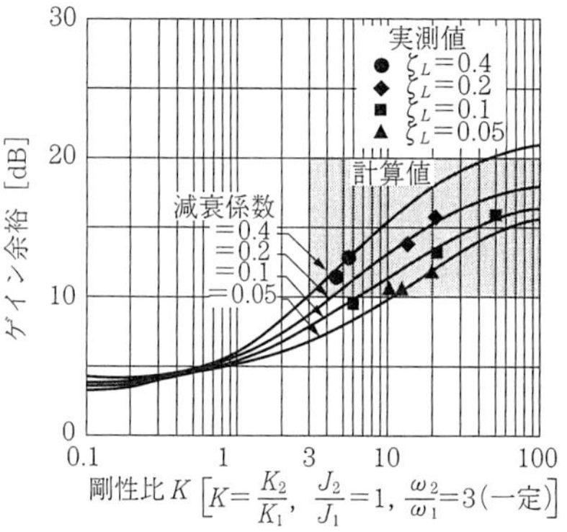

図11.7　剛性比と安定度（ゲイン余裕）との関係[1]

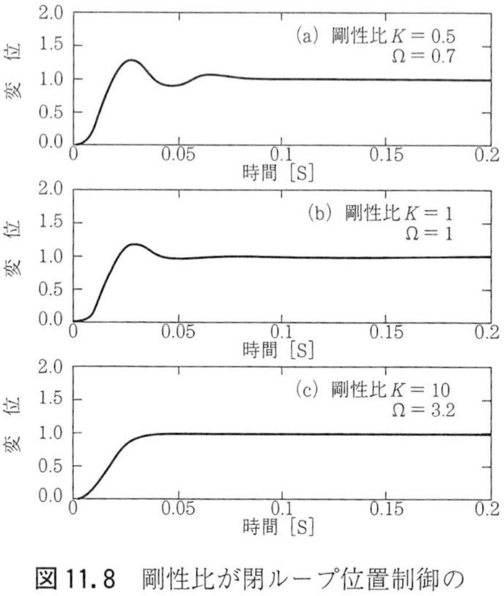

図11.8　剛性比が閉ループ位置制御の過渡応答に及ぼす影響[1]

まとめ

機械部の剛性≧（駆動部の剛性）×3［適正値：3〜5］

---

1) 伊沢，中山，金子，青木：「電気油圧サーボ系の駆動部と負荷部の剛性比が安定性に及ぼす影響」東海大学紀要，1990年11月。

11.3 剛性からみた駆動部と機械部との関係

表11.1 機械剛性の計算式

名　称	計　算　式	
片持ちばりの 剛性 K_{B1}	$K_{B1}=\dfrac{3EI}{l^3}$　(kgf/cm²)　(1)	W：集中荷重（kgf） l：長さ（cm） E：縦弾性係数 　　2.1×10⁶（kgf/cm²） I：慣性モーメント 　　（kgf–cm–sec²） 図1　片持ちばり
丸棒の 捩れ角 θ	$\theta=\dfrac{32\,Tl}{\pi d^4 G}$　（rad）　(2)	T：捩りトルク（kgf·cm） l：長さ（cm） d：丸棒の直径（cm） G：横弾性係数（kgf/cm²） 　　（8.5×10⁵kgf/cm²）
丸棒の 捩れ合成 K_r	$K_r=\dfrac{T}{\theta}=\dfrac{\pi d^4 G}{32\,l}$　(kgf–cm/rad)　(3)	図2　丸棒の捩れ
丸棒の 圧縮合成 K_c （ロッドの剛 性）	$K_c\dfrac{F}{\Delta l}=\dfrac{E\times 面積}{l}=\dfrac{E\cdot\pi d^2}{4\,l}$ 　　　$=\dfrac{1.65\times10^6\times d^2}{l}$　(kgf/cm²)　(4) ここに $\Delta l=\dfrac{4\,Fl}{\pi d^2 E}$　（cm）　(5)	F：圧縮力または引張り力 　　（kgf） l：長さ（cm） Δl：歪（縮みまたは伸び量） d：直径（cm） E：ヤング率（kgf/cm²） 　　（2.1×10⁶kgf/cm²） 図3　丸棒の圧縮
等価剛性 K_e	2つの要素 が直列結合	$\dfrac{1}{K_e}=\dfrac{1}{K_1}+\dfrac{1}{K_2}$　(6) 図4　2つの剛性の直列結合　図5　等価剛性
	2つの要素 が並列結合	$K_e=K_1+K_2$ 図6　並列結合　図7　等価剛性
ある軸から高 速軸に換算し た捩り剛性	$K_{Te}=NK_{T1}$　(kgf–cm/rad)　(8)	K_{Te}：高速軸の捩り剛性 K_{T1}：低速軸の捩り剛性 N：歯車比 図8　歯車列の捩り剛性
ボールねじ送り機構の総合剛性 K_e	ボールねじ の一端をス ラスト軸受 で支持した 場合の総合 縦剛性 K_{e1}	$\dfrac{1}{K_{e1}}=\dfrac{1}{Kc}+\dfrac{1}{K_B}+\dfrac{1}{K_N}+\dfrac{1}{K_R}$　(9) 図9　ボールねじの一端をスラスト軸受支持 K_R：スラスト軸受の剛性（kgf/cm²） K_N：ボールナットの剛性（kgf/cm²） K_B：軸受ブラケットの剛性（kgf/cm²）（締付けボルト込み）
	ボールねじ の両端をス ラスト軸受 で支持した 場合の総合 縦剛性 K_{e2}	$\dfrac{1}{K_{e2}}=\dfrac{1}{4Kc}+\dfrac{1}{2K_B}+\dfrac{1}{K_N}+\dfrac{1}{2K_R}$　(10) （注）K_e を算出するとき l は（軸受間距離） 　　$\times\dfrac{1}{2}$ とする 図10　ボールねじの両端をスラスト軸受支持

第11章　制御からみた機械の設計

11.4 慣性モーメントからみた駆動部と機械部との関係

［1］　慣性モーメントからみた伝達効率のよい条件

機械の制御に用いる駆動モータの伝達効率を最大にするということは，同一のモータ駆動トルクに対し，負荷の応答加速度が最大になるようにすればよい。

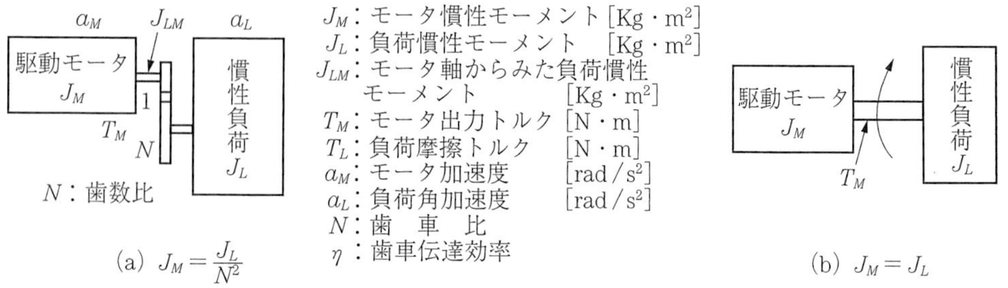

J_M：モータ慣性モーメント [Kg・m²]
J_L：負荷慣性モーメント　　[Kg・m²]
J_{LM}：モータ軸からみた負荷慣性
　　　　モーメント　　　　　　[Kg・m²]
T_M：モータ出力トルク [N・m]
T_L：負荷摩擦トルク　　[N・m]
a_M：モータ加速度　　　[rad/s²]
a_L：負荷角加速度　　　[rad/s²]
N：歯　車　比
η：歯車伝達効率

(a) $J_M = \dfrac{J_L}{N^2}$　　　　　　　　　　　　　　　　　　(b) $J_M = J_L$

図11.9　慣性モーメントからみた駆動モータと負荷の最適関係

図11.9(a)において，歯車伝達効率 η を100%，負荷摩擦トルク T_L を0として，負荷の加速度 a_L を最大にする歯車比 N は，$\boldsymbol{J_M = \dfrac{J_L}{N^2}}$ のような関係にすればよい*)。

すなわち，モータの慣性モーメント $\boldsymbol{J_M}$ と，モータ軸からみた負荷の慣性モーメント $\boldsymbol{J_{LM}}$ とを等しくすればよい。したがって，$N=1$ の場合，すなわち，**負荷が駆動モータ軸に直結している場合には**，$\boldsymbol{J_M = J_L}$ とすることが望ましい（図11.9(b)）。

*)［補　記］

図11.9(a)において，モータ駆動トルク $(T_M - J_M a_M)$ と，負荷トルク $\dfrac{1}{N\eta}(T_L + J_L a_L)$ とが釣り合っているとすると，

$$T_M - J_M a_M = \frac{1}{N\eta}(T_L + J_L a_L) \dotfill ①$$

ここで，$\eta = 100\%$，$T_L = 0$ とすれば，$a_M = N a_L$，
ゆえに，

$$a_L = \frac{N T_M}{J_L + N^2 J_M} \dotfill ②$$

a_L を最大にする N の値は，$\dfrac{d a_L}{dN} = 0$ より求まる。
すなわち，

$$\underline{\underline{J_M = \frac{J_L}{N^2}}} \dotfill ③$$

11.4 慣性モーメントからみた駆動部と機械部との関係

［2］ 制御からみた伝動機構の考察

（1） 制御用伝動歯車の具備すべき条件

制御用伝動機構として用いる歯車は，**強度を大きく（剛性大）**，**慣性モーメントを小さく**設計することが重要である。**図 11.10** に示す円筒回転体の慣性モーメント J は次式で求まる。

$$J = MR^2 = KD^4L \qquad (11.3)$$

この式より，**円筒回転体の慣性モーメントは直径の4乗に比例する。**したがって，直径をわずかに減らすだけで，慣性モーメントは大幅に減少する。

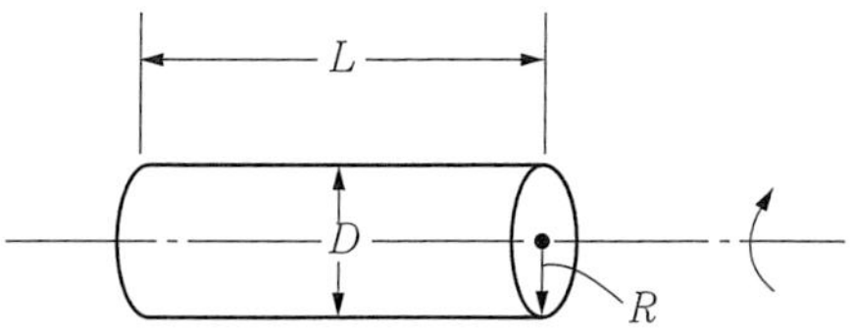

図 11.10 円筒回転体の慣性モーメント

$J = MR^2$
$\quad = KD^4L$

J：慣性モーメント
M：質　量
K：定　数

たとえば，歯車列のすべての回転部の直径を 20％ 減らすと，全慣性モーメントは 59％ も減少する。

歯車の強度は歯幅を大きくすることによって補うことができる。とくに歯車列の強度は，式(11.2)より，一番弱い歯の強度が全歯車列の強度に影響するので，十分な検討が必要である。

（2） 制御からみた減速装置の長所と短所

電気サーボモータ，とくに DC モータは低速時の駆動トルクが小さいので，歯車減速装置を用いると，駆動トルクを増し，モータ軸からみた慣性モーメントが低減する長所がある。しかし，**負荷の最大速度**や，歯車列の**剛性が低下**し，制御系として重要な**ループゲインを大きくとることができない欠点**がある。このような特性をもつ制御用減速装置の長所と短所を**表 11.2** に示す。

表 11.2 制御からみた減速装置の長所と短所

長　　　　所	短　　　　所
（1） モータ軸からみた負荷慣性モーメントが低減 （2） モータ軸の駆動トルクを増幅 （3） 急速停止・逆転時に，モータが慣性負荷によって振り回されない	（1） 負荷の最大速度が低下 （2） ロストモーションが増大 （3） 歯車列の剛性が低下 　　　（ループゲインが低下）

（3） ダイレクト駆動方式[1]（略称 DD 方式）の展望

最近，低速高トルクの制御用電気モータが開発された。機械（ボールねじなど）にこの駆動モータを直結することによって，駆動系の**剛性を高め，閉ループゲインを大きくとり，高速・高精度**の位置決め制御を実現させている。これを**ダイレクト駆動方式（略称 DD 方式）**といい，NC 工作機械や産業用ロボットなどの駆動に広く用いられている。このように，伝動機構の代表的役割をになっていた歯車機構も，制御駆動の分野ではダイレクト駆動方式に代替される傾向にある。

---

1) direct drive system

第11章　制御からみた機械の設計

［3］　慣性モーメント比と安定性との関係

　従来，制御用電気モータの慣性モーメントは，その出力軸における負荷の慣性モーメントよりも大きかったので，電気モータが負荷に振り回される問題は少なかった。油圧モータは小さな慣性モーメントで，大きなトルクを出すので，高速応答に優れている。しかし，大きな慣性モーメントを持つ負荷を急速に停止，または逆転させると，油圧モータが負荷の慣性力によって振り回され，背圧力が供給圧力の10〜数10倍にも達することがある。この結果，配管を破損させる危険を伴うので，安全上からも，慣性モーメントについては，綿密な検討が必要である。

　図11.11は，慣性モーメント比 $J = \dfrac{J_L}{J_M}$ が，0.3，1，3の場合の単位ステップ応答を示したもので，**慣性モーメント比 J が大きくなるほど，振れながら停止**する傾向を示している。

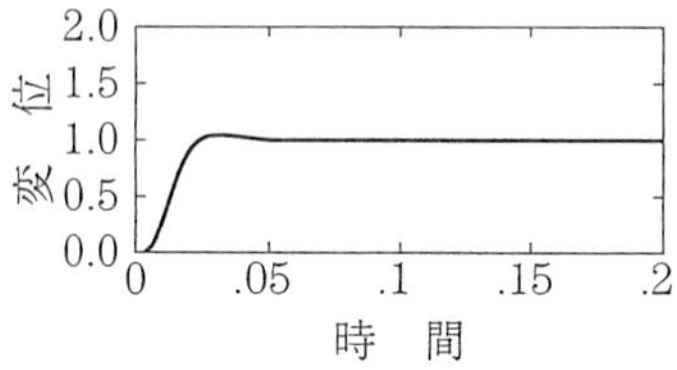

(a)　慣性モーメント比
$J=0.3$ （$\Omega=5.8$）

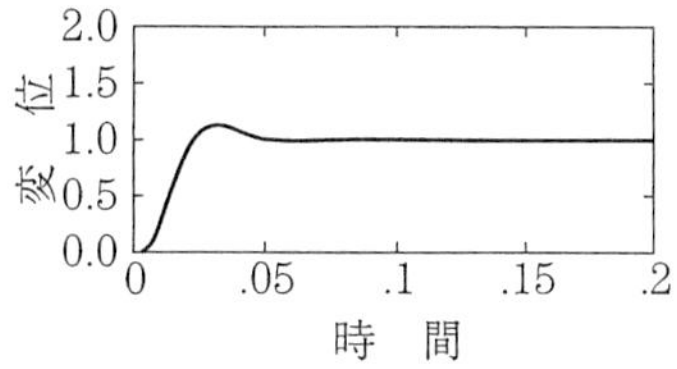

(b)　慣性モーメント比
$J=1$ （$\Omega=3.2$）

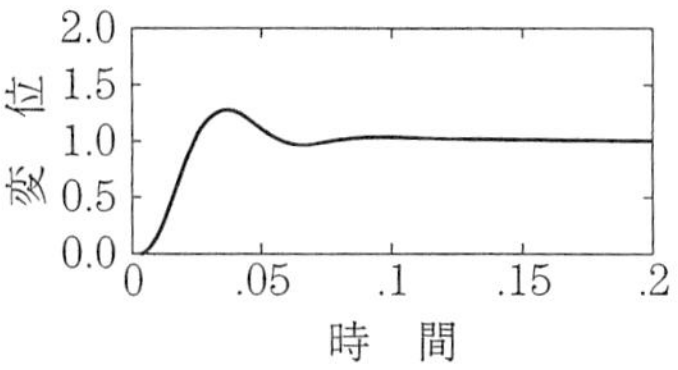

(c)　慣性モーメント比
$J=3$ （$\Omega=1.8$）

図11.11　慣性モーメント比 J が閉ループ位置制御系の過渡応答に及ぼす影響 $\left(剛性比\,K=10,\ \Omega=\dfrac{\omega_2}{\omega_1}\right)$

　図11.12は，剛性比 $K\left(\dfrac{K_2}{K_1}\right)$ をパラメータとして，慣性モーメント比 $J\left(\dfrac{J_2}{J_1}\right)$ とゲイン余裕（安定度）との関係を示したものである。図より，剛性比 K が3以上になると，慣性モーメント比 J の変化は，ゲイン余裕（安定度）に際立った変化を与えないことがわかる。しかし，

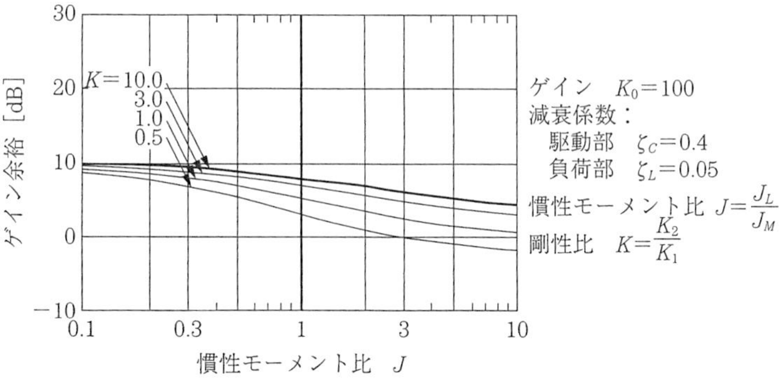

図11.12　慣性モーメント比とゲイン余裕（安定度）との関係

剛性比 K が0.5で，慣性モーメント比 J が3付近で持続振動が生ずることを示している。

　実際問題として，始動や停止のさせ方により，一律に断定はしがたいが，サーボ機構として，負荷の加速・減加速度を1G以下に抑えた場合，駆動モータ軸における負荷の慣性モーメント J_{LM} は，駆動モータの慣性モーメント J_M の3倍以下にすることが望ましい。

まとめ

機械部の慣性モーメント ≦（駆動モータの慣性モーメント）×3　［理想値：1］

134

11.5 固有振動数からみた駆動部と機械部との関係

駆動部と機械部の固有振動数[1]の相互関係は，制御系の特性に大きな影響を及ぼす重要な因子である。ここでは，機械の位置決め制御における相互関係の適正値を理論と実験により求めた結果について述べている。

［1］ ばね—質量系の固有角振動数[1]

図11.13において，ばね定数K_1, K_2 $(K_1 < K_2)$ をもつ2つのばねの端に，M なる質量を連結した2つのばね—質量系の固有角振動数ω_1, ω_2は，次式で表される。

$$\omega_1 = \sqrt{\frac{K_1}{M}} \quad [\text{rad/s}] \tag{11.4}$$

$$\omega_2 = \sqrt{\frac{K_2}{M}} \quad [\text{rad/s}] \tag{11.5}$$

ここで，$K_1 < K_2$ であるから，$\omega_1 < \omega_2$ となる。

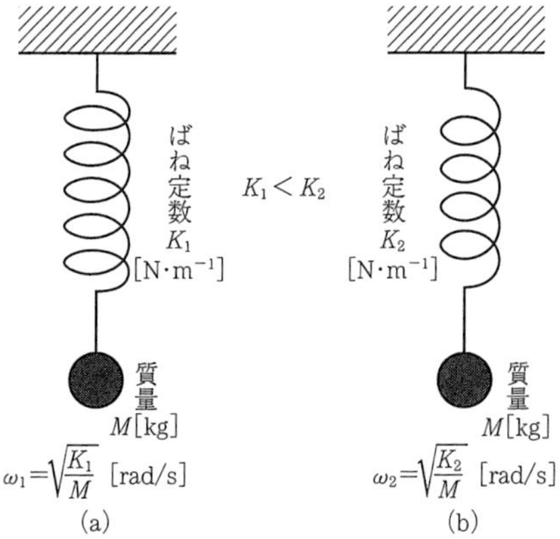

図11.13 2つのばね—質量系のモデル

［2］ ばね—質量—粘性抵抗系の固有角振動数

機械部の可動部は，通常剛性，質量，および粘性抵抗をもっている。これらを**図11.14**のように模擬し，その伝達関数 $G(S)$ と固有角振動数ω_n，減衰係数ζを求めてみる（4.5節参照）。図11.14 より

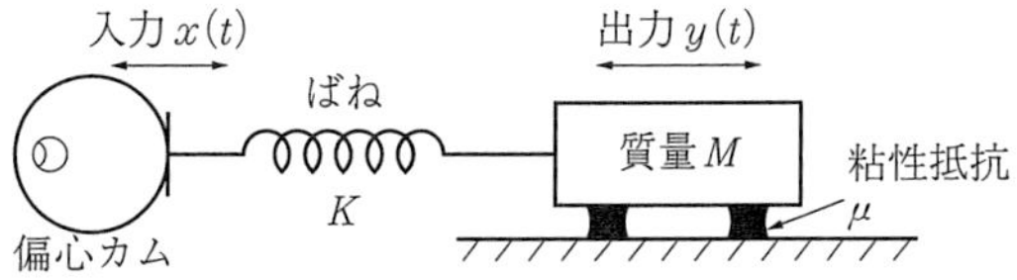

図11.14 ばね—質量—粘性抵抗系のモデル

$$M \frac{d^2 y}{dt^2} + \mu \frac{dy}{dt} = K \{x(t) - y(t)\} \tag{11.6}$$

$$\frac{d^2 y}{dt^2} + 2\zeta\omega_n \frac{dy}{dt} + \omega_n^2 y(t) = \omega_n^2 x(t) \tag{11.7}$$

ここで，$\omega_n = \sqrt{\dfrac{K}{M}} \quad [\text{rad/s}]$ 　　　　　　　　　　　　　(11.8)

$$\zeta = \frac{1}{2} \frac{\mu}{\sqrt{MK}} \tag{11.9}$$

式(11.7)を S 関数に変換すれば，$S^2 Y(S) + 2\zeta\omega_n S Y(S) + \omega_n^2 Y(S) = \omega_n^2 X(S)$ 　(11.10)

ゆえに，

$$G(S) = \frac{Y(S)}{X(S)} = \frac{\omega_n^2}{S^2 + 2\zeta\omega_n S + \omega_n^2} \tag{11.11}$$

このようにして求めたω_n，ζ の構成因子は，2次遅れ要素（4.5節）のω_n，ζと同じである。そこで，機械部の固有角振動数と，駆動部の固有角振動数との相互関係が，系の安定性にどのようにかかわっているかを次に考察してみる。

---

1) natural frequency, natural vibration, 単位 [Hz]

第11章　制御からみた機械の設計

［3］　固有周波数[1]からみた位置制御系の駆動部と機械部との関係

図 11.15 の位置制御系において，駆動部の入力を電圧，出力を角変位とした角周波数伝達関数を $G_1(j\omega)$，駆動部に連結している機械部の軸の角変位を入力（駆動部の出力），その出力を位置制御系の制御量（変位）とした周波数伝達関数を $G_2(j\omega)$ とすれば，$G_1(j\omega)$，$G_2(j\omega)$ は次式で表される。

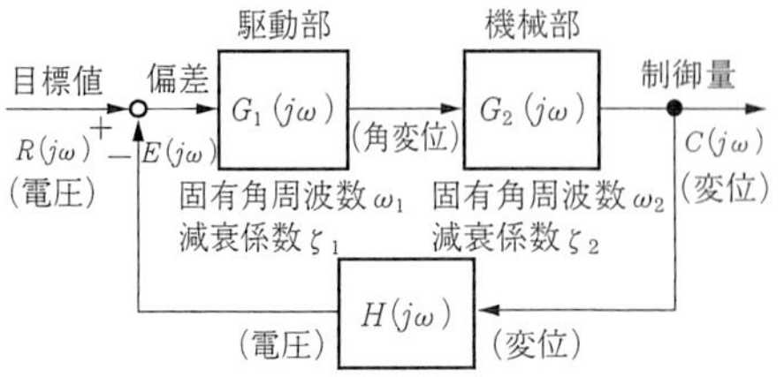

図 11.15　位置制御系のブロック線図

$$G_1(j\omega) = \frac{K\omega_1^2}{j\omega\,\{(j\omega)^2 + 2\,\zeta_1\omega_1(j\omega) + \omega_1^2\}} \tag{11.12}$$

$$G_2(j\omega) = \frac{\omega_2^2}{(j\omega)^2 + 2\,\zeta_2\omega_2(j\omega) + \omega_2^2} \tag{11.13}$$

説明を分かり易くするために，$H(j\omega)=1$ とすれば，一巡周波数伝達関数

$$G_0(j\omega) = G_1(j\omega)\,G_2(j\omega) \tag{11.14}$$

ここで，$K=100$，$\omega_1=100$ [rad/s]，$\omega_2=300$，$\zeta_1=0.1$，$\zeta_2=0.1$ として，$G_1(j\omega)$，$G_2(j\omega)$，$G_0(j\omega)$ のボード線図（ゲイン線図）を描けば**図 11.16** のようになる。

このボード線図において，$G_0(j\omega)$ の低周波数域のゲインを大きく，かつ固有角周波数を高くとれれば，高精度・高速応答の位置決めができる（第9章参照）。

図 11.16 に示す $G_0(j\omega)$ のゲイン（$|G_0(j\omega)|$）線図より，**ゲイン余裕は-8 [dB]** である。すなわち，$G_0(j\omega)$ のループゲインが 100（$|G_0(j\omega)|_{\omega=1}=40$ [dB]）のとき，この**閉ループ系は不安定**となる。

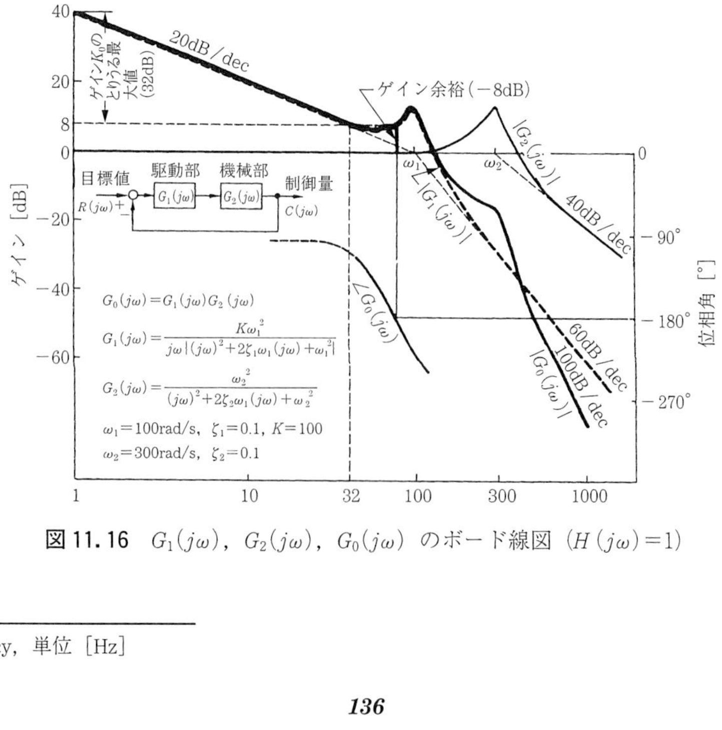

図 11.16　$G_1(j\omega)$，$G_2(j\omega)$，$G_0(j\omega)$ のボード線図（$H(j\omega)=1$）

---

[1] natural frequency, 単位 [Hz]

11.5 固有振動数からみた駆動部と機械部との関係

安定にするためには，$|G_0(j\omega)|=40\,[\mathrm{dB}]-8$ $[\mathrm{dB}]=32\,[\mathrm{dB}]$ **以下にするか，駆動部の固有角周波数**[1] ω_1 **を大きくする方法**が考えられる。前者は位置決め精度を低下させるので好ましくない。後者の場合は，駆動部の固有角周波数 ω_1 が，機械部の固有角周波数 ω_2 に近づくので，両者の共振値近くの振幅が重畳されて増大するので問題である。**機械部の** ω_2 **に対し，駆動部の** ω_1 **をどの程度離せばよいか**，図 **11.17** に，シミュレーションによって検討した結果を示しておく。

図 11.17 は，駆動部と機械部の慣性モーメント比が最適な $\boldsymbol{J_1=J_2}$ のとき，機械部の減衰係数 ζ_L をパラメータとして，**固有角周波数比** $\Omega=\dfrac{\omega_2}{\omega_1}$ に対するゲイン余裕（安定度）との関係を求めた曲線である。図の▲，■，●は実験値である。

図より，安定性と速応性の面から，ゲイン余裕を 10〜20 $[\mathrm{dB}]$ の範囲にするには，$\boldsymbol{\omega_2}$ **を** $\boldsymbol{\omega_1}$ **の 3〜10 倍**にとることが望ましい。

NC 工作機械やロボットの腕の位置決め制御では，$|G_0(j\omega)|\geqq100$（40 $[\mathrm{dB}]$）を目標に，設計することが望ましい[2]。

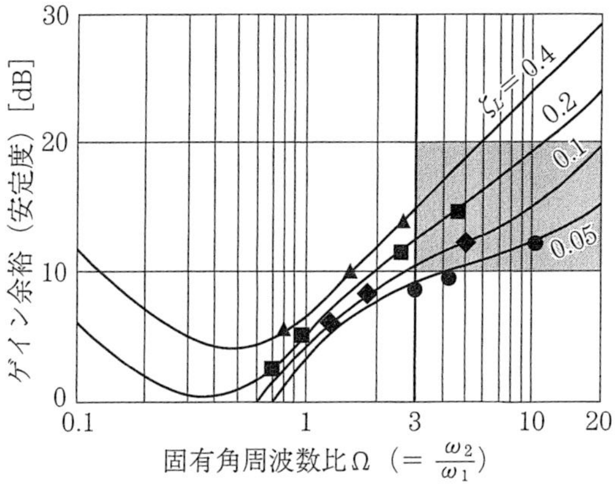

したがって，**機械部の固有角周波数** ω_2 **は**，ω_1（約 100 rad/s）の約 3 倍（300 rad/s）以上になるように設計する必要がある。

図 11.17 固有角周波数比と系の安定度（ゲイン余裕）との関係 ($J_1=J_2$)

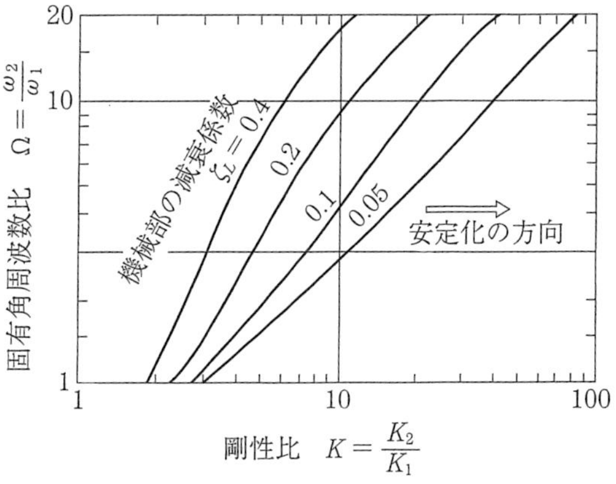

図 11.18 閉ループ系が安定なための剛性比と固有角周波数比との関係

また，同じ制御系について，系が安定なための駆動部と機械部の剛性比 K と，固有角周波数比 Ω との関係を，機械部の減衰係数 ζ_L をパラメータとして描いた曲線が**図 11.18** である。

この図より，**Ω が大きいほど，また，剛性比 K が大きいほど，閉ループ系は安定**な傾向にあることがわかる。また，機械部の減衰係数はできるだけ大きくすることが望ましい。

まとめ

機械部の固有角周波数 ≧（駆動部の固有角周波数）×3　［適正値：3］

---

1) natural angular frequency，単位 $[\mathrm{rad/s}]$
2) 振動試験機などでは，$|G_0(j\omega)|\fallingdotseq800$（58 $[\mathrm{dB}]$），$\omega_2\geqq800\,[\mathrm{rad/s}]$ を目途に設計している。

第 11 章　制御からみた機械の設計

11.6　駆動モータ出力と機械部始動力との関係

駆動モータの出力が機械部の始動力より大きくなければ，機械は動かない。**高精度の位置決めには，機械部の始動力を小さくして，駆動モータの出力を大きくする必要がある。**

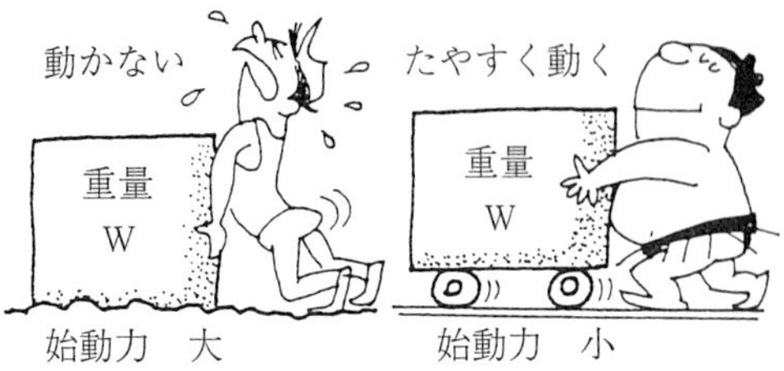

動かない　　たやすく動く

重量 W　　重量 W

始動力　大　　始動力　小

位置決めは，大きな力で負荷軽く

[1]　駆動モータと機械部の速度—トルク特性

図11.19 は，2 つの駆動モータ (A)，(B) と，機械部 (a)，(b) の始動時の速度とトルクとの関係を示している図である。

始動時のトルクゲインの大きい駆動モータ (A) と，静圧駆動で始動時のトルクを小さくした機械部 (a) との交点 P_1 が，**ロストモーション**の一番小さいところである。すなわち，高精度の位置決めが得られる一番良い組み合わせである。高精度の位置決めをさせるには，このようなきめ細いところにも配慮して設計することが重要である。

しかしながら，用途によっては，静圧軸受駆動が障害となる場合もある。たとえば，NC ボール盤や NC パンチプレスのような用途には適しているが，NC 旋盤や，NC 研削盤などでは，加工中の外乱トルクを吸収することのできる**すべり案内駆動**の方が望ましい場合もある。

図11.20 (a)は移動部にころがり案内を用いた場合の位置決め精度の実測値で，図11.20(b)はすべり案内を用いた場合の実測値である。

これら 2 つの実測値より，**ころがり案内**を用いた場合の位置決め精度の実測値は，減衰性が悪く，**すべり案内**を用いた場合より位置決め精度の劣っていることが認められる。

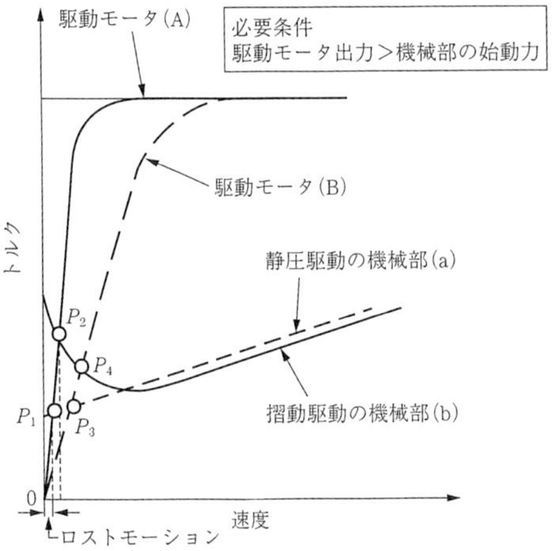

必要条件
駆動モータ出力＞機械部の始動力

駆動モータ(A)

駆動モータ(B)

静圧駆動の機械部(a)

摺動駆動の機械部(b)

トルク

速度

ロストモーション

図 11.19　駆動モータと機械部の速度–トルク特性

度数 [%]

$S=2.8\mu m$
$\sigma=1.1\mu m$

運転時間 [min]
（a）　ころがり案内

度数 [%]

$S=1.1\mu m$
$\sigma=0.5\mu m$

運転時間 [min]
（b）　すべり案内

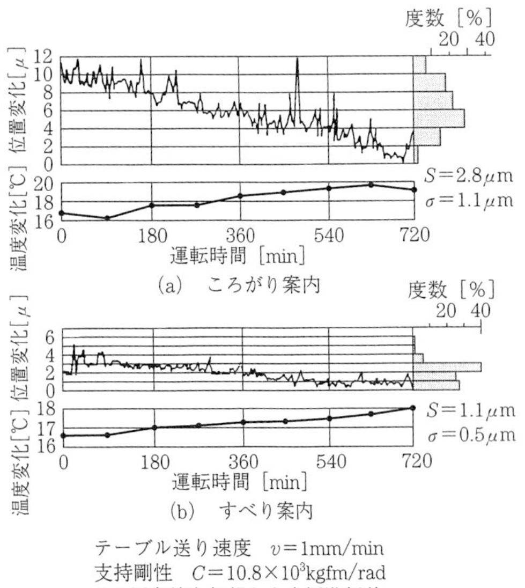

テーブル送り速度　$v=1mm/min$
支持剛性　$C=10.8\times10^3 kgfm/rad$
S：傾向線を無視した全標準偏差
σ：傾向線に対する標準偏差

図 11.20　位置決め精度に及ぼす案内の影響
（精密機械，No. 7，1970）

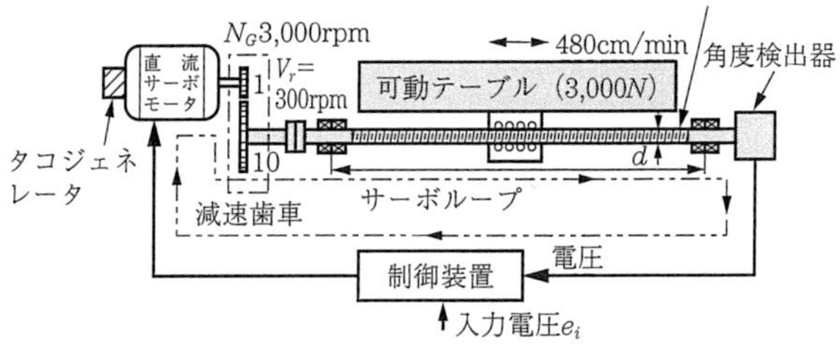

11.6 駆動モータ出力と機械部始動力との関係

［2］ 閉ループ系の位置決め誤差の式

図 11.21 において，直流サーボモータを $\frac{1}{10}$ の減速歯車を介してボールねじに取り付けると，ボールねじに直結した場合よりも，モータ軸にかかる負荷トルクは $\frac{1}{10}$（効率：100％）小さくなる。したがって，負荷トルクによる**位置決め誤差は $\frac{1}{10}$ 小さくなる**が，同時に**可動テーブルの最大速度は $\frac{1}{10}$ 遅くなる**。

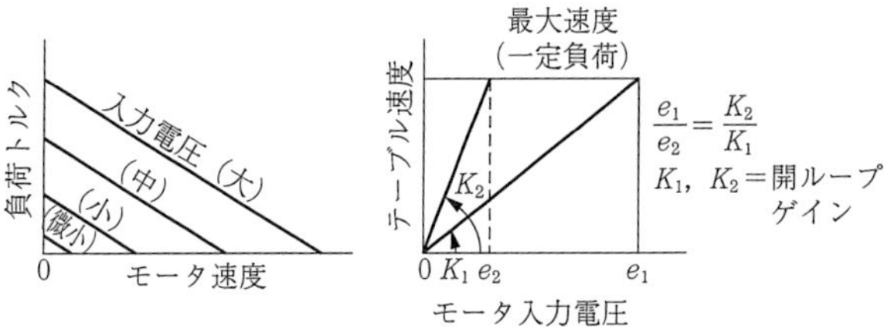

一般に，直流サーボモータの速度と負荷トルク，および，入力電圧と最大速度（一定負荷）との間には，大略**図 11.22**(a), (b)に示す関係がある。

図 11.21 直流サーボモータ駆動の位置決め制御系

図 11.22 直流サーボモータの特性

(a) 速度―負荷トルク特性　(b) 入力電圧―速度特性（一定負荷）

ここで，減速歯車を変えないで，最大速度を保持したまま，低速域におけるモータ出力トルクを大きくするには，開ループゲインを大きくすればよい。

図 11.22(b)において，開ループゲインを K_1 から K_2 に増せば，微小入力電圧域でのモータ出力トルクは，$\frac{K_2}{K_1}$ 倍になる（図 11.19，図 11.22(b)参照）。したがって，直流サーボモータを用いた閉ループ位置制御系の位置決め誤差は，近似的に次の関係式で表すことができる。

> **まとめ**
>
> $$\text{閉ループ系の位置決め誤差} = \frac{\text{負荷の最大速度}}{\text{開ループゲイン}} \times \frac{\text{負荷の始動力}}{\text{駆動モータの始動力}} \tag{11.15}$$

この式は，駆動部と機械部にロストモーションがなく，駆動モータの速度―負荷トルク特性が，図 11.22(a)に示す関係にあることを仮定している。

式(11.15)に示す4つの値をどのように選ぶかは，一率には決め難い。経験によれば，**駆動モータの出力トルクは負荷の始動トルクの3倍以上にとる**ことが望ましい。また，**開ループゲインは機械部の固有角周波数によって上限が決まってしまう**（11.5節）。駆動部と機械部とを含めたこれらの値の最適な組み合わせを求めることが，制御からみた機械システム設計の要である。

第11章　制御からみた機械の設計

［3］　油圧サーボモータと直流サーボモータの特性比較

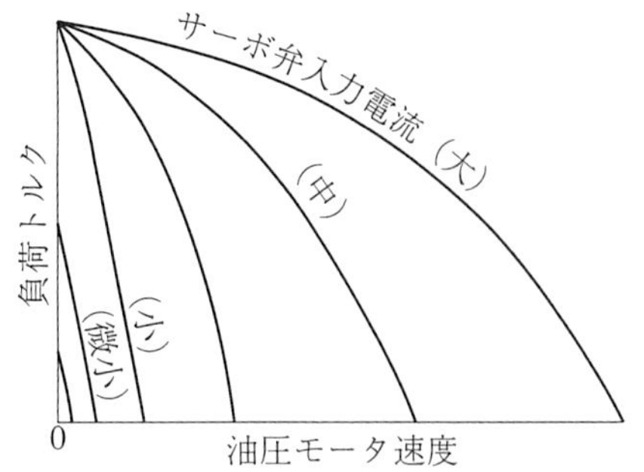

図11.23　油圧サーボモータの速度—
負荷トルク特性

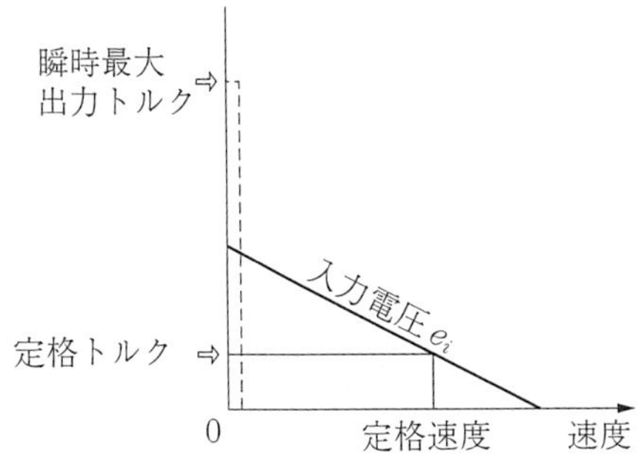

図11.24　直流サーボモータの速度—
トルク特性（低速時補償）

　サーボ弁と油圧モータとを組み合わせた油圧サーボモータは，**図11.23**に示すように，低速度域での速度–負荷トルク特性は，図11.22(a)に示す直流サーボモータの特性に近似しているので，式(11.15)が目安として適用できる。

　ここで，高精度の位置決めを得るために，油圧モータの駆動始動力を大きくするには，供給圧力を高くとるか，油圧力はそのままで，押しのけ容積の大きい油圧モータを用いればよい。しかし，油圧発生装置の高圧化か，吐出し流量の増大化が必要となり，運転コストを含めた総コストを増大させるといった問題がある。

　直流サーボモータ駆動の場合は，**図11.24**に示すように，始動と停止時の出力トルクを瞬間的に大きく出すようにモータ駆動増幅器を設計することによって，位置決め精度を高め，しかも，製作費や運転経費を増すことなく容易にできる。これらの理由で，駆動出力容量が約10 kW以下の制御用駆動モータとしては，電気サーボモータが，油圧サーボモータ駆動に優れている理由の1つになっている。

> **まとめ**
>
> 駆動モータの始動力 ≧（機械部の始動力）×3
>
> $$\text{閉ループ系の位置決め誤差} = \frac{\text{負荷の最大速度}}{\text{開ループゲイン}} \times \frac{\text{負荷の始動力}}{\text{駆動モータの始動力}}$$

11.7 位置決め制御におけるロストモーションの影響

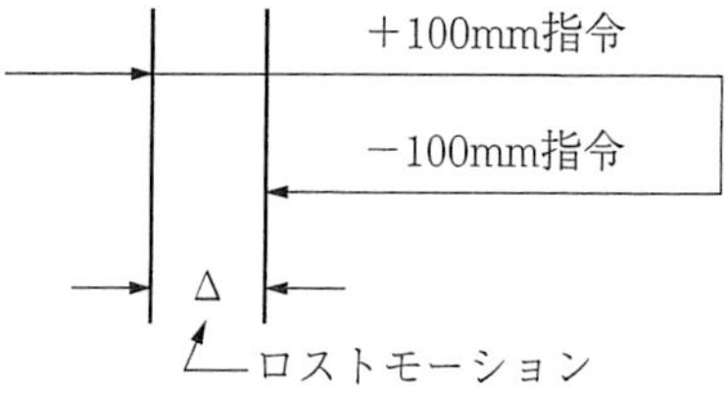

[1] ロストモーション[1]とは

ロストモーションとは，図11.25において，「ある位置への正の向きでの位置決めと，負の向きでの位置決めによる両停止位置の差[2]」をいう。

一般に，機械の軸受や歯車列は，すき間が0では動かない。わずかにすき間をもたせ，潤滑のための油膜を作って，はじめて滑らかに動く。この駆動系の遊びを機構学ではバックラッシ[3]といっているが，これもロストモーションの一種である。

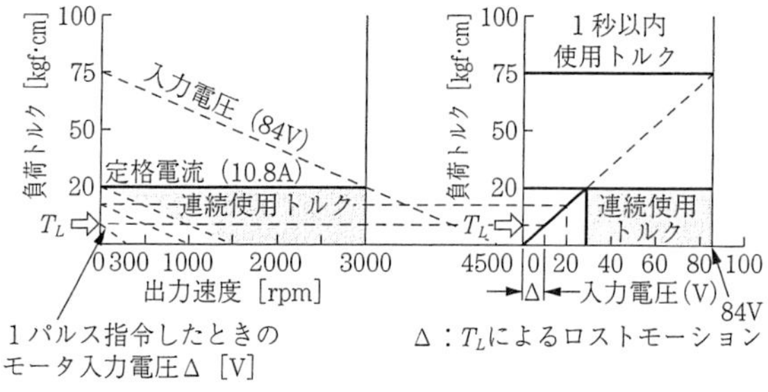

図11.26(a)は，直流サーボモータに，1パルス指令に相当する入力電圧 Δ [V] を与えると，無負荷状態では300 [rpm] で回転し，負荷トルク T_L を加えると停止することを示している。このことは，図11.26(b)より，負荷 T_L によって，入力電圧 Δ のロストモーションが発生することを示している。

図11.25 ロストモーション

図11.26 直流サーボモータの入力電圧に対する速度とトルク特性

まとめ

使用不可トルクに対し，1パルス1μm指令が確実に応答する位置決め制御系を構築することができれば，その系の位置決め精度は1μmとなる。

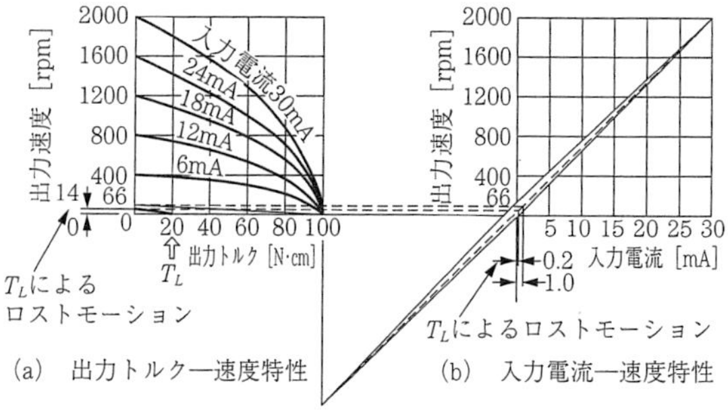

図11.27はサーボ弁駆動油圧モータについて，負荷 T_L によってロストモーションが生ずる原因を図示したものである。図より，負荷20 [N·cm] に対応する入力電流は0.2 [mA]，出力速度は14 [rpm] となる。すなわち，負荷20 [N·cm] によって生ずるロストモーションは，入力換算0.2 [mmA] である。

一般に，油圧サーボモータは，直流サーボモータに比べ，負荷によるロストモーションが小さいので，大負荷・高精度の追従制御には優れた特性を発揮する。

図11.27 サーボ弁駆動油圧モータの入力電流—速度特性と，出力トルク—速度特性

---

1) lost motion　　2) JIB–0181 による定義　　3) back lash

第11章　制御からみた機械の設計

［2］　ロストモーションの消去法—その1

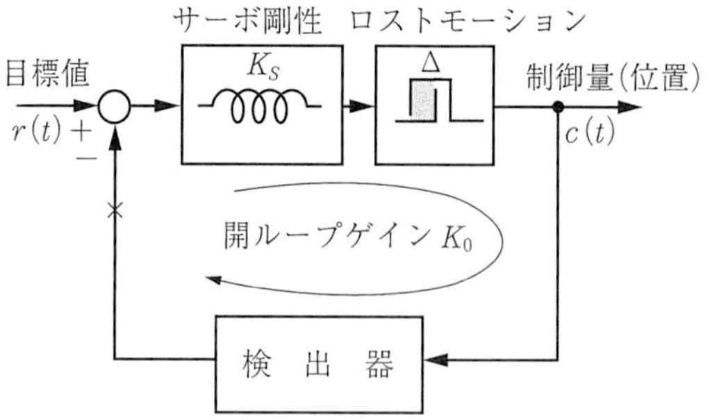

図11.28　ロストモーションのある
位置決め制御系

ロストモーションとサーボ剛性・質量で
発振することがある

図11.28において，位置決め制御系内のロストモーションの総和を Δ とし，一巡伝達関数のゲイン（開ループゲイン）を K_0 とすれば，閉ループ系の位置決め誤差は $\dfrac{\Delta}{K_0}$ となる（第9章参照）。ここで，**$K_0 \to$ 大**にすれば，$\dfrac{\Delta}{K_0} \to 0$ となり，**ロストモーションが精度に及ぼす影響は無視できる**。これがフィードバック制御の特長であるが，実際には次のような問題がある。

（1）　**系の固有角周波数が小さいと，開ループゲイン K_0 を大きくとれない。**したがって，$\dfrac{\Delta}{K_0}$ を小さくすることができない。

（2）　**ロストモーション Δ が大きいと，**これが原因で，**自励振動を起こし，K_0 を大きくとれない。**

一般に，NC工作機械などの位置決め制御では，駆動部と機械部との**総合ロストモーションの許しうる大きさは，要求精度の5倍以下**にすることが望ましい。

［3］　ロストモーションの消去法—その2

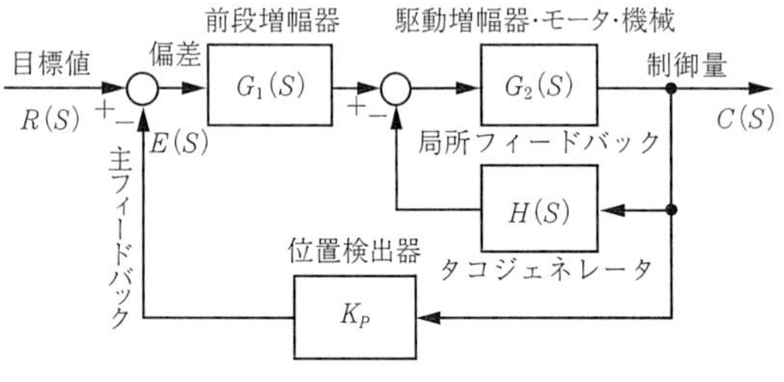

図11.29は，ロストモーションを内蔵している要素 $G_2(S)$ の出力を，線形性のよいタコジェネレータ（$H(S)=K_T S$）を用いて検出し，局所フィードバックをとった閉ループ位置決め制御系である。

図11.29　ロストモーション消去回路

図において，一巡伝達関数 $G_0(S)$ は，

$$G_0(S) = \frac{C(S)K_p}{E(S)} = \frac{G_1(S)G_2(S)K_p}{1+G_2(S)H(S)} \tag{11.16}$$

ここで，$|G_2(S)H(S)| \gg 1$ のようにとれば，

$$G_0(S) \fallingdotseq \frac{G_1(S)K_p}{H(S)} \tag{11.17}$$

すなわち，$G_2(S)$ が $G_0(S)$ の中から消えてしまい，ロストモーションを内蔵している要素 $G_2(S)$ の影響が除去される（第9章参照）。

142

11.8 速度制御の方式

これまでは，閉ループ系の位置決め制御について述べてきたが，ここでは，速度制御について考えてみる。

従来速度制御方式は，図11.30(a)に示すように，制御量の速度をタコジェネレータなどの速度検出器を用いて電圧に変換し，アナログ電圧の目標値にフィードバックすることによって速度を制御する方式が多く用いられていた。

この場合，速度の精度は，速度検出器の精度に依存することになり，微少速度における円滑な制御をすることが難かしく，スティック・スリップの発生に悩まされていた。また，駆動モータの低速時の特性や，最大と最小速度との比を大きくとることも困難であった。

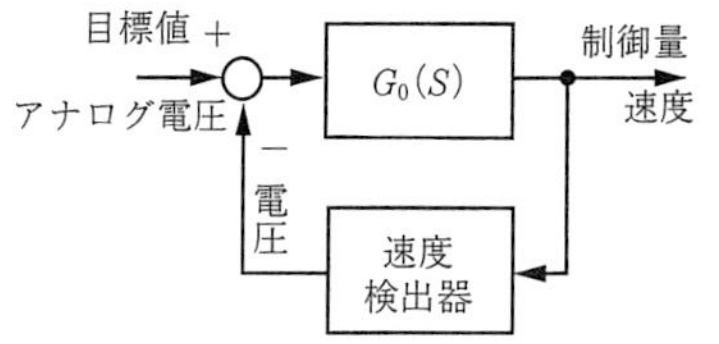

最近は，図11.30(b)に示すような位置決め制御系を構成して，目標値の速度入力指令をパルス電圧の周波数変動で与えている。このようにすると，制御量はディジタル変位の周波数変動，すなわち速度としての動きをする。

たとえば，1パルス当たりの出力変位を10［μm］とか，1［μm］という微少値にとり，1パルスの入力指令に対し，確実に10［μm］とか，1［μm］応答する位置決め制御系を構築しておけば，どんな微小速度でも，スティック・スリップすることなく，また広範囲に変化する速度指令に対しても，確実に作動させることができる。

NC工作機械や産業用ロボットなどの速度制御は，このディジタル入力指令による速度制御方式を採用し，微小速度から高速度までの広範囲にわたり，入力に忠実な速度の制御をさせている。

(a) アナログ入力による速度制御方式

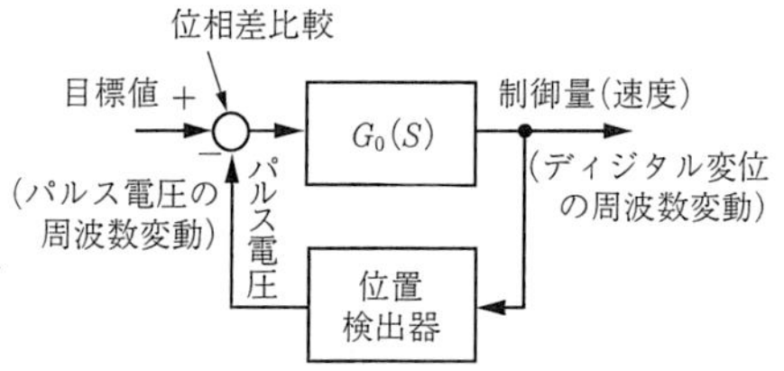

(b) ディジタル入力による速度制御方式

図11.30 速度制御の2つの方式

11.9 総まとめ

以上の結果，制御からみた駆動部と機械部とのマッチングの良い条件は次の通り。

まとめ

（1） 機械部の剛性≧(駆動部の剛性)×3 ［適正値：3～5］

（2） 機械部の慣性モーメント≦(駆動モータの慣性モーメント)×3 ［適正値：1］

（3） 機械部の固有角周波数≧(駆動部の固有角周波数)×3 ［適正値：3］

（4） 機械部の始動力≦(駆動モータの始動力)×1/3

（5） 閉ループ系の位置決め誤差＝$\dfrac{負荷の最大速度}{開ループゲイン} \times \dfrac{負荷の始動力}{駆動モータの始動力}$

第11章　制御からみた機械の設計

第11章　問　題

1. 機械制御系に関する次の用語について説明せよ。

（1）　サーボ剛性　　　　　　　　　　（2）　トルクゲイン

（3）　ダイレクトドライブ方式（DD方式）　　（4）　ロストモーション

2. 下図に示す駆動系の減速比を$1 : N$とし，歯車の慣性モーメントを無視し，伝達効率を100%とした理想状態で負荷を駆動するとき，加速度を最大にするには，（1）～（4）の中のどれか，○で囲め。

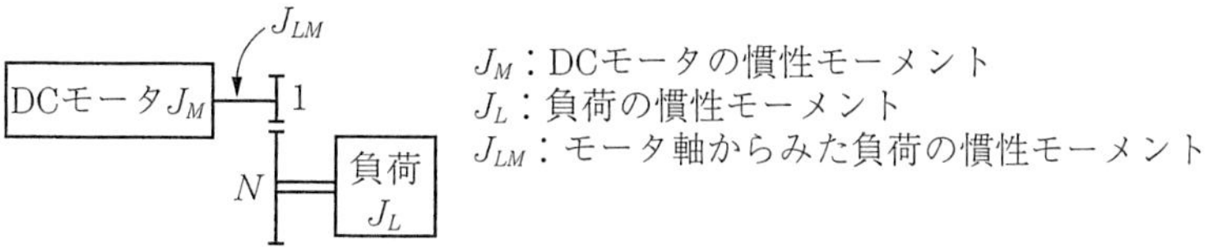

J_M：DCモータの慣性モーメント
J_L：負荷の慣性モーメント
J_{LM}：モータ軸からみた負荷の慣性モーメント

（1）　$J_M = J_L$　　　（2）　$J_M = \dfrac{J_{LM}}{N^2}$　　　（3）　$J_{LM} = \dfrac{J_L}{N^2}$　　　（4）　$J_M = \dfrac{J_L}{N^2}$

3. 下記の文は，サーボ機構に用いる減速装置について述べている。

機械制御系の設計から見た場合，その長所を○，短所を×で数字記号の上に示せ。

（1）　負荷の最大速度が低下する。　　　（2）　負荷軸における駆動トルクを増す。

（2）　ロストモーションが増す。　　　（4）　モータ軸からみた負荷の慣性モーメントが減少する。

（5）　開ループゲインが小さくなる。

4. 下記の文の　　　　の中に，[A]の中から適正な用語を選んで，正しい文章にせよ。

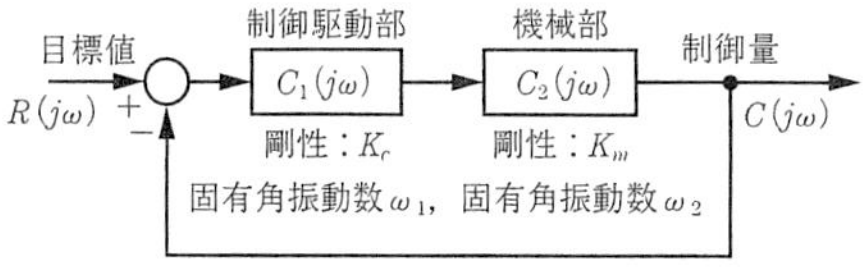

（1）　図において，機械部の剛性K_mは，駆動部の剛性K_cより　　　することが必要条件である。

（2）　図において，一巡周波数伝達関数$G_0(j\omega) = G_1(j\omega)G_2(j\omega)$のゲインは，ロボットの腕の位置決めの場合，$|G_0(j\omega)| \geqq 100(40\,\mathrm{dB})$程度を目標に設計している。この場合$\omega_1$は　　　rad/s程度，$\omega_2$　　　はrad/s程度以上にすることが望ましい。

（3）　図において，全剛性K_Tが小さいと，ゲイン　　　を大きくとることができない。

[A] 大きく，小さく，同じく，$|G_0(j\omega)|$，$|G_1(j\omega)|$，$|G_2(j\omega)|$，K_c，K_m，10 rad/s，100 rad/s，300 rad/s，1000 rad/s。

5. 位置決め誤差を示す下記の式の　　　　の中に，適正なものを入れて，正しい関係式とせよ。

$$\genfrac{}{}{0pt}{}{\text{閉ループ系の}}{\text{位置決め誤差}} = \frac{\text{負荷の最大速度}}{\boxed{}} \times \frac{\text{負荷の始動力}}{\text{駆動モータの始動力}}$$

むすびの言葉

　日本の制御工学は戦後外国から学んで発展し，普及された。その専門書は，体系化された内容が整然と記述され，失敗事例など記載されてないのがほとんどである。

　本書では，なぜこの理論が考え出され，どのように発展してきたか，失敗の対策のプロセスをできる限り記述するよう心がけた。そして，知識の記述は簡潔にして，アイデア発想のプロセスを載せるようにつとめた。

よい自動化機械は相手の性質をよく知った上での結婚から生まれる。

機械

制御装置

　一般に，自動化機械は，従来の機械に既製の制御装置を単に結合するだけで，その機能を十分に発揮させている事例を筆者は経験したことがない。フィードバック制御系の失敗例のほとんどがこれに起因している場合が多い。

　従来の機械は，人間が操作することを前提として設計されているので，自動化するには，どこかに問題が潜んでいることに注意する必要がある。

　そこで，機械制御系の設計は，機械と制御装置とのマッチングが重要で，機械を制御系の一部として検討しなければならないことを力説してきた。そして，自動化機械をより高い精度で，いつも安定で，速やかに応答する系をより経済的にまとめるには，機械制御系をどのように設計したらよいかということを，より具体的に，かつ論理的に述べてきた。

　従来の制御の工学書は，駆動エネルギが無限大という前提のもとで，信号伝達のみについて論じている。本書では，制御系の構成要素の剛性，固有角振動数，および駆動力が精度，安定性や速応性とコストにどのような条件で関係しているかについて述べ，実務に役立つように心がけた。これらが，機械制御を学ぼうとする方々に役立てば幸いである。

付　録

付録Ⅰ　ラプラス変換の公式

[1]　定義　　t の関数 $f(t)$　（$f(t)=0$, $t<0$）について，次の積分

$$\mathcal{L}[f(t)]=\int_0^\infty f(t)e^{-Pt}dt=F(P)\quad（P：複素数）\tag{付1.1}$$

を，$f(t)$ のラプラス変換という。この変換　$f(t)\longrightarrow F(P)$　を，$\mathcal{L}[f(t)]$ という記号で表す。この記号 $\mathcal{L}$ は，$\mathcal{L}=\int_0^\infty e^{-Pt}dt$　を意味している。

　また，ラプラス変換した関数 $F(P)$ を t の関数 $f(t)$ に変えることを，**ラプラス逆変換**といい，次式で示される。

$$f(t)=\frac{1}{2\pi j}\int_{-\infty}^{+\infty}F(P)e^{pt}\cdot dP=\mathcal{L}^{-1}[F(P)]\tag{付1.2}$$

[注]　$f(t)$ のラプラス変換を考えるとき，$f(t)$ は t が 0 から $+\infty$ の間で定義されていればよい。したがって，$t<0$ のとき，$f(t)=0$ の制限は必要ない。しかし，$F(p)$ から $f(t)$ を求めるとき，関数 $f(t)$ は $t<0$ では 0 であるという形で表示されるので，$f(t)$ をラプラス変換するとき，$t<0$ では $f(t)=0$ の条件をつけている。

　また，$f(t)$ が $t=0$ のとき，値を持たないか，不連続のときは，次のように考える。

$$\mathcal{L}[f(t)]=\int_0^\infty e^{-Pt}f(t)dt=\lim_{\substack{\varepsilon\to+0\\b\to+\infty}}\int_\varepsilon^b e^{-Pt}f(t)dt\tag{付1.3}$$

[2]　線形性　$\boxed{af(t)+bg(t)\quad\circ\!\!-\!\!\!-\!\!\bullet\quad aF(P)+bG(P)}$　a, b：定数

$$\mathcal{L}[af(t)+bg(t)]=\int_0^\infty e^{-pt}[af(t)+bg(t)]dt=\int_0^\infty e^{-Pt}af(t)dt+\int_0^\infty e^{-Pt}bg(t)dt$$

$$=a\int_0^\infty e^{-Pt}f(t)dt+b\int_0^\infty e^{-Pt}g(t)dt=a\mathcal{L}[f(t)]+b\mathcal{L}[g(t)]$$

$$\therefore\quad\mathcal{L}[af(t)+bg(t)]=a\mathcal{L}[f(t)]+b\mathcal{L}[g(t)]=aF(P)+bG(P)\tag{付1.4}$$

[3]　変移則

（1）変移定理　$\boxed{e^{at}f(t)\quad\circ\!\!-\!\!\!-\!\!\bullet\quad F(P-a)}$

$$F(P)=\int_0^\infty e^{-pt}f(t)dt\qquad P\text{ を }P-a\text{ でおきかえると，}$$

$$F(P-a)=\int_0^\infty e^{-(P-a)t}f(t)dt=\int_0^\infty e^{-Pt}\{e^{at}f(t)\}dt$$

$$\therefore\quad F(P-a)=\mathcal{L}[e^{at}f(t)],\qquad e^{at}f(t)\quad\circ\!\!-\!\!\!-\!\!\bullet\quad F(P-a)\tag{付1.5}$$

146

付録Ⅰ　ラプラス変換の公式

（2）時間遅れ　　$\boxed{f(t-a) \quad \circ\!\!-\!\!-\!\!\bullet \quad e^{-aP}F(P)}$

$F(P)$ に e^{-aP} を乗ずると，e^{-ap} は t に関しては不変であるから，

$$e^{-aP}F(P) = e^{-ap}\mathcal{L}[f(t)] = e^{-ap}\int_0^\infty e^{-Pt}f(t)dt = \int_0^\infty e^{-p(t+a)}f(t)dt$$

ここで，$t+a=\tau$ とおけば，$t=\tau-a$，$\dfrac{dt}{d\tau}=1$

$$\therefore \quad \int_{0+a}^{\infty+a} e^{-P\tau}f(\tau-a)d\tau = \int_a^\infty e^{-P\tau}f(\tau-a)d\tau = \int_a^\infty e^{-Pt}f(t-a)dt$$

$a>0$ ならば，$f(t-a)$ は $f(t)$ を t 軸にそって a だけ移動した関数となる（付録—図1）。

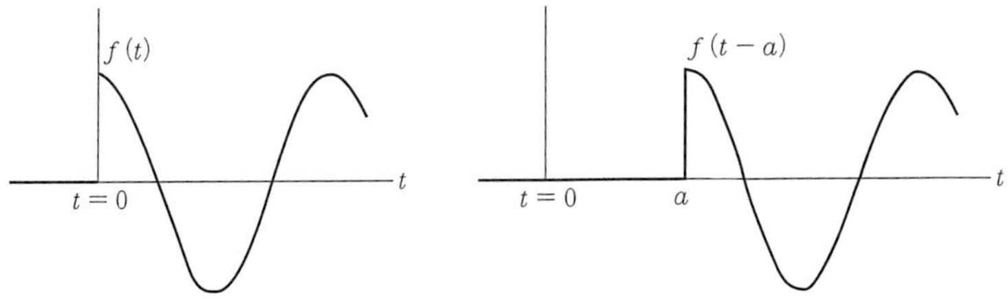

付録—図1　時間遅れの図

ここで，$f(t)$ は $t<0$ のとき，0であるから，$f(t-a)$ も，$t<a$ のとき0となる。
したがって，上式は次式となる。

$$\int_a^\infty e^{-Pt}f(t-a)dt = \int_0^a e^{-Pt}\cdot 0 + \int_a^\infty e^{-Pt}f(t-a)dt = \int_0^\infty e^{-Pt}f(t-a)dt = \mathcal{L}[f(t-a)]$$

$$\therefore \quad e^{-aP}F(P) = \mathcal{L}[f(t-a)], \qquad f(t-a) \quad \circ\!\!-\!\!-\!\!\bullet \quad e^{-aP}F(P) \tag{付 1.6}$$

［4］　相似則

$$\boxed{\begin{array}{llll} \text{拡大} & f(at) & \circ\!\!-\!\!-\!\!\bullet \quad \dfrac{1}{a}F\left(\dfrac{P}{a}\right) & (a>0,\ 定数)\\[2mm] \text{縮小} & \dfrac{1}{a}f\left(\dfrac{t}{a}\right) & \circ\!\!-\!\!-\!\!\bullet \quad F(aP) & (a>0,\ 定数)\end{array}}$$

t を at でおきかえると，$\mathcal{L}[f(at)]=\displaystyle\int_0^\infty e^{-Pt}f(at)dt$，$at=\tau$ とおくと，　$t=\dfrac{\tau}{a}$，　$\dfrac{dt}{d\tau}=\dfrac{1}{a}$

ゆえに，$\mathcal{L}[f(at)]=\displaystyle\int_0^\infty e^{-P\frac{\tau}{a}}f(\tau)\dfrac{d\tau}{a}=\dfrac{1}{a}\int_0^\infty e^{-\left(\frac{P}{a}\right)\tau}\cdot f(\tau)d\tau=\dfrac{1}{a}\int_0^\infty e^{-\left(\frac{P}{a}\right)t}f(t)dt$

この式は，$F(P)=\displaystyle\int_0^\infty e^{-Pt}f(t)dt$ の P を $\dfrac{P}{a}$ でおきかえたものである。

$$\therefore \quad \frac{1}{a}F\left(\frac{P}{a}\right) = \mathcal{L}[f(at)], \qquad f(at) \quad \circ\!\!-\!\!-\!\!\bullet \quad \frac{1}{a}F\left(\frac{P}{a}\right) \tag{付 1.7}$$

同様にして

$$F(aP) = \mathcal{L}\left[\frac{1}{a}f\left(\frac{t}{a}\right)\right] \qquad \frac{1}{a}f\left(\frac{t}{a}\right) \quad \circ\!\!-\!\!-\!\!\bullet \quad F(aP) \tag{付 1.8}$$

付　録

[5]　微分則 (t 関数, S 関数) [$f(t)$ の初期値, $f(0)$, $f'(0)$, $f''(0)$, ……$f^{(n-1)}(0)$ はすべて 0。]

（1）$f(t)$ の微分の S 変換　　　　　　　（2）$F(S)$ の微分[注]

　　[3.2 [4] p. 30 参照]

$$\frac{d}{dt}f(t) \quad \circ\!\!-\!\!\bullet \quad SF(S) \qquad\qquad (-t)^1 f(t) \quad \circ\!\!-\!\!\bullet \quad \frac{d}{dS}F(S)$$

$$\frac{d^2}{dt^2}f(t) \quad \circ\!\!-\!\!\bullet \quad S^2 F(S) \qquad\qquad (-t)^2 f(t) \quad \circ\!\!-\!\!\bullet \quad \frac{d^2}{dS^2}F(S)$$

$$\vdots \qquad\qquad \vdots \qquad\qquad\qquad \vdots \qquad\qquad \vdots$$

$$\frac{d^n}{dt^n}f(t) \quad \circ\!\!-\!\!\bullet \quad S^n F(S) \qquad\qquad (-t)^n f(t) \quad \circ\!\!-\!\!\bullet \quad \frac{d^n}{dS^n}F(S)$$

[注]　$F(S)=\displaystyle\int_0^\infty e^{-St}f(t)dt$ において, $F(S)$ を S で微分すると,

$$\frac{dF(S)}{dS} = \frac{d}{dS}\int_0^\infty e^{-St}f(t)dt = \int_0^\infty \frac{d}{dS}\{e^{-St}f(t)\}dt = \int_0^\infty f(t)\frac{d}{dS}\{e^{-St}\}dt = \int_0^\infty f(t)(-t)e^{-St}dt$$

$$= \int_0^\infty (-t)e^{-St}f(t)dt = \mathcal{L}[(-t)f(t)] \qquad \therefore \quad \frac{d}{dS}F(S) = \mathcal{L}[(-t)^1 f(t)] \qquad (付 1.9)$$

　すなわち, S 関数 $F(S)$ を微分することは, t 関数 $f(t)$ に $(-t)$ をかけることである。

　$F(S)$ を繰返し微分すると,

$$\frac{d^2}{ds^2}F(S) = \mathcal{L}[(-t)^2 f(t)], \quad ……, \quad \frac{d^n}{dS^n}F(S) = \mathcal{L}[(-t)^n f(t)]。$$

[6]　積分則 (t 関数, S 関数) [$f(t)$ の初期 $f(0)$, $f'(0)$, $f''(0)$, ……$f^{(n-1)}(0)$ はすべて 0。]

（1）$f(t)$ の積分の S 変換　　　　　　　（2）$F(S)$ の積分[注]

　　[3.2 [4] p. 30 参照]

$$\int_0^t f(t)dt \qquad \circ\!\!-\!\!\bullet \quad \frac{1}{S}F(S) \qquad \frac{1}{t}f(t) \quad \circ\!\!-\!\!\bullet \quad \int_S^\infty F(S)dS$$

$$\int_0^t\int_0^t f(t)dt^2 \qquad \circ\!\!-\!\!\bullet \quad \frac{1}{S^2}F(S) \qquad\qquad \vdots \qquad\qquad \vdots$$

$$\vdots \qquad\qquad \vdots$$

$$\underbrace{\int_0^t\int_0^t\cdots\int_0^t}_{n} f(t)dt^n \quad \circ\!\!-\!\!\bullet \quad \frac{1}{S^n}F(S) \qquad \frac{1}{t^n}f(t) \quad \circ\!\!-\!\!\bullet \quad \underbrace{\int_S^\infty\int_S^\infty\cdots\int_S^\infty}_{n} F(S)dS^n$$

[注]　$\dfrac{f(t)}{t}$ の S 関数は, $\mathcal{L}\left[\dfrac{f(t)}{t}\right] = \displaystyle\int_0^\infty e^{-St}\frac{f(t)}{t}dt = \int_0^\infty f(t)\left[\frac{1}{t}e^{-St}\right]dt = \int_0^\infty f(t)\left[\int_S^\infty e^{-St}dS\right]dt$

$$= \int_0^\infty\left[\int_S^\infty f(t)e^{-St}dS\right]dt =^{(*)} \int_S^\infty\left[\int_0^\infty f(t)e^{-St}dt\right]dS = \int_S^\infty F(S)dS$$

　（＊）$f(t)$ は S に関して定数であるから, 積分の順序を交換する。

　ゆえに, $\qquad \mathcal{L}\left[\dfrac{f(t)}{t}\right] = \displaystyle\int_S^\infty F(S)dS$ $\qquad\qquad\qquad\qquad$ (付 1.10)

付録 I　ラプラス変換の公式

すなわち，$F(S)$ を S から∞までの積分は，t―空間では $\dfrac{f(t)}{t}$ に対応する。

一般に，$\mathcal{L}\left[\dfrac{\boldsymbol{f(t)}}{\boldsymbol{t^n}}\right]=\underbrace{\displaystyle\int_S^\infty\int_S^\infty\cdots\int_S^\infty}_{n}\boldsymbol{F}(\boldsymbol{S})(\boldsymbol{dS})^n$　（付 *1.11*）

［7］　加法則（ヘビサイドの展開定理）

$$\boxed{\sum_{k=1}^n\frac{\boldsymbol{P(a_k)}}{\boldsymbol{Q'(a_k)}}\,\boldsymbol{e^{a_kt}}\quad\circ\!\!-\!\!\bullet\quad\frac{\boldsymbol{P(S)}}{\boldsymbol{Q(S)}}}$$

S についての2つの多項式 $P(S)$ と $Q(S)$ とは，共通因子をもたない多項式とし，$P(S)$ の次数は $Q(S)$ の次数より低いものとする。

$$\boldsymbol{F(S)}=\frac{\boldsymbol{P(S)}}{\boldsymbol{Q(S)}},\ \ \boldsymbol{Q(S)}=(\boldsymbol{S-a_1})(\boldsymbol{S-a_2})\cdots\cdots(\boldsymbol{S-a_n})$$

$Q(S)$ は n 個の異なる0点，$a_1,\ a_2,\ \cdots\cdots a_n$ をもつ多項式であるから，部分分数法により，次式を満足する定数 $c_1,\ c_2,\ \cdots\cdots c_n$ が存在する。

$$\boldsymbol{F(S)}=\frac{\boldsymbol{P(S)}}{\boldsymbol{Q(S)}}=\frac{\boldsymbol{c_1}}{\boldsymbol{S-a_1}}+\frac{\boldsymbol{c_2}}{\boldsymbol{S-a_2}}+\cdots\cdots+\frac{\boldsymbol{c_k}}{\boldsymbol{S-a_k}}+\cdots\cdots+\frac{\boldsymbol{c_n}}{\boldsymbol{S-a_n}}$$　（付 *1.12*）

c_k は次のようにして求まる。

$$c_k=\lim_{S\to a_k}\left\{\frac{P(S)}{Q(S)}(S-a_k)\right\}=\lim_{S\to a_k}P(S)\lim_{S\to a_k}\frac{(S-a_k)}{Q(S)}=P(a_k)\lim_{S\to a_k}\frac{1}{Q'(S)}=\frac{P(a_k)}{Q'(a_k)}$$

ゆえに，

$$\frac{P(S)}{Q(S)}=\frac{P(a_1)}{Q'(a_1)}\cdot\frac{1}{S-a_1}+\cdots+\frac{P(a_k)}{Q'(a_k)}\cdot\frac{1}{S-a_k}+\cdots\cdots+\frac{P(a_n)}{Q'(a_n)}\cdot\frac{1}{S-a_n}=\sum_{k=1}^n\frac{P(a_k)}{Q'(a_k)}\cdot\frac{1}{S-a_k}$$

逆 S 変換すれば，

$$\mathcal{L}^{-1}\left[\frac{P(S)}{Q(S)}\right]=\frac{P(a_1)}{Q'(a_1)}e^{a_1t}+\cdots\cdots+\frac{P(a_k)}{Q'(a_k)}e^{a_kt}+\cdots\cdots+\frac{P(a_n)}{Q'(a_n)}e^{a_nt}=\sum_{k=1}^n\frac{P(a_k)}{Q'(a_k)}e^{a_kt}$$

ゆえに，$\displaystyle\sum_{k=1}^n\frac{\boldsymbol{P(a_k)}}{\boldsymbol{Q'(a_k)}}\,\boldsymbol{e^{a_kt}}\quad\circ\!\!-\!\!\bullet\quad\dfrac{\boldsymbol{P(S)}}{\boldsymbol{Q(S)}}$　（付 *1.13*）

［注］　ヘビサイドの演算は狭義のラプラス変換，すなわち S 変換に属するので S 記号を用いている。

［8］　極限値

（1）初期値定理　$\boxed{\displaystyle\lim_{t\to0}\boldsymbol{f(t)}=\lim_{P\to\infty}\boldsymbol{PF(P)}}$

$$\mathcal{L}[f'(t)]=PF(P)-f(0),\ \ \text{すなわち}\ \ PF(P)-f(0)=\int_0^\infty e^{-pt}f'(P)dt$$　（付 *1.14*）

149

付　録

式(付 1.14)の $P\to\infty$ のときの極限値を求めると,

$$\lim_{P\to\infty}PF(P)-\lim_{P\to\infty}f(0)=\lim_{P\to\infty}\left[\int_0^\infty e^{-Pt}f'(t)dt\right]\qquad \lim \text{と} \int_0^\infty e^{-Pt}f'(t)dt \text{ の順序を交換すると,}$$

$$\lim_{P\to\infty}\left[\int_0^\infty e^{-Pt}f'(t)dt\right]=\int_0^\infty\left[\lim_{P\to\infty}\{e^{-Pt}f'(t)\}\right]dt=0$$

ゆえに, $\displaystyle\lim_{P\to\infty}PF(P)=\lim_{P\to\infty}f(0)$, または, $\displaystyle\lim_{P\to\infty}PF(P)=f(0)=\lim_{t\to0}f(t)$

$$\therefore\ \ \lim_{t\to0}f(t)=\lim_{P\to\infty}PF(P) \tag{付 1.15}$$

（2）最終値定理　　$$\boxed{\lim_{t\to\infty}f(t)=\lim_{P\to0}PF(P)}$$

$\dfrac{df(t)}{dt}$ のラプラス変換は, $\displaystyle\mathcal{L}\left[\frac{d}{dt}f(t)\right]=\int_0^\infty e^{-pt}f'(t)dt=PF(P)-f(0)$ (付 1.16)

左辺を $P\to0$ とすれば,

$$\lim_{P\to\infty}\int_0^\infty e^{-Pt}f'(t)dt=\int_0^\infty f'(t)dt=\lim_{P\to\infty}\int_0^P f'(t)dt=\lim_{P\to\infty}\left[f(P)-f(0)\right]=\lim_{t\to\infty}f(t)-f(0)$$

式(付 1.16)の右辺を $P\to0$ とすれば, $\displaystyle\lim_{P\to\infty}PF(P)=f(0)$

ゆえに, $\displaystyle\lim_{t\to\infty}f(t)-f(0)=\lim_{P\to0}PF(P)-f(0)$

または, $\displaystyle\lim_{t\to\infty}f(t)=\lim_{P\to0}PF(P)$ (付 1.17)

[9]　相乗則

（1）合成（重畳）定理　　$$\boxed{\int_0^t f(u)g(t-u)du \quad\circ\!\!-\!\!\bullet\quad F(P)G(P)}$$

$f(t)=\mathcal{L}^{-1}[F(P)]$, $g(t)=\mathcal{L}^{-1}[G(P)]$ のとき, $\displaystyle\mathcal{L}^{-1}[F(P)G(P)]=\int_0^t f(u)g(t-u)du$ となる。

（証明）

$$F(P)=\int_0^\infty e^{-Pt}f(t)dt,\quad G(P)=\int_0^\infty e^{-Pt}g(t)dt,$$

$$F(P)G(P)=\left\{\int_0^\infty e^{-Pu}f(u)du\right\}\left\{\int_0^\infty e^{-pv}g(v)dv\right\}=\int_0^\infty\int_0^\infty e^{-P(u+v)}f(u)g(v)dudv$$

ここで, $u+v=t$ とおけば, $v=t-u$, $dv=dt$　となる。したがって上式は,

$$=\int_0^\infty e^{-Pt}\left\{\int_0^t f(u)g(t-u)du\right\}dt$$

付録 I　ラプラス変換の公式

ゆえに，$\mathcal{L}^{-1}\{F(P)G(P)\} = \int_0^t f(u)g(t-u)du$　　　　　　　　　　　　　　　（付 1.18）

ここで，$\int_0^t f(u)g(t-u)du$ を $f(t)$ と $g(t)$ の合成関数といい，$f(t)*g(t)$ の記号で示す。

（2）合成積

$$
\begin{array}{lcl}
f_1(t)f_2(t) & \circ\!\!-\!\!\bullet & \dfrac{1}{2\pi j}\displaystyle\int_{B_{r1}}F_1(\sigma)F_2(P-\sigma)d\sigma \\[2mm]
f_1(t)f_2(t) & \circ\!\!-\!\!\bullet & \dfrac{1}{2\pi j}\displaystyle\int_{B_{r2}}F_2(\sigma)F_1(P-\sigma)d\sigma \\[2mm]
f_1(t)f_2(t) & \circ\!\!-\!\!\bullet & \dfrac{1}{2\pi j}F_1(P)*F_2(P)
\end{array}
$$

ラプラス逆変換式より，

$$f_1(t) = \frac{1}{2\pi j}\int_{B_{r1}}F_1(P)e^{pt}dt \qquad\qquad\qquad （付 1.19）$$

$$f_2(t) = \frac{1}{2\pi j}\int_{B_{r2}}F_2(P)e^{pt}dt \qquad\qquad\qquad （付 1.20）$$

$$\mathcal{L}[f_1(t)f_2(t)] = \int_0^\infty f_1(t)f_2(t)e^{-Pt}dt = \int_0^\infty\left\{\frac{1}{2\pi j}\int_{B_{r1}}F_1(\sigma)e^{\sigma t}d\sigma\right\}f_2(t)e^{-Pt}dt,$$

積分順序を変換すると，

$$= \frac{1}{2\pi j}\int_{B_{r1}}F_1(\sigma)\left\{\int_0^\infty f_2(t)e^{(\sigma-P)t}dt\right\}d\sigma \qquad\qquad （付 1.21）$$

ここで，$\displaystyle\int_0^\infty f_2(t)e^{(\sigma-P)t}dt = \int_0^\infty f_2(t)e^{-(P-\sigma)t}dt = \int_0^\infty f_2(t)e^{-ut}dt$　　$(P-\sigma=u$ とおく$)$

$$= F_2(u) = F_2(P-\sigma)$$

ゆえに，$\mathcal{L}[f_1(t)f_2(t)] = \dfrac{1}{2\pi j}\displaystyle\int_{B_{r1}}F_1(\sigma)F_2(P-\sigma)d\sigma$　　　　　　　　（付 1.22）

式(付 1.21)において，$f_2(t)$ に式(付 1.20)を代入し，同様の計算をすれば，

$$\mathcal{L}[f_1(t)f_2(t)] = \frac{1}{2\pi j}\int_{B_{r2}}F_2(\sigma)F_1(P-\sigma)d\sigma \qquad\qquad （付 1.23）$$

ゆえに，$f_1(t)f_2(t)$　$\circ\!\!-\!\!\bullet$　$\dfrac{1}{2\pi j}F_1(P)*F_2(P)$　　　　　　　　　　（付 1.24）

151

付　録

付録Ⅱ　ラプラス変換基本公式表

番号	名　称		$f(t)$　(t 関数)	$F(P)=\mathscr{L}[f(t)]$　(P 関数, S 関数)[1]	備考
1	定義	ラプラス変換	$f(t),\ t>0$　　　　　　　　　　○——●	$F(P)=\int_0^\infty f(t)e^{-Pt}dt$　P：パラメータ	146頁
		ラプラス逆変換	$\mathscr{L}^{-1}[F(P)]=\dfrac{1}{2\pi j}\int_{-\infty}^{+\infty}F(P)e^{pt}\cdot dP$	$F(P)$	〃
2	線形性	加減	$f_1(t)\pm f_2(t)$	$F_1(P)+F_2(P)$	〃
		乗算	$af(t)$　　　　　　　　　　a：定数	$aF(P)$	〃
3	変移則	変移定理	$e^{-Pt}f(t)$　　　　　　　　a：定数	$F(P+a)$	〃
		時間遅れ	$f(t-a),$　　　　$0<t<a,\ f(t-a)=0$	$e^{-ap}F(P)$　　　　　　$a>0$, 定数	147頁
4	相似則	拡大	$f(at)$	$\dfrac{1}{a}F\left(\dfrac{P}{a}\right)$　　　　　　$a>0$, 定数	〃
		縮小	$\dfrac{1}{a}f\left(\dfrac{t}{a}\right)$	$F(aP)$　　　　　　$a>0$, 定数	〃
5	微分則	$f(t)$ の微分の P 変換	$f'(t),\ \dfrac{d}{dt}f(t)$	$PF(P)-f(0)$	148頁
			$f''(t),\ \dfrac{d^2}{dt^2}f(t)$	$P^2F(P)-Pf(0)-f'(0)$	〃
			$f^{(n)}(t),\ \dfrac{d^n}{dt^n}f(t)$	$P^nF(P)-P^{n-1}f(0)-P^{n-2}f'(0)-$ $\cdots\cdots Pf^{(n-2)}(0)-f^{(n-1)}(0)$	〃
		$F(S)$ の微分の S 逆変換	$-tf(t)$	$F'(S),\ \dfrac{d}{dS}F(S)$	〃
			$(-t)^nf(t)$	$F^{(n)}(S),\ \dfrac{d^n}{dS^n}F(S)$	〃
6	積分則	$f(t)$ の積分の P 変換	$\int_0^t f(t)dt$	$\dfrac{1}{p}F(P)+\dfrac{1}{P}f^{(-1)}(0),f^{(-1)}(0)=\left[\int_0^t f(t)dt\right]_{t=0}$	〃
			$\int_0^t\int_0^t f(t)\,dt^2$	$\dfrac{1}{P^2}F(P)+\dfrac{1}{P^2}f^{(-1)}(0)+\dfrac{1}{P}f^{(-2)}(0)$	〃
			$\int_0^t\int_0^t\cdots\cdots\int_0^t f(t)\,dt^n$	$P^{-n}F(P)+P^{-n}f^{-1}(0)+P^{-(n-1)}f^{-2}(0)+$ $\cdots\cdots+P^{-1}f^{(-n)}(0)$	〃
		$f(t)$ の積分の S 変換	$\int_0^t f(t)dt$	$\dfrac{1}{S}F(S)$	〃
			$\int_0^t\int_0^t f(t)dt^2$	$\dfrac{1}{S^2}F(S)$	〃
			$\int_0^t\int_0^t\cdots\cdots\int_0^t f(t)dt^n$	$\dfrac{1}{S^n}F(S)$	〃
		$F(S)$ の積分の S 逆変換	$\dfrac{1}{t}f(t)$	$\int_S^\infty F(S)dS$	〃
			$\dfrac{1}{t^n}f(t)$	$\int_S^\infty\int_S^\infty\cdots\cdots\int_S^\infty F(S)dS^n$	〃
7	加法則	ヘビサイドの展開定理	$\displaystyle\sum_{k=1}^n\dfrac{P(a_k)}{Q'(a_k)}e^{a_kt}$	$\dfrac{P(S)}{Q(S)}$　$P(S)$：m 次の多項式　$m<n$ $Q(S)=(S-a_1)(S-a_s)\cdots\cdots(S-a_n)$ $a_1,\ a_2,\ \cdots\cdots a_n$ は相異る。	149頁
8	極限値	初期値定理	$\displaystyle\lim_{t\to 0}f(t)$	$\displaystyle\lim_{P\to\infty}PF(P)$	〃
		最終値定理	$\displaystyle\lim_{t\to\infty}f(t)$	$\displaystyle\lim_{P\to 0}PF(P)$	150頁
9	相乗則	合成定理（重畳積分）	$\int_0^t f(u)g(t-u)du=f(t)*g(t)$ $\int_0^t f(t-u)g(u)du=f(t)*g(t)$	$F(P)G(P)$	〃
		合成積	$f_1(t)f_2(t)$	$\dfrac{1}{2\pi j}\int_{Br_1}F_1(\sigma)F_2(P-\sigma)d\sigma,\ \dfrac{1}{2\pi j}F_1(P)*F_2(P)$	151頁

（1）$f(t)$ の初期値 $f(0),\ f'(0),\ f''(0),\cdots\cdots,\ f^{(-1)}(0),\ f^{(-2)}(0),\cdots\cdots$ がすべて 0 であれば，P 関数はすべて，本表で称する S 関数と同じになる。

付録Ⅲ　ラプラス変換表（その1）

番号	$F(P)=\mathscr{L}[f(t)]$	$f(t)\qquad t>0$	S変換可：○
1	1	$\delta(t)$　　単位インパルス	○
2	e^{-ST}	$\delta(t-T)$　　遅れの単位インパルス	○
3	$\dfrac{1}{S}e^{-LS}$	$u(t-L)$	○
4	$\dfrac{1}{S}(1-e^{-LS})$	$u(t)-u(t-L)$，パルス	○
5	$\dfrac{1}{S},\ \dfrac{a}{S}$	$1\text{ or }u(t)$，$u(t)$ は単位ステップ関数，a	○
6	$\dfrac{1}{S^2}$	t	○
7	$\dfrac{2}{S^3},\ \dfrac{n!}{S^{n+1}}$	$t^2,\ \cdots\cdots t^n\qquad n=1,2,3,\cdots\cdots$	○
8	$\dfrac{1}{P+a}$	e^{-at}	
9	$\dfrac{1}{(S+a)^n}$	$\dfrac{1}{(n-1)!}t^{n-1}e^{-at}\qquad n=1,2,3$	○
10	$\dfrac{1}{P-a}$	e^{at}	
11	$\dfrac{1}{(P-a)^2}$	te^{at}	
12	$\dfrac{n!}{(S-a)^{n+1}}$	$t^n e^{at}$	○
13	$\dfrac{1}{(S-a)^n}$	$\dfrac{1}{(n-1)!}t^{n-1}e^{at}$	○
14	$\dfrac{1}{(P+a)(P+b)},\ \dfrac{1}{(P-a)(P-b)}$	$\dfrac{1}{b-a}(e^{-at}-e^{-bt}),\ \dfrac{1}{a-b}(e^{at}-e^{bt})$	
15	$\dfrac{P}{(P+a)(P+b)}$	$\dfrac{1}{a-b}(ae^{-at}-be^{-bt})$	
16	$\dfrac{P+z}{(P+a)(P+b)}$	$\dfrac{1}{b-a}[(z-a)e^{-at}-(z-b)e^{-bt}]$	
17	$\dfrac{1}{(P+a)(P+b)(P+c)}$	$\dfrac{-e^{-at}}{(a-b)(c-a)}+\dfrac{-e^{-bt}}{(a-b)(b-c)}+\dfrac{-e^{-ct}}{(c-a)(b-c)}$	
18	$\dfrac{P+z}{(P+a)(P+b)(P+c)}$	$\dfrac{-(z-a)e^{-at}}{(a-b)(c-a)}+\dfrac{-(z-b)e^{-bt}}{(a-b)(b-c)}+\dfrac{-(z-c)e^{-ct}}{(c-a)(b-c)}$	○
19	$\dfrac{\omega}{P^2+\omega^2},\ \dfrac{1}{P^2+\omega^2}$	$\sin\omega t,\ \dfrac{1}{\omega}\sin\omega t$	○
20	$\dfrac{P}{P^2+\omega^2}$	$\cos\omega t$	
21	$\dfrac{2\omega^2}{P(P^2+4\omega^2)}$	$\sin^2\omega t$	

注-1：初期値がすべて0：$f(0),f'(0),f''(0),\cdots\cdots,f^{(-1)}(0),f^{(-2)}(0),\cdots\cdots=0$，のとき，$S$変換可能。（No.1～7, No.9, 12, 13）

注-2：No.8, 10, 11, 14～70. 関数$f(t)$はS変換不可能

付　　録

ラプラス変換表（その2）

番号	$F(P)=\mathscr{L}[f(t)]$	$f(t) \qquad t>0$	S変換可：○
22	$\dfrac{P+z}{P^2+\omega^2}$	$\sqrt{\dfrac{z^2+\omega^2}{\omega^2}}\sin(\omega t+\phi),\quad \phi\equiv\tan^{-1}\left(\dfrac{\omega}{z}\right)$	
23	$\dfrac{P\sin\phi+\omega\cos\phi}{P^2+\omega^2}$	$\sin(\omega t+\phi)$	
24	$\dfrac{P\cos\phi-\omega\sin\phi}{P^2+\omega^2}$	$\cos(\omega t+\phi)$	
25	$\dfrac{1}{(P^2+\omega^2)^2}$	$\dfrac{1}{2\omega^3}(\sin\omega t-\omega t\cos\omega t)$	
26	$\dfrac{P}{(P^2+\omega^2)^2}$	$\dfrac{t}{2\omega}\sin\omega t$	
27	$\dfrac{P^2}{(P^2+\omega^2)^2}$	$\dfrac{1}{2\omega}(\sin\omega t+\omega t\cos\omega t)$	
28	$\dfrac{P^2-\omega^2}{(P^2+\omega^2)^2}$	$t\cos\omega t$	
29	$\dfrac{1}{(P+a)^2+\omega^2}$	$\dfrac{1}{\omega}e^{-at}\sin\omega t$	
30	$\dfrac{\omega}{(P+a)^2+\omega^2}$	$e^{-at}\sin\omega t$	○
31	$\dfrac{1}{P\{(P+a)^2+\omega^2\}}$	$\dfrac{1}{A^2}\left\{1-\dfrac{A}{\omega}e^{-at}\sin(\omega t+\phi)\right\},\quad \begin{array}{l}A=\sqrt{a^2+\omega^2}\\ \phi=\tan^{-1}\dfrac{\omega}{a}\end{array}$	
32	$\dfrac{P+\alpha}{P[(P+a)^2+\omega^2]}$	$\dfrac{\alpha}{a^2+\omega^2}+\dfrac{1}{\omega}\sqrt{\dfrac{(\alpha-a)^2+\omega^2}{a^2+\omega^2}}e^{-at}\sin(\omega t+\phi)$ $\phi=\tan^{-1}\dfrac{\omega}{\alpha-a}-\tan^{-1}\dfrac{\omega}{-a}$	
33	$\dfrac{1}{P^2+2\zeta\omega_n P+\omega_n^2}$	$\dfrac{1}{\omega_d}e^{-\zeta\omega_n t}\sin\omega_d t,\quad \omega_d=\omega_n\sqrt{1-\zeta^2}$	○
34	$\dfrac{P+a}{(P+a)^2+\omega^2}$	$e^{-at}\cos\omega t$	
35	$\dfrac{P+z}{(P+a)^2+\omega^2}$	$\sqrt{\dfrac{(z-a)^2+\omega^2}{\omega^2}}e^{-at}\sin(\omega t+\phi),\quad \phi\equiv\tan^{-1}\left(\dfrac{\omega}{z-a}\right)$	
36	$\dfrac{P+\alpha}{(P^2+\omega^2)[(P+a)^2+b^2]}$	$\phi_2=\tan^{-1}\dfrac{2ab}{a^2-b^2+\omega^2}$ $\dfrac{1}{\omega}\left[\dfrac{a^2+\omega^2}{c}\right]^{1/2}\sin(\omega t+\phi_1)+\dfrac{1}{b}\left[\dfrac{(\alpha-a)^2+b^2}{c}\right]^{1/2}e^{-at}\sin(bt+\phi_2)$ $c=(2a\omega)^2+(a^2+b^2-\omega^2)^2,\quad \phi_1=\tan^{-1}\dfrac{\omega}{\alpha}-\tan^{-1}\dfrac{2a\omega}{a^2+b^2+\omega^2}$ $\phi_2=\tan^{-1}\dfrac{b}{\alpha-a}+\tan^{-1}\dfrac{2ab}{a^2-b^2+\omega^2}$	
37	$\dfrac{1}{(P+c)[(P+a)^2+b^2]}$	$\dfrac{e^{-ct}}{(c-a)^2+b^2}+\dfrac{e^{-at}\sin(bt-\phi)}{b\sqrt{(c-a)^2+b^2}}\qquad \phi=\tan^{-1}\dfrac{b}{c-a}$	

付録Ⅲ　ラプラス変換表

ラプラス変換表（その3）

番号	$F(P)=\mathscr{L}[f(t)]$	$f(t) \quad t>0$	S変換可：○
38	$\dfrac{1}{P(P+c)[(P+a)^2+b^2]}$	$\dfrac{1}{c(a^2+b^2)}-\dfrac{e^{-ct}}{c[(c-a)^2+b^2]}$ $+\dfrac{e^{-at}\sin(bt-\phi)}{b\sqrt{a^2+b^2}\sqrt{(c-a)^2+b^2}}$ $\phi=\tan^{-1}\dfrac{b}{-a}+\tan^{-1}\dfrac{b}{c-a}$	
39	$\dfrac{P+\alpha}{P(P+c)[(P+a)^2+b^2]}$	$\dfrac{\alpha}{c(a^2+b^2)}-\dfrac{(c-\alpha)e^{-ct}}{c[(c-a)^2+b^2]}$ $+\dfrac{\sqrt{(\alpha-a^2)+b^2}}{b\sqrt{a^2+b^2}\sqrt{(c-a)^2+b^2}}e^{-at}\sin(bt+\phi)$ $\phi=\tan^{-1}\dfrac{b}{\alpha-a}-\tan^{-1}\dfrac{b}{-a}-\tan^{-1}\dfrac{b}{c-a}$	
40	$\dfrac{1}{P(P^2+\omega^2)}$	$\dfrac{1}{\omega^2}(1-\cos\omega t)$	
41	$\dfrac{1}{P^2(P^2+\omega^2)}$	$\dfrac{1}{\omega^3}(\omega t-\sin\omega t)$	
42	$\dfrac{P+z}{P(P^2+\omega^2)}$	$\dfrac{z}{\omega^2}-\sqrt{\dfrac{z^2+\omega^2}{\omega^4}}\cos(\omega t+\phi),\quad \phi\equiv\tan^{-1}\left(\dfrac{\omega}{z}\right)$	
43	$\dfrac{1}{P(P^2+2\zeta\omega_n P+\omega_n^2)}$	$\dfrac{1}{\omega_n^2}-\dfrac{e^{-\zeta\omega_n t}}{\omega_n\omega_d}\sin\left(\omega_n t\sqrt{1-\zeta^2}+\cos^{-1}\zeta\right)\qquad \omega_d=\sqrt{1-\zeta^2}$	
44	$\dfrac{\omega_n^2}{P(P^2+2\zeta\omega_n P+\omega_n^2)}$	$1-\dfrac{e^{-\zeta\omega_n t}}{\sqrt{1-\zeta^2}}\sin\left(\omega_n t\sqrt{1-\zeta^2}+\tan^{-1}\dfrac{\sqrt{1-\zeta^2}}{\zeta}\right)$	○
45	$\dfrac{1}{P(P+a)^2}$	$\dfrac{1}{a^2}(1-e^{-at}-ate^{-at})$	
46	$\dfrac{P+z}{P(P+a)^2}$	$\dfrac{1}{a^2}[z-ze^{-at}+a(a-z)te^{-at}]$	
47	$\dfrac{1}{P(P+a)}$	$\dfrac{1}{a}(1-e^{-at})$	○
48	$\dfrac{1}{P^2(P+a)}$	$\dfrac{1}{a^2}(at-1+e^{-at})$	
49	$\dfrac{1}{P(P+a)(P+b)}$	$\dfrac{1}{ab}\left(1-\dfrac{be^{-at}}{b-a}+\dfrac{ae^{-bt}}{b-a}\right)$	
50	$\dfrac{P+z}{P(P+a)(S+b)}$	$\dfrac{1}{ab}\left(z-\dfrac{b(z-a)e^{-at}}{b-a}+\dfrac{a(z-b)e^{-bt}}{b-a}\right)$	
51	$\dfrac{P^2+\alpha_1 P+\alpha_0}{P(P+a)(P+b)}$	$\dfrac{\alpha_0}{ab}+\dfrac{a^2-\alpha_1 a+\alpha_0}{a(a-b)}e^{-at}-\dfrac{b^2-\alpha_1 b+\alpha_0}{b(a-b)}e^{-bt}$	
52	$\dfrac{p^2+\alpha_1 p+\alpha_0}{p[(p+a)^2+b^2]}$	$\dfrac{\alpha_0}{c^2}+\dfrac{1}{bc}[(a^2-b^2-\alpha_1 a+\alpha_0)^2$ $+b^2(\alpha_1-2a)^2]^{1/2}e^{-at}\sin(bt+\phi)$ $\phi=\tan^{-1}\dfrac{b(\alpha_1-2a)}{a^2-b^2-\alpha_1 a+\alpha_0}-\tan^{-1}\dfrac{b}{-a}$ $c^2=a^2+b^2\dfrac{S+\alpha}{S^2[(S+a)^2+b^2]}$	

付　　録

ラプラス変換表（その4）

番号	$F(p)=\mathscr{L}[f(t)]$	$f(t) \qquad t>0$
53	$\dfrac{P+\alpha}{P^2[(P+a)^2+b^2]}$	$\dfrac{1}{c}\left(\alpha t+1-\dfrac{2\alpha a}{c}\right)+\dfrac{[b^2+(\alpha-a)^2]^{1\cdot2}}{bc}e^{-at}\sin(bt+\phi)$ $c=a^2+b^2,\quad \phi=2\tan^{-1}\left(\dfrac{b}{a}\right)+\tan^{-1}\dfrac{b}{a-\alpha}$
54	$\dfrac{1}{(P^2+\omega^2)[(P+a)^2+b^2]}$	$\dfrac{(1/\omega)\sin(\omega t+\phi_1)+(1/b)e^{-at}\sin(bt+\phi_2)}{[4\,a^2\,\omega^2+(a^2+b^2-\omega^2)^2]^{1\cdot2}}$ $\phi_1=\tan^{-1}\dfrac{-2\,a\omega}{a^2+b^2-\omega^2}$
55	$\dfrac{a}{P^2-a^2}$	$\sinh at$
56	$\dfrac{P}{P^2-a^2}$	$\cosh at$
57	$\dfrac{1}{P^4-a^4}$	$\dfrac{1}{2\,a^3}(\sinh at-\sin at)$
58	$\dfrac{P}{P^4-a^4}$	$\dfrac{1}{2\,a^2}(\cosh at-\cos at)$
59	$\dfrac{P^2}{P^4-a^4}$	$\dfrac{1}{2\,a}(\sinh at+\sin at)$
60	$\dfrac{P^3}{P^4-a^4}$	$\dfrac{1}{2}(\cosh at+\cos at)$
61	$\dfrac{P}{P^4+4\,a^4}$	$\dfrac{1}{2\,a^2}\sin at\sinh at$
62	$\dfrac{4\,a^3}{P^4+4\,a^4}$	$\sin at\cosh at-\cos at\sinh at$
63	$\dfrac{1}{P}\left(\dfrac{P-a}{P+a}\right)$	$2\,e^{-at}-1$
64	$\dfrac{1}{P^2}\left(\dfrac{P-a}{P+a}\right)$	$\dfrac{2}{a}-t-\dfrac{2}{a}e^{-at}$
65	$\dfrac{1}{\sqrt{P^2+a^2}}$	$J_0(at)=1-\dfrac{(at)^2}{2^2}+\dfrac{(at)^4}{2^2\cdot4^2}-\dfrac{(at)^6}{2^2\cdot4^2\cdot6^2}+\cdots\cdots$
66	$\dfrac{P}{(P^2+a^2)(P^2+b^2)}\qquad(a^2\neq b^2)$	$\dfrac{\cos at-\cos bt}{b^2-a^2}$
67	$\dfrac{AP+B}{(P+a)^2}$	$\{A+(B-aA)t\}e^{-at}$
68	$\dfrac{1}{P^2(P+a)^2}$	$\dfrac{t}{a^2}-\dfrac{2}{a^3}+\dfrac{2}{a^3}e^{-at}+\dfrac{t}{a^2}e^{-at}$
69	$\dfrac{1}{(P+b)(P^2+a^2)}$	$\dfrac{e^{-bt}}{a^2+b^2}+\dfrac{1}{a\sqrt{a^2+b^2}}\sin(at-\phi),\quad \phi\equiv\tan^{-1}\dfrac{a}{b}$
70	$\dfrac{1}{(P^2+a^2)(P^2+b^2)}$	$\dfrac{1}{ab(b^2-a^2)}(b\sin at-a\sin bt)$

付録Ⅳ　ギリシャ文字と 10 進数記号

［1］ギリシャ文字

ギリシャ文字		読　み　方	
大文字	小文字		
A	α	alpha	アルファ
B	β	beta	ベータ
Γ	γ	gamma	ガンマ
Δ	δ	delta	デルタ
E	ε	epsilon	エプシロン
Z	ζ	zéta	ゼータ
H	η	éta	エータ
Θ	θ, ϑ	theta	シータ
I	ι	iota	イオタ
K	κ	kappa	カッパ
Λ	λ	lambda	ラムダ
M	μ	mu	ミュー
N	ν	nu	ニュー
Ξ	ξ	ksi, xi	クシー，グザイ
O	o	omicron	オミクロン
Π	π	pi	パイ
P	ρ	rho	ロー
Σ	σ	sigma	シグマ
T	τ	tau	タウ
Υ	υ	upsilon	ウプシロン
Φ	φ, ϕ	phi	ファイ
X	χ	khi, chi	カイ
Ψ	ψ, ψ	psi	プシー
Ω	ω	omega	オメガ

［2］10 進数記号

接　頭　語		略記号	10 の 整数乗倍
deca	デカ	da	10
hecto	ヘクト	h	10^2
kilo	キロ	k	10^3
mega	メガ	M	10^6
giga	ギガ	G	10^9
tera	テラ	T	10^{12}
peta	ペタ	P	10^{15}
exa	エクサ	E	10^{18}
deci	デシ	d	10^{-1}
centi	センチ	c	10^{-2}
milli	ミリ	m	10^{-3}
micro	マイクロ	μ	10^{-6}
nano	ナノ	n	10^{-9}
pico	ピコ	p	10^{-12}
femto	フィムト	f	10^{-15}
atto	アト	a	10^{-18}

問題解答

第 1 章 問 題 解 答

1. ①—④，②—⑤，③—②，④—⑥

2. ①—目標値，②—操作部，③—操作量，④—制御量

3. （1）「メカトロニクス」：機械を意味するメカニクスの**メカ**と，電子を意味するエレクトロニクスの**トロニクス**を**結合**した和製英語で，単に機械の機能と電子の機能を結合して両者の機能を得るというのでなく，機械(1)と電子(1)の機能を融合して，2倍以上の機能に向上させる概念の技術をいう。

（2）「フィードバック」：「制御量の信号を目標値の入力側にもどすことをいう」。

（3）「フィードバック制御」：「フィードバックによって，制御量を目標値と比較して，それらを一致させるように訂正動作を行う制御をいう」。

（4）「機械制御」：メカトロニクス技術の中に，フィードバック制御機能を付加しているもの。

（5）「FA」：Factory Automation の略称，製造工場全体を自動化すること。

第 2 章 問 題 解 答

1. （4），　　2. （1），　　3. （3），　　4. A—⑥，B—③，C—②，　　5. ✕

第 3 章 問 題 解 答

1. （1）$X(P)=\dfrac{n!}{(P-\alpha)^{n+1}}$

（2）$X(P)=\dfrac{1}{P}-\dfrac{1}{P+\alpha}=\dfrac{\alpha}{P(P+\alpha)}$

（3）$X(P)=\displaystyle\int_0^\infty \sin\alpha t\cdot e^{-Pt}dt=\int_0^\infty \frac{1}{2j}(e^{j\alpha t}-e^{-j\alpha t})e^{-Pt}dt=\frac{1}{2j}\int_0^\infty (e^{-(P-j\alpha)t}-e^{-(P+j\alpha)t})dt$

$\qquad =\dfrac{1}{2j}\left(\dfrac{1}{P-j\alpha}-\dfrac{1}{P+j\alpha}\right)=\dfrac{\alpha}{P^2+\alpha^2}$

（4）$X(P)=\dfrac{P}{P^2+\alpha^2}$

2. （1）$P^2X(P)+4PX(P)+4X(P)=\dfrac{1}{P}$　　$\therefore\ X(P)=\dfrac{1}{P(P+2)^2}$　（S 変換可能）

（2）$x(t)$ のラプラス変換を $X(P)$ とおくと

$\qquad (MP^2+\mu P+K)X(P)=K\cdot\dfrac{2}{P^3}$　　$\therefore\ X(P)=\dfrac{2K}{P^3(MP^2+\mu P+K)}$　（S 変換可能）

3. （1）$f(t)=1-e^{-at}$

（2）$f(t)=2\mathcal{L}^{-1}\left[\dfrac{1}{(P+1)(P+3)}\right]=\dfrac{2}{3-1}(e^{-t}-e^{-3t})=(e^{-t}-e^{-3t})$

（3）$F(P)=\dfrac{P+5}{(P+6)(P+4)}=\dfrac{K_1}{P+6}+\dfrac{K_2}{P+4}$ とおくと，$K_1=\dfrac{1}{2}$，$K_2=\dfrac{1}{2}$

$\qquad \therefore\ F(P)=\dfrac{1}{2}\left(\dfrac{1}{P+6}+\dfrac{1}{P+4}\right)$　　ラプラス変換表（その1）より　$f(t)=\dfrac{1}{2}(e^{-6t}+e^{-4t})$

（4）　$F(P) = \dfrac{1}{P + (1/2)}$ ，付録Ⅲ（その1）より，$\underline{\underline{f(t) = e^{-\frac{1}{2}t}}}$

第4章　問　題　解　答

1.　図より，

$$y(t) = \frac{b}{a}x(t) = Kx(t) \quad \left(K = \frac{b}{a}\right)$$

したがって，出力の変位と入力の変位は比例関係にあるから，$\underline{\text{てこは比例要素}}$である。

2.　力$f(t)$が一定値$f_0(t)$のときは，質量mの物体は加速度aが発生し，$a = \dfrac{f_0(t)}{m}$となる。したがって，時間t後の速度$v(t)$は

$$v(t) = at = \frac{f_0(t) \cdot t}{m} \tag{1}$$

力$f(t)$が変化する場合，

$$v(t) = \frac{1}{m}\int_0^t f(t)dt \tag{2}$$

したがって，入力を力$f(t)$，出力を速度$v(t)$とすると，質量mの物体は$\underline{\text{積分要素}}$の特性をもつ。ブロック線図にかけば下図となる。

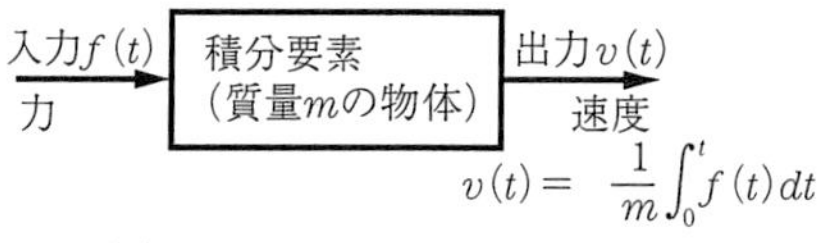

入力$f(t)$ 力 → [積分要素（質量mの物体）] → 出力$v(t)$ 速度　$v(t) = \dfrac{1}{m}\displaystyle\int_0^t f(t)dt$

$F(S)$ → $\boxed{\dfrac{K}{S}}$ → $V(S)$

（a）微分方程式表示 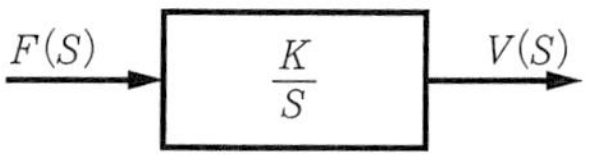　　　　　　　（b）伝達関数表示

3.　慣性モーメントJなる回転体への入力をトルク$T(t)$，出力を角速度$\omega(t)$とすれば，次式が成立する。

$$\omega(t) = \frac{1}{J}\int_0^t T(t)dt$$

入力 トルク$T(t)$ → [回転体(J)] → 出力 角速度$\omega(t)$

ゆえに，$\underline{\text{回転体は積分要素}}$である。

4.　直流モータの印加電圧$e_i(t)$に対し，出力軸の回転角$\theta_0(t)$は次式で表せる。

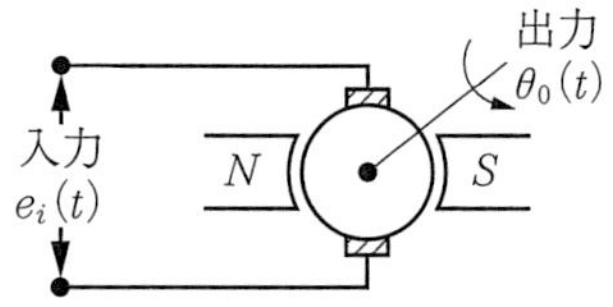

$$\theta_0(t) = K\int_0^t e_i(t)dt$$

すなわち，$\underline{\text{積分要素の特性をもつ}}$。

5.　右図において，コンデンサの要領をC，電荷をQとすると

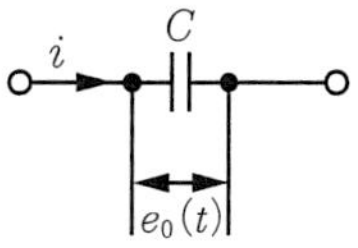

$$e_0 = \frac{Q}{C}, \quad Q = \int_0^t i\,dt$$

この2式からQを消去すると，

問 題 解 答

$$e_0 = \frac{1}{C}\int_0^t i\,dt$$

出力 e_0 が入力 i の積分値に比例するから積分要素である。

6. 2次コイルに発生する電圧 $e_0(t)$ は回転子の速度に比例するから，

$$e_0(t) = K\frac{d\theta_i(t)}{dt}$$

これを S 変換すれば，求める伝達関数 $G(s)$ は

$$G(S) = \frac{E_0(S)}{\Theta_i(S)} = KS$$

7. $e_L(t) = L\frac{di(t)}{dt}$

$$\therefore\quad \frac{di(t)}{dt} = \frac{1}{L}e_L(t)$$

両辺を積分すれば，

$$i(t) = \frac{1}{L}\int_0^t e_L(t)\,dt$$

これを S 変換すれば，

$$I(S) = \frac{1}{L}\cdot\frac{E_L(S)}{S}$$

ゆえに，伝達関数

$$G(S) = \frac{E_L(S)}{I(s)} = LS$$

8. 第5章5.4「ブロック線図に関する応用例」式(5.15)参照。(p.53)。

9. 固定相の電圧を e_f，制御相の電圧 $e_{i1}=e_f$ のときのトルクを τ_0，無負荷速度を v_0，制御電圧 $e_i(t)$ の変化に対するトルクの変化を k，トルク─速度特性の勾配を m とすれば，

$$k = \frac{\tau_0}{e_f} \tag{1}$$

$$m = \frac{\tau_0}{v_0} \tag{2}$$

あるトルク $\tau(t)$ については，

$$\tau(t) = ke_i(t) + m\frac{d\theta_0(t)}{dt} \tag{3}$$

$$\therefore\quad \tau(S) = kE_i(S) + ms\,\Theta_0(S) \tag{4}$$

電動機の慣性モーメントを J_m，抵抗係数を f_m とすると，

$$\tau(t) = J_m\frac{d^2\theta_0(t)}{dt^2} + f_m\frac{d\theta_0(t)}{dt} \tag{5}$$

160

$$\therefore \quad \tau(s) = (J_m S^2 + f_m S)\,\Theta_0(S) \tag{6}$$

式 (4), (6) より

$$kE_i(S) + ms\,\Theta_0(S) = (J_m S^2 + f_m S)\,\Theta_0(S) \tag{7}$$

$$kE_i(S) = (J_m S + f_m - m)S\,\Theta_0(S) \tag{8}$$

求める伝達関数

$$G(S) = \frac{\Theta_0(S)}{E_i(S)} = \frac{k}{S(J_m S + f_m - m)} = \underline{\underline{\frac{K}{S(T_m S + 1)}}} \tag{9}$$

ここで,

$$K = \frac{k}{f_m - m} = 電動機のゲイン定数$$

$$T_m = \frac{J_m}{f_m - m} = 電動機の時定数$$

10. 図より $\quad ei(t) - i(t)R = e_0(t) \qquad (1), \qquad\qquad C\,\dfrac{de_0(t)}{dt} = i(t) \tag{2}$

式 (1), (2) より, $\qquad RC\,\dfrac{de_0(t)}{dt} + e_0(t) = e_i(t) \quad (t>0) \tag{3}$

ここで, コンデンサの初期電圧 $e_0(0)$ を 0 として, 上式をラプラス変換すれば,

$$(RCS + 1)E_0(S) = E_i(S) \tag{4}$$

ゆえに, 伝達関数 $\qquad G(S) = \dfrac{E_0(S)}{E_i(S)} = \underline{\underline{\dfrac{1}{RCS + 1}}} \tag{5}$

11. 図より, $\qquad E_i(S) = R_1 I(S) + \dfrac{1}{SC} I(S) + R_2 I(S) \tag{1}$

$$E_0(S) = \frac{1}{SC} I(S) + R_2 I(S), \tag{2}$$

$$\therefore \quad G(S) = \frac{E_0(S)}{E_i(S)} = \frac{R_2 + (1/SC)}{R_1 + R_2 + (1/SC)} = \underline{\underline{\frac{ST_2 + 1}{ST_1 + 1}}} \tag{3}$$

ここに, $T_1 = C(R_1 + R_2)$, $T_2 = CR_2$

12. 図より, $\quad E_i(S) = SLI(S) + RI(S) + \dfrac{1}{SC} I(S) \tag{1}$

$$E_0(S) = \frac{1}{SC} I(S), \tag{2}$$

$$\therefore \quad G(S) = \frac{E_0(S)}{E_i(S)} = \frac{1/CS}{SL + R + (1/SC)} = \underline{\underline{\frac{1}{CLS^2 + CRS + 1}}} \tag{3}$$

13. $G_1(S) = K = 5$, $\quad G_2(S) = e^{-\tau S} = e^{-0.5S}$, $\quad G(S) = G_1(S) \cdot G_2(S) \underline{\underline{= 5\,e^{-0.5S}}}$

14. $G(S) = \dfrac{K}{TS + 1} = \underline{\underline{\dfrac{5}{10S + 1}}}$

15. コイルの抵抗を $R\,[\Omega]$, インダクタンスを $L\,[\mathrm{H}]$, コイルを流れる電流を $i(t)\,[\mathrm{A}]$, モータ入力電圧

161

問 題 解 答

$e_i(t)\,[\mathrm{V}]$ の逆起電力を $e_i{}'(t)\,[\mathrm{V}]$ とすれば，

$$e_i(t)-e_i{}'(t)=Ri(t)+L\,\frac{di(t)}{dt} \tag{1}$$

$$e_i(t)=Ri(t)+L\,\frac{di(t)}{dt}+A_1\omega(t)\quad(e_i{}'(t)=A_1\omega(t),\ A_1:定数) \tag{2}$$

モータの発生するトルク $\quad\tau(t)=A_2i(t)\ \ [\mathrm{N\cdot m}]$ \hfill (3)

また，$\tau(t)=J\dfrac{d\omega(t)}{dt}$ \hfill (4)

ゆえに，式 (3)，(4) より，$\qquad i(t)=\dfrac{J}{A_2}\,\dfrac{d\omega(t)}{dt}$ \hfill (5)

式 (5) を式 (2) に代入し，

$$e_i(t)=\frac{JR}{A_2}\,\frac{d\omega(t)}{dt}+\frac{JL}{A_2}\,\frac{d^2\omega(t)}{dt^2}+A_1\omega(t) \tag{6}$$

式 (6) を S 変換して，整理すると

$$\Omega(S)=\frac{A_2JL}{S^2+(R/L)S+(A_1\cdot A_2/JL)}\,E_i(S) \tag{7}$$

ゆえに，伝達関数

$$G(S)=\frac{\Omega(S)}{E_i(S)}=\frac{A_2/J}{LS^2+RS+(A_1\cdot A_2/J)}\fallingdotseq\frac{A_2/J}{RS+(A_1\cdot A_2/J)}=\underline{\underline{\frac{1/A_1}{(JR/A_1\cdot A_2)S+1}}} \tag{8}$$

第 5 章 問 題 解 答

1. $W(S)=\dfrac{Y(S)}{X(S)}=\underline{\underline{\dfrac{1}{1+G(S)}}}$

2. G_2 と G_4 の結合を $G_{2\cdot4}$ とおけば，$\quad G_{2\cdot4}=\dfrac{G_2}{1+G_2G_4}\ \cdot G_1G_{2\cdot4}G_4$ は直列結合である。

したがって，$\quad W(S)=\dfrac{Y(S)}{X(S)}=\dfrac{G_1\cdot G_{2\cdot4}\cdot G_3}{1+G_1\cdot G_{2\cdot4}\cdot G_3}=\underline{\underline{\dfrac{G_1\cdot G_2G_3}{1+G_2G_4+G_1G_2G_3}}}$

3.

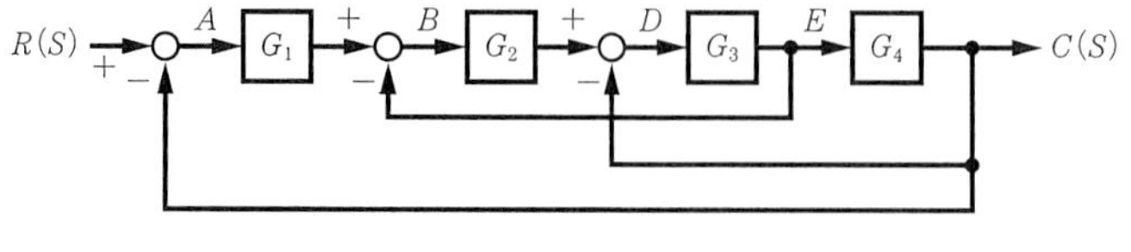

図示のように変数 A，B，D，E を用いれば，

$A=R(S)-C(S)$

$B=AG_1-E=R(S)-C(S)G_1-E=G_1R(S)-G_1C(S)-E$

$D=BG_2-C(S)=G_1G_2R(S)-(G_1G_2+1)C(S)-EG_2$

$E=DG_3=[G_1G_2R(S)-(1+G_1G_2)C(S)-EG_2]G_3=G_1G_2G_3R(S)-(G_3+G_1G_2G_3)C(S)-G_2G_3E$

$E=\dfrac{G_1G_2G_3}{1+G_2G_3}\,R(S)-\dfrac{G_3+G_1G_2G_3}{1+G_2G_3}\,C(S)$

162

$$C(S) = EG_4 = \frac{G_1 G_2 G_3 G_4}{1+G_2 G_3} R(S) - \frac{G_3 G_4 + G_1 G_2 G_3 G_4}{1+G_2 G_3} C(S)$$

$$\therefore \quad \left(1 + \frac{G_3 G_4 + G_1 G_2 G_3 G_4}{1+G_2 G_3}\right) C(S) = \frac{G_1 G_2 G_3 G_4}{1+G_2 G_3} R(S)$$

$$\frac{C(S)}{R(S)} = \frac{G_1 G_2 G_3 G_4}{1 + G_2 G_3 + G_3 G_4 + G_1 G_2 G_3 G_4}$$

$$R(S) \longrightarrow \boxed{\dfrac{G_1 G_2 G_3 G_4}{1+G_2 G_3+G_3 G_4+G_1 G_2 G_3 G_4}} \longrightarrow C(S)$$

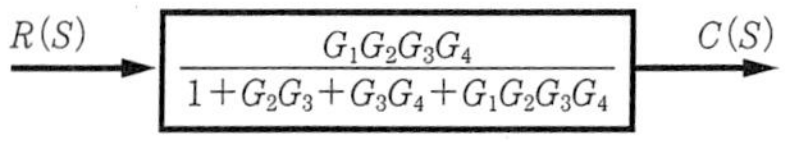

4. 問のブロック線図と等価なブロック線図は下図となる。

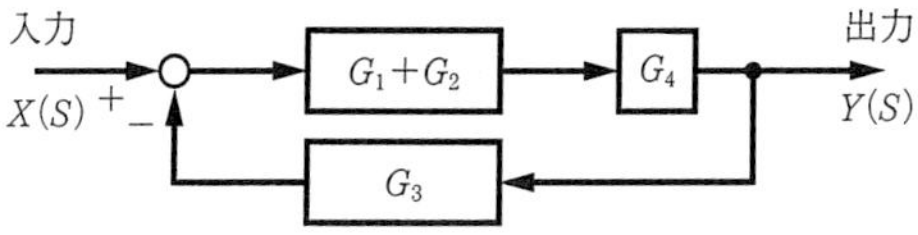

入力 $X(S)$ $\xrightarrow{+}\bigcirc\xrightarrow{\ \ -\ \ }$ $\boxed{G_1+G_2}$ $\rightarrow$ $\boxed{G_4}$ $\rightarrow$ 出力 $Y(S)$ （帰還 $\boxed{G_3}$）

したがって，$W(S)$ は次式となる。

$$W(S) = \frac{(G_1+G_2)G_4}{1+(G_1+G_2)G_3 G_4}$$

5. 図示と等価な伝達関数 $W(S)$ は次式となる。

$$W(S) = \frac{G_1 G_2 G_3}{1+G_3-G_2 G_3+G_1 G_2 G_3}$$

6.

図 (a)

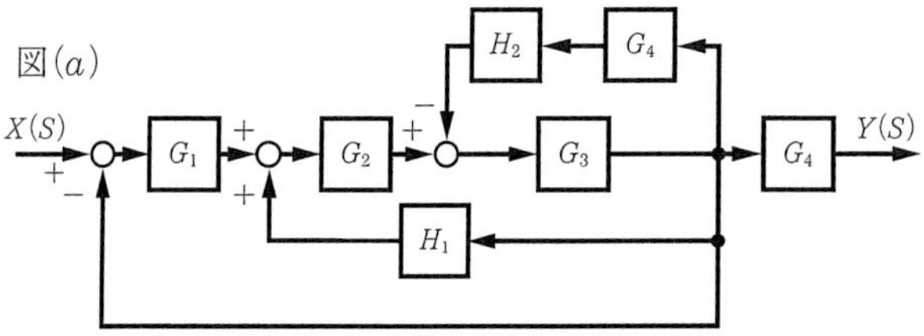

図 (b)

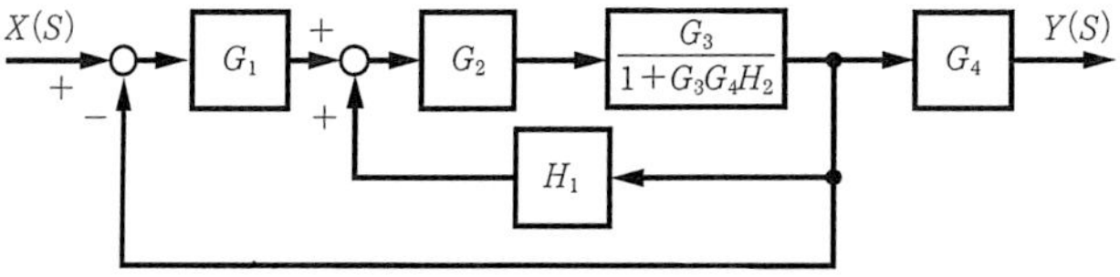

図 (c)

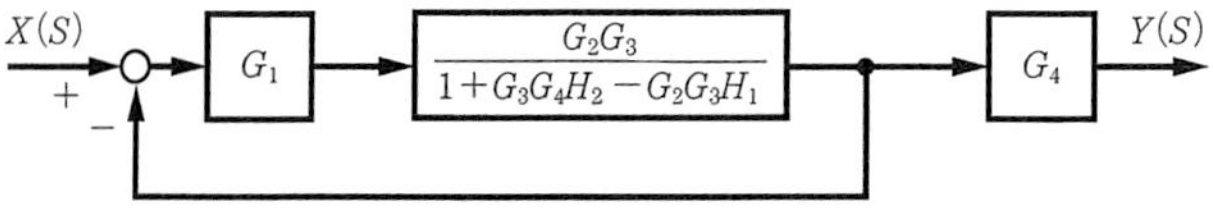

$$\therefore \quad W(S) = \frac{Y(S)}{X(S)} = \frac{G_1 G_2 G_3 G_4}{1+G_3 G_4 H_2-G_2 G_3 H_1+G_1 G_2 G_3}$$

問 題 解 答

第 6 章 問 題 解 答

1. 問題の意味を S–空間のブロック線図にて示せば次の如し。

（1）

$$\xrightarrow[\ \frac{1}{S}\ ]{}\ \boxed{\dfrac{1}{S}}\ \xrightarrow[\ \underline{\underline{\frac{1}{S^2}}}\ ]{} \qquad 1\ \xrightarrow{}\ \boxed{\dfrac{1}{S^2}}\ \xrightarrow[\ \underline{\underline{\frac{1}{S^2}}}\ ]{} \qquad \bigcirc$$

（2）

$$\xrightarrow[\ \frac{1}{S}\ ]{}\ \boxed{\dfrac{1}{S^2}}\ \xrightarrow[\ \frac{1}{S^3}\ ]{} \qquad 1\ \xrightarrow{}\ \boxed{\dfrac{1}{S}}\ \xrightarrow[\ \frac{1}{S}\ ]{} \qquad \times$$

（3）

$$\xrightarrow[\ \frac{1}{S}\ ]{}\ \boxed{1}\ \xrightarrow[\ \underline{\underline{\frac{1}{S}}}\ ]{} \qquad 1\ \xrightarrow{}\ \boxed{\dfrac{1}{S}}\ \xrightarrow[\ \underline{\underline{\frac{1}{S}}}\ ]{} \qquad \bigcirc$$

（4）

$$\xrightarrow[\ \frac{1}{S}\ ]{}\ \boxed{S}\ \xrightarrow[\ 1\ ]{} \qquad 1\ \xrightarrow{}\ \boxed{\dfrac{1}{S}}\ \xrightarrow[\ \frac{1}{S}\ ]{} \qquad \times$$

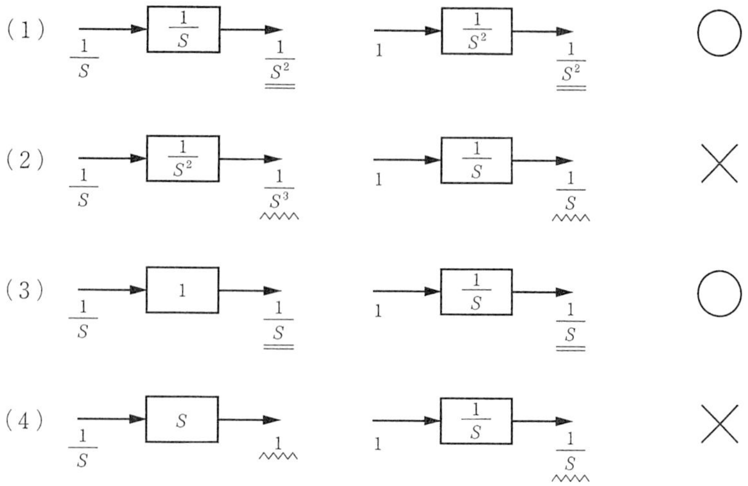

2. 問題の意味を S—空間のブロック線図にて示せば次の如し。

（1）

$$\xrightarrow[\ \frac{1}{S^2}\ ]{}\ \boxed{1}\ \xrightarrow[\ \underline{\underline{\frac{1}{S^2}}}\ ]{} \qquad \xrightarrow[\ \frac{1}{S}\ ]{}\ \boxed{\dfrac{1}{S}}\ \xrightarrow[\ \underline{\underline{\frac{1}{S^2}}}\ ]{}$$

（2）

$$\xrightarrow[\ \frac{1}{S^2}\ ]{}\ \boxed{\dfrac{1}{S}}\ \xrightarrow[\ \underline{\underline{\frac{1}{S^3}}}\ ]{} \qquad \xrightarrow[\ \frac{1}{S}\ ]{}\ \boxed{\dfrac{1}{S^2}}\ \xrightarrow[\ \underline{\underline{\frac{1}{S^3}}}\ ]{}$$

（3）

$$\xrightarrow[\ \frac{1}{S^2}\ ]{}\ \boxed{S}\ \xrightarrow[\ \underline{\underline{\frac{1}{S}}}\ ]{} \qquad \xrightarrow[\ \frac{1}{S}\ ]{}\ \boxed{1}\ \xrightarrow[\ \underline{\underline{\frac{1}{S}}}\ ]{}$$

（4）

$$\xrightarrow[\ \frac{1}{S^2}\ ]{}\ \boxed{S^2}\ \xrightarrow[\ \underline{\underline{1}}\ ]{} \qquad \xrightarrow[\ \frac{1}{S}\ ]{}\ \boxed{S}\ \xrightarrow[\ \underline{\underline{1}}\ ]{}$$

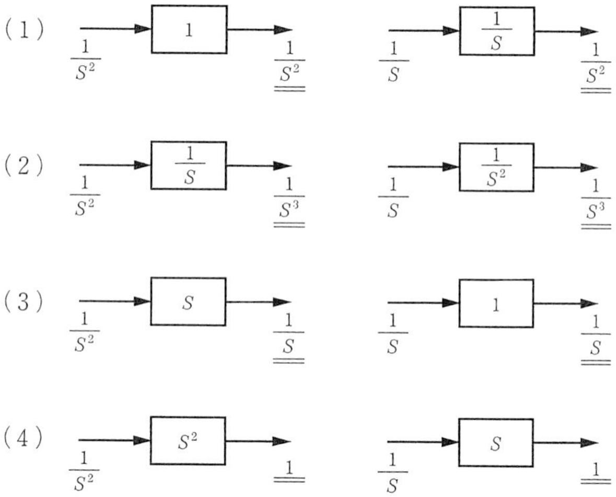

第 7 章 問 題 解 答

1. ステップ入力 $u(t)$ の S 関数は $\dfrac{1}{S}$，ゆえに求める出力は

$$y(t)=\mathscr{L}^{-1}\left[\dfrac{1}{S}\,G(S)\right]=\mathscr{L}^{-1}\left[\dfrac{1}{S}\cdot\dfrac{1}{(S+1)}\right]=1-e^{-t},\qquad \text{ゆえに}\ \underline{\underline{\text{曲線}ⓑ}}$$

2. ステップ入力 $u(t)$ の S 関数は $\dfrac{1}{S}$，ゆえに，応答 $y(t)=\mathcal{L}^{-1}\left[\dfrac{1}{S}\cdot\dfrac{1}{2S+1}\right]=\underline{\underline{1-e^{-\frac{t}{2}}}}$

問 題 解 答

3. 図より，$\dfrac{Y(S)}{R(S)} = \dfrac{K}{S+K}$ ，　　$Y(S) = \dfrac{1}{S} - \dfrac{1}{S+K}$ 　　$y(t) = 1 - e^{-Kt}$

　　$K \to$ 大のとき $y(t) \to 1$，$K_1 > K_2$ であるから，$y(t)$ は **曲線③**

4. $G(S) = \dfrac{1}{5S}$ の単位ステップ応答 $Y(S) = \dfrac{1}{5}\dfrac{1}{S^2}$ ，　　ゆえに，$y(t) = \dfrac{1}{5}t$，　　ゆえに，**直線②**

5. ブロック線図より，$Y(S) = \dfrac{1}{S} \cdot \dfrac{e^{-LS}}{0.5S+1} = e^{-LS}\left(\dfrac{1}{S} - \dfrac{1}{S+2}\right)$

　　$y(t) = x(t-L)(1-e^{-2t})$　L を大きくすると，横軸が右にずれる，ゆえに，**④**

6. $G(S) = \dfrac{e^{-0.5S}}{S+1}$ は，1 次遅れ要素 $G_1(S) = \dfrac{1}{S+1}$ に，むだ時間要素 $G_2(S) = e^{-0.5S}$ が重畳されたものである。したがって，**出力 $y(t)$ は曲線④**

7.

入力 $X(S)=1$	$\dfrac{1}{S+1}$	出力 $Y(S) = \dfrac{1}{S+1}$

　　t 一空間のブロック線図は

入力 $x(t) = \delta(t)$	$y(t) = c^{-t}$	出力 $y(t) = \mathscr{L}^{-1}\left[\dfrac{1}{S+1}\right] = e^{-t}$

応答曲線 $y(t) = e^{-1}$，したがって　**曲線（C）**

8. 積分要素 $\dfrac{k_I}{S}$ にランプ入力 $\dfrac{1}{S^2}$ を与えたときの応答を $Y(S)$ とすれば，

　　　$Y(S) = \dfrac{1}{S^2} \cdot \dfrac{K_I}{S} = \dfrac{K_I}{S^3}$，　　ゆえに，$y(t) = \dfrac{K_I}{2}t^2$

9.

入力 $\dfrac{1}{S^2}$	$K_D S$	出力 $Y(S)$

$Y(S) = \dfrac{K_D}{S}$，　　ゆえに，$y(t) = \mathscr{L}^{-1}\left[\dfrac{K_D}{S}\right] = K_D$

10.

入力 $\dfrac{1}{S^2}$	Ke^{-LS}	出力 $Y(S)$

$Y(S) = \dfrac{Ke^{-LS}}{S^2}$，　　ゆえに，$y(t) = \mathscr{L}^{-1}\left[\dfrac{Ke^{-LS}}{S^2}\right] = K(t-L)$

第 8 章　問 題 解 答

1. （4）—3 [dB]

2. 40 [dB]

3. ⊗，②，③，④

4. ①，⊗，③，④

5. （1）$G(j\omega) = 10$　　$20\log_{10}|G(j\omega)| = \boxed{20}$ [dB]　　$\angle G(j\omega) = \boxed{0}$ [°]

　　（2）$G(j\omega) = \dfrac{10}{j\omega}$　　積分時間 $= \boxed{1}$ [秒]　　$\angle G(j\omega) = \boxed{-90}$ [°]

　　（3）$G(j\omega) = 0.1j\omega$　　微分時間 $= \boxed{0.1}$ [秒]　　$\angle G(j\omega) = \boxed{90}$ [°]

　　（4）$G(j\omega) = \dfrac{100}{0.1j\omega+1}$　　時 定 数 $= \boxed{0.1}$ [秒]　　$|G(j\omega)| = \boxed{40}$ [dB]

問　題　解　答

6.　ゲイン$|G(j\omega)|=\dfrac{10}{\sqrt{1+5^2\omega^2}}$　　　　　　　　　　　　　　　　　　　　　　　　　　　(1)

　　ゆえに，デシベルゲイン$=20\log_{10}\dfrac{10}{\sqrt{1+5^2\omega^2}}$　[dB]　　　　　　　　　　　　(2)

　　位相角$\angle G(j\omega)=-\tan^{-1}(5\omega)$[rad]$=-\tan^{-1}(5\omega)\times\dfrac{180}{\pi}$　[°]　　　　　　(3)

　　周波数ω[rad/s]に対し，式(2)，(3)を計算し，下記のボード線図を得る。

ω[rad/s]	[gain]	gain[dB]	phase[deg]
0.02	9.95037	19.9568	− 5.7106
0.1	8.94427	19.0309	−26.5651
0.2	7.07107	16.9897	−45
0.4	4.47214	13.0103	−63.435
0.6	3.16228	10	−71.5651
1	1.96116	5.85027	−78.6901
2	0.995037	− 0.0432141	−84.2895
4	0.499376	− 6.03144	−87.1377
10	0.19996	−13.9811	−88.8543

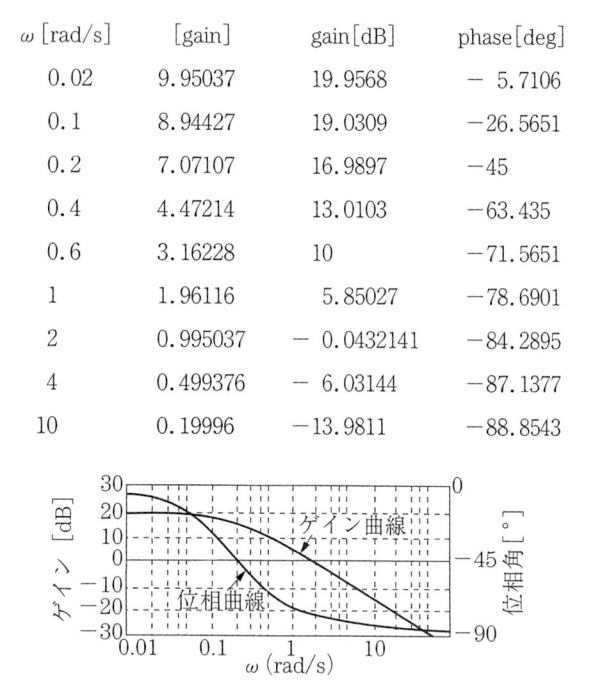

第 9 章　問　題　解　答

1.　(a)　フィードバックありの場合（図(a)）

$$Y(S)=\dfrac{1}{S}\cdot\dfrac{\dfrac{1}{S+1}}{1+\dfrac{1}{S+1}}=\dfrac{1}{S(S+2)}=\dfrac{1}{2}\left(\dfrac{1}{S}-\dfrac{1}{S+2}\right)$$

　　$\therefore y(t)=\mathcal{L}^{-1}[Y(S)]=\dfrac{1}{2}(1-e^{-2t})$ ················①

　(b)　フィードバックなしの場合（図(b)）

$$Y(S)=\dfrac{1}{S(S+1)}=\left(\dfrac{1}{S}-\dfrac{1}{S+1}\right)$$

　　$\therefore y(t)=\mathcal{L}^{-1}[Y(S)]=1-e^{-t}$ ················②

　　式①と式②より，(a)の場合の時定数は$\dfrac{1}{2}$，(b)の場合は1，すなわちフィードバックをかけると，

速応性がよくなる。しかし，制御量が $\dfrac{1}{2}$ に減少する。これは，前向き伝達関数のゲインを2倍に増幅すれば，（b）と同じ制御量にすることができる。

2. （1）　図より，$\{R(S)-C(S)\}G_c(S)G_p(S)+D(S)G_d(S)=C(S)$

$$\therefore\quad C(S)=\frac{R(S)G_c(S)G_p(S)+D(S)G_d(S)}{1+G_c(S)G_p(S)}$$

（2）　$C(S)=\dfrac{KR(S)}{S+K+1}$　　定常偏差 $\displaystyle\lim_{t\to\infty}e(t)=\lim_{S\to0}SE(S)=\lim_{S\to0}\dfrac{S\times\dfrac{1}{S}}{1+\dfrac{K}{S+1}}=\dfrac{1}{1+K}$

（3）　$C(S)=\dfrac{KR(S)}{S(S+1)+K}$　　定常偏差 $\displaystyle\lim_{t\to\infty}e(t)=\lim_{S\to0}SE(S)=\lim_{S\to0}\dfrac{S(S+1)}{S(S+1)+K}=0$

（4）　$C(S)=\dfrac{K(S+1)D(S)}{S+K+1}$　　定常値 $\displaystyle\lim_{t\to\infty}c(t)=\lim_{S\to0}SC(S)=\lim_{S\to0}S\cdot\dfrac{K(S+1)\dfrac{1}{S}}{S+K+1}=\dfrac{K}{K+1}$

（5）　$c(S)\left(\dfrac{-K}{S(S+1)}\right)+KD(S)=C(S)$　　$\therefore C(S)=\dfrac{KD(S)\{S(S+1)\}}{S^2+S+K}$

定常値　$\displaystyle\lim_{t\to\infty}c(t)=\lim_{S\to0}SC(S)=\lim_{S\to0}S\dfrac{\dfrac{K}{S}\{S(S+1)\}}{S^2+S+K}=0$

3. （1）　②　　（3）　④

4. ①　　②　　③

5. 定常偏差：　　　　$E(S)=X(S)-Y(S)$　　　　　　　　　（1）

$$Y(S)=E(S)\frac{K}{TS+1}\qquad\qquad（2）$$

式（1），（2）より　$E(S)=\dfrac{TS+1}{TS+K+1}X(S)$　　　　　（3）

定常位置偏差：$e_p=\displaystyle\lim_{S\to0}SE(S)=\lim_{S\to0}S\dfrac{TS+1}{TS+K+1}\cdot\dfrac{1}{S}=\dfrac{1}{K+1}$

6. 定常位置偏差 $e_P=\displaystyle\lim_{S\to0}S\dfrac{\dfrac{1}{S}}{1+\dfrac{K}{0.1S+1}}=\dfrac{1}{1+K}$

e_P の値 $\left(\dfrac{1}{1+K}\right)$ を5％以下にするためには，$\dfrac{1}{1+K}\leqq0.05$　　$\therefore\ \underline{K\geqq19}$

7. 図より偏差 $E(S)=X(S)-Y(S)$　　　　　　　　　　（1）

$$Y(S)=E(S)\cdot\frac{1}{TS}\qquad\qquad（2）$$

式（1），（2）より　$E(S)=\dfrac{TS}{TS+1}X(S)$　　　　　　（3）

問　題　解　答

定常位置偏差　$e_P = \lim_{S \to 0} SE(S) = \lim_{S \to 0} S \cdot \dfrac{TS}{TS+1} \cdot \dfrac{1}{S} = \underline{\underline{0}}$

8.　問 7 と同様に，偏差　$E(S) = \dfrac{TS}{TS+1} X(S) = \dfrac{TS}{TS+1} \cdot \dfrac{1}{S^2}$

定常速度偏差　　　　$e_S = \lim_{S \to 0} S \cdot \dfrac{TS}{TS+1} \cdot \dfrac{1}{S^2} = \underline{\underline{\boldsymbol{T}}}$

9.　（1）　$G_0(S) = \dfrac{20}{(1+0.5\,S)(1+2\,S)}$

定常位置偏差　$e_P = \dfrac{1}{1+K_P} = \dfrac{1}{1+20} = \dfrac{1}{21}$ ［0 形］　　定常速度偏差　$\underline{\underline{e_v = \infty}}$

（2）　$G_1(S) = \dfrac{5}{S(1+S)(1+0.2\,S)}$　　定常位置偏差　$\underline{\underline{e_p = 0}}$　　定常速度偏差　$e_v = \dfrac{1}{K} = \underline{\underline{\dfrac{1}{5}}}$ ［1 形］

10.

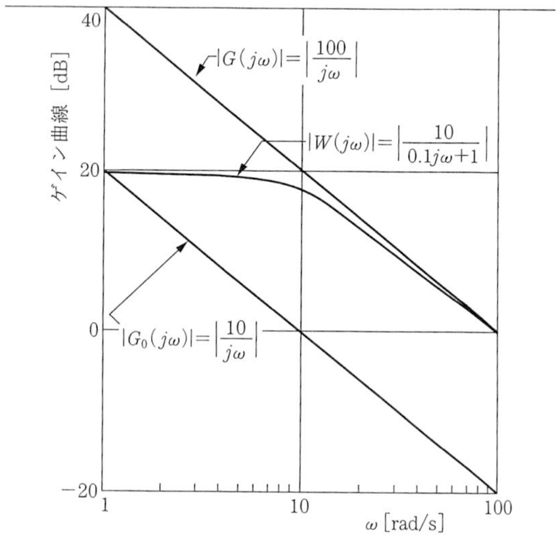

第 10 章　問　題　解　答

1.　安定限界では $\dfrac{K}{j\omega(j\omega+1)^2} + 1 = 0$,　　$j\omega(j\omega+1)^2 + k = 0$　　$2\omega^2 - k + j(\omega^2 - 1)\omega = 0$,

∴　$\omega^2 = 1$,　$\underline{\underline{\omega = 1}}$,　$K = 2\omega^2$　　∴　$\underline{\underline{K = 2}}$

2.　（4）　$\underline{\underline{K < \dfrac{1}{10}}}$

3.　安定限界では，$\dfrac{100}{j\omega_n(j\omega_n+a)} + 1 = 0$,　$100 - \omega_n^2 + ja\,\omega_n = 0$　ゆえに，　$\omega_n^2 - 100 = 0$,

∴　$\underline{\underline{\omega_n = 10}}$,　　$ja\,\omega_n = 0$　$\underline{\underline{a = 0}}$

4.　一巡周波数伝達関数 $G_0(j\omega) = \dfrac{K}{j\omega(j\omega+1)(0.2j\omega+1)} = \dfrac{K}{j\omega(1-0.2\omega^2) - 1.2\omega^2}$

168

閉ループ系が安定なためには，$\angle G_0(j\omega)=-180°$，すなわち，虚数部が 0 の場合，$|G_0(j\omega)|<1$ なること。

すなわち，　$1-0.2\omega^2=0$ より　<u>$\omega=\sqrt{5}$</u>

したがって，$|G_0(j\omega)|_{\omega=\sqrt{5}}=\left[\dfrac{K}{1.2\omega^2}\right]_{\omega=\sqrt{5}}=\dfrac{K}{6}<1$,　ゆえに　<u>$K<6$.</u>

5.　$G(S)=\dfrac{K}{(S+2)}\cdot\dfrac{1}{(S+3)(S+4)}$ 　　　　　　　　　　　　　　　　　(1)

　　$G(j\omega)=\dfrac{K}{(j\omega+2)}\cdot\dfrac{1}{(j\omega+3)(j\omega+4)}$ 　　　　　　　　　　　(2)

　　安定限界では，$K+(j\omega+2)(j\omega+3)(j\omega+4)=0$ 　　　　　　　　　　(3)
　　左辺の実数部，虚数部を 0 とおいて，K,ω を求めれば　<u>$\omega=\sqrt{26}$</u>，<u>$K=210$</u>

6.　一巡周波数伝達関数 $G_0(j\omega)$ とおけば　ゲイン　$|G_0(j\omega)|=\dfrac{3}{\omega\sqrt{(1+\omega^2)\{1+(0.2\omega)^2\}}}$

　　位相角　$\angle G_0(j\omega)=-(90°+\tan^{-1}\omega+\tan^{-1}0.2\omega)$

　　ω に対し，ゲインと位相角を計算すると下表のようになる。

ω	1	1.55	$\sqrt{5}$	∞
$\|G_0(j\omega)\|$	2.08	1	0.5	0
$\angle G_0(j\omega)$	-143	-164	-180	-270

　　表より，$\omega=1.55$ のとき，$|G_0(j\omega)|=1$，$\angle G_0(j\omega)=-164°$
　　したがって，位相余裕$=180°-164°\underline{=16°}$
　　$\omega=\sqrt{5}$ のとき，$\angle G_0(j\omega)=-180°$,　$|G_0(j\omega)|=0.5$,
　　したがって，ゲイン余裕$=-20\log_{10}0.5=\underline{6\ [\text{dB}]}$

第 11 章　問 題 解 答

1.　（1）　閉ループ駆動モータ系において，モータ軸に回転外力 F_d を与えたときの回転角を ΔH とすれば，

$\dfrac{F_d}{\Delta\text{H}}$ を，その系のサーボ剛性という。

　　（2）　トルクゲイン＝（位置ゲイン）×（トルク定数）で，サーボ剛性の別の呼び名。

　　（3）　機械の駆動軸に，低速時に高トルクを出すサーボモータを直結することにより，ロストモーションをなくし，サーボ剛性を高めて，開ループゲインを大きくとり，高速・高精度の位置決めを得る方式をいう。最近，NC 工作機械や，産業用ロボットなどの駆動方式に広く使われている。

　　（4）　“ある位置への正の向きでの位置決めと，負の向きでの位置決めによる両停止位置の差” をいう。この値が大きいと，これが原因で閉ループ系が発振し，ループゲインを大きくとることができなくなる。

2.　④

問 題 解 答

3. $\bcancel{①}$, ②, $\bcancel{③}$, ④, $\bcancel{⑤}$

4. （1） 大きく　（2） ω_1 は 100 rad/s 程度，ω_2 は 300 rad/s, （3） $|G_0(j\omega)|$

5. 開ループゲイン

索　引

(五十音順)

あ 行

安定	113
安定限界	113, 114
安定限界の条件	115
安定評価	116
行過ぎ時間	102
行過ぎ量	102
位相遅れ進み補償	122
位相遅れ補償	120
位相交点角周波数	116, 117
位相進み補償	121
位相線図	80, 83
位相余裕	118
一巡伝達関数	49
一巡伝達関数のゲイン	113
インダクトシン	95
インディシャル応答	56, 63
インパルス応答	68
ハンパルス応答	56
インパルス入力	56
エレクトロニクス	1
演算子	34
遠心ガバナ	5
オイラー	36
応答	55, 56
応答特性	55
遅れ時間	102
オフセット	98

か 行

解析	25
外乱	20
角周波数	45
角振動数	45
重ね合わせの原理	31
舵取り	18
カスケード結合	47
加速度フィードフォワード補償	119
過渡応答	55, 56, 61
過渡状態	55

ガバナ付リフトテンダ	5, 9
間接制御対象	19
機械剛性比の計算式	131
機械制御	1
基準入力信号	20
キューベルネテース	18
共振角周波数	103
共振値	103
加え合わせ点	47
ゲイン交点角周波数	104, 116, 117
ゲイン線図	80, 83
ゲイン余裕	117
検出器	93
検出部	3, 20
減衰器	39
減衰係数	41, 70
減衰振動	70
現代制御理論	124
合成（重畳）定理	150
合成関数	151
合成積	151
高精度	93
剛性比	130
コーナ角周波数	104
古典制御理論	124
固有角周波数	41, 70, 115, 137
固有角振動数	135
固有周波数	136
固有振動数	70
ころがり案内	138

さ 行

サーボ剛性	129
サーボ制御	22
サーボメカニズム	11
サーボモータ	22
サーボモータの起源	10
最終値定理	150
再生増幅器の理論	13
サイバネティクス	15, 18
寒川武技師	7

シーケンス	22
シーケンス制御	23
時間遅れ	147
自励振動	96
システム	26, 55
持続振動	113
時定数	40, 65
自動制御	19
自動操縦装置	14
しゃ断角周波数	103
周波数	45
周波数応答	56, 79
周波数応答線図	80, 82, 83
周波数応答線図（Bode 線図）	14
周波数伝達関数	81
出力	25
状態変数フィードバック補償法	124
初期値定理	149
助変数	34
信号	25
振動数	45
数値制御旋盤	1
スティックモーション補正	119
ステップ応答	56
ステップ関数	58
ステップ入力	56
すべり案内駆動	138
スレーブモータ	22
静圧軸受駆動	138
制御	19
制御系	19
制御装置	19
制御対象	3, 19
制御量	3, 19, 93
正弦波入力	56
生産工場全体の自動化（FA）	15
整定時間	102
正のフィードバック	12
積分時間	38
積分の S 変換	30
積分要素	38, 84

索　引

設定部	20
線形微分方程式	31
総合制御システム	6
操作部	3, 20
操作量	3, 20
相似則	147
速度制御の方式	143
速度フィードフォワード補償	119

た　行

第1種ラプラス変換	33
第2種ラプラス変換	33
ダイレクト駆動方式	133
高橋安人	14
ダシュポット	39
立上り時間	102
ダランベール	36
単位インパルス関数	57
単位ステップ応答	56, 63
単位ステップ関数	58
調節部	3, 20
直接制御対象	19
直流サーボモータ	140
直列結合	47
直列補償法	120
直結フィードバック結合	49
定加速度関数	60
定加速度入力	56
定常位置偏差	56, 98
定常応答	55, 56, 61
定常加速度偏差	56, 98
定常状態	55
定常速度偏差	56, 98
定常値	97, 102
定常偏差	97, 102
定速度入力	56
ディラックのデルタ関数	57
デシベル [dB]	83
デルタ関数	57
伝達関数	26
伝達関数の定義	35
伝達要素	47
テンダリング	5
動作信号	3, 20
動的偏差	96
ドループ	98

トルクゲイン	129

な　行

ナイキスト線図	82
ナイキストの安定判別	116
ナイキストの安定判別法	116
日本工業規格	19
入力	25
粘性抵抗係数	39
能動要素	96

は　行

バックラッシ	141
発振	96
ばね—質量—ダシュポット系	41
ばね—ダッシュポット系	40
引き出し点	47
微分の s 変換	30
微分のラプラス変換	28
微分要素	39, 85
「比例＋積分」要素	123
「比例＋微分」要素	123
比例ゲイン	37
比例定数	37
比例要素	37, 84
不安定	113
フィードバック	1, 3
フィードバック経路	48
フィードバック結合	48
フィードバック制御	3
フィードバック伝達関数	49
フィードバック補償法	123
フィードバック補償方式	120
フィードバック要素	48
負のフィードバック	13
ブラック・ボックス	55
ブラックボックス	25
プログラム制御	23
プロセス制御	22
ブロック線図の等価変換	47
閉ループ装置の周波数応答	106
閉ループ伝達関数	49
並列結合	48
ベクトル軌跡	82
ヘビサイド演算子法	33
ヘビサイドの展開定理	149

変移定理	146
ボード線図	83

ま　行

前向き経路	48
前向き伝達関数	49
前向き要素	48
むだ時間	42, 102
むだ時間要素	42, 85
メカトロニクス	1
メカニクス	1
目標値	3, 19, 93

や　行

油圧サーボモータ	140
要素	25, 55

ら　行

ラグランジェ	36
ラプラス	36
ラプラス逆変換	31
ラプラス変換	25, 26
ラプラス変換記号	26
ラプラス変換の公式	146
乱外	93
ランプ応答	56, 73
ランプ関数	60
ランプ入力	56
臨界制動	71
ループゲイン	113
ロストモーション	93, 95, 138, 141
ロストモーションの消去法	142
ロバスト制御	118
ロバスト制御の概念	118

数字・欧文

0 形制御系	99
1 形制御系	100
1 次遅れ要素	40, 65, 86
1 st order lag element	40, 65
2 形制御系	101
2 次遅れ要素	41, 88
2 nd order lag element	41
A. B. Stodola	7
accelerating feed foward compensation	119

索　引

ACT（Active control technology）　110

active element　96

actuating signal　3

actuating signal（error）　20

Adolf Hurwitz　7

Alderson　9

Alteration　34

analysis　25

angular frequency　45

angular frequency of gain crossover　117

angular frequency of phase crossover　117

Aurel Boleslaw Stodola　7

auto pilot system　14

automatic control　19

back lash　141

black box　25, 55

block diagram　25

blockdiagram transformation theorems　47

Bode diagram, Bode plots.　83

Boulton & Watt Co.　8

Bromwich–Wagner 積分　33

cascade connection　47

centrifugal govenor　5

circular frequency　45

circular vibration　45

closed loop transfer function　49

compentate of sticking motion　119

constant accerate function　60

control　19

control device　19

control system　19

controlled system　3, 19

controlled variable　3, 19, 93

controlling element　3, 20

critical damping　71

cutt–off angular frequency　103

Cybernetics　18

Cybernetics, or Control and Comunication the Animal and Machine　18

d'Alembert　36

damped oscillation　70

damper　39

damping coeficient　41

dashpot　39

dB 単位　84

DD 方式　133

dead time　42, 102

dead time element　42, 85

decibel　83

delay time　102

desired value　3, 19, 93

detecting element　3, 20

differential element　39, 85

Dirac delta function　57

direct drive system　133

directly controlled system　19

disturbance　20, 93

dynamic error　96

Edward John Routh　7

electronics　1

element　55

$F(S)$ の積分　148

$F(S)$ の微分　148

$f(t)$ の積分の S 変換　148

$f(t)$ の微分の S 変換　148

FA　2

factory automation　2

FCS　14

feed forward loop　48

feed foward element　48

feedback　1, 3

feedback connection　48

feedback control　3

feedback element　48

feedback loop　48

feedback transfer function　49

fequency rsponse　56

final controlling element　3, 20

fire control system　14

first–order log element　86

forward transfer function　49

frequency　45

frequency resoonse diagram（Bode diagram）　14

frequency response　79

frequency response diagram　80, 82, 83

frequency transfer function　81

G. Neuman　7

G. Wünsch　7

gain crossover angular frequency　116

gain deagram　80

gain diagram, magnitude plot, Log–modulus plot　83

gain margin　117

Great Western 号　10

Grest Eastern 号　10

H. W. Bode　14, 83, 118

Harold S. Black　13

Harry Nyquist　11, 13, 82, 116

Hendrik Wade Bode　80

high accuracy　93

hunting　96

Hurwitz の理論　7

impulse response　56

indicial response　56

indirectly controlled system　19

inductsyn　95

input　25

integral element　38, 84

J. C. Maxwell　6

J. J. Leon Farcot　22

J. Mac Farlane Gray　10

J. R. Carson　33

James Clerk Maxwell　6

James Watt　5, 8

Japanese Ihdustrial Standard　3

Japanese Industrial Standard　19

Jean Joseph Leon Farcot　10

JIS　19

John Rennie　5, 9

Joseph Louis Lagrange　36

K. W. Wagner　33

L. Euler　33

L. Euler.　36

Laplace 積分　33

Laplace inverse transform　31

Laplace transform　25

lost motion　93, 95, 141

manipulated variable　3, 20

Marie Joseph Denis Farcot　10

Matthew Boulton　5, 8

173

索　引

mechanical control	1	
mechanics	1	
mechatronics	1	
Mellin の定理	33	
Mellin の反転定理	33	
natural angular frequency		
	41, 115, 137	
natural frequency	136	
natural frequency, natural vibration		
	135	
natural vibration,natural oscillation		
	70	
NC 旋盤	1	
Newcomen	5	
Nikolas Minorsky	11	
Nobert Wiener	15	
Norbert Wiener	18	
numerically controlled lathe	1	
Nyquist の安定判別	118	
Nyquist の理論	118	
Nyquist stability criterion	116	
Oliver Heaviside	33	
Operational Calculus	33	
output	25	
over all transfer function	49	
overshoot	102	
overshoot time	102	
P 一空間（ラプラス変換空間）	32	
parallel conection	48	
parameter	34	
phase crossover angular frequency		
	116	
phase diagram	80	
phase diagram, phase angle plot	83	
phase margin	118	
pick off point	47	
Pierre Simon, Marquis de Laplace		
	36	
principle of superposition	31	
process control	22	
program control	23	
proportional constant	37	

proportional element	37, 84	
proportional gain	37	
Radiation Laboratory	80	
ramp function	60	
ramp response	56	
rate time	39	
reference input	20	
reference input element	20	
reset time	38	
resonance angular frequency	103	
resonance value	103	
response	55, 56	
response characteristics	55	
rise time	102	
Routh–Hurwitz の安定判別法	7	
Routh の理論	7	
S 一空間（S 一変換空間）	32	
S 関数	35	
second–order lag element	88	
self excited ascilation	96	
sensor	93	
sequence	22	
sequential control	23	
servo control	22	
servo stiffiness	129	
servomotor	22	
Servo–motor or slave motor	10	
settling time	102	
signal	25	
slave motor	22	
stability limit	114	
stabillity limit	113	
stable	113	
static acceleration error.	98	
static position error, off set, step error.	98	
static response	55	
static velocity error, velocity–lag error, droop, ramp error	98	
stational response, static response		
	56	
steady state	55	

steady state deviation, steady state error	97	
steady state value	97, 102	
steady–state deviation	102	
steady–state response	61	
step function	58	
step response	56	
summing point	47	
sustained oscillation, self–excited vibration	113	
system	26	
t 一空間（時間空間）	32	
T. J. I'A. Bromwich	33	
tansient response	61	
tendering	5	
Th. Stein	7	
the condition to determine the stability limit	115	
the criteria for stability	116	
Thomas Mead	5, 8	
time constant	40, 65	
torque gain	129	
transfer	26	
transfer element	47	
transient response	55	
transient rsponse	56	
transient state	55	
type one control system	100	
type two control system	101	
type zero control system	99	
unit impulse function	57	
unit step function	58	
unity feedback connection	49	
unstable	113	
vector locus	82	
velocity feed foward compensation		
	119	
viscus damping coefficient	39	
Watt の遠心ガバナ	9	
William Murdock	9	

―――――――――――― 著 者 紹 介 ――――――――――――

金子　敏夫（かねこ　としお）

1951 年　　東京工業大学卒業，工学博士（東京工業大学）
　　　　　　三菱電機㈱，三菱プレシジョン㈱を経て，
　　　　　　東京工科大学機械制御工学科（元教授）。

主な著書　　やさしい機械制御（日刊工業新聞社）
　　　　　　油圧機器と応用回路（同上）
　　　　　　機械技術者のための図解サーボ技術入門（同上）
　　　　　　数値制御―基礎とサーボ技術（オーム社）
　　　　　　机电一体化基礎（哈尔濱工业大学出版社）
　　　　　　実用机电控制（清川盛雄校閲松禄文化事業股份有限公司）

機械制御工学―第2版―	NDC 531.38

1988 年 11 月 15 日　　初版 1 刷発行	（定価はカバーに表示してあります）
2001 年 1 月 31 日　　初版 9 刷発行	
2003 年 9 月 30 日　　2 版 1 刷発行	
2025 年 4 月 11 日　　2 版12刷発行	

　　　　　　　　　© 著 者　金　　　子　　　敏　　　夫

　　　　　　　　　発行者　井　　水　　治　　博

　　　　　　　　　発行所　日 刊 工 業 新 聞 社
　　　　　　　　　〒103-8548　東京都中央区日本橋小網町 14-1
　　　　　　　　　電　　話　書籍編集部 03-5644-7490
　　　　　　　　　　　　　　販売・管理部 03-5644-7403
　　　　　　　　　　　　　　FAX　　　　 03-5644-7400
　　　　　　　　　　　　　　振 替 口 座　00190-2-186076
　　　　　　　　　　　　　　URL　https://pub.nikkan.co.jp/
　　　　　　　　　　　　　　e-mail　info_shuppan@nikkan.tech

――――――――――――――――――――――――――――――
　　　　　　　印刷・製本　新 日 本 印 刷（POD5）

落丁・乱丁本はお取替えいたします.　　　　　　2003　Printed in Japan
　　ISBN978-4-526-05176-0　C 3053